铁路工程项目资料管理手册

罗广香 主编
薛吉岗 主审

中国铁道出版社
2018年·北京

内 容 简 介

铁路建设项目资料是铁路建设项目的真实记录，是进行铁路工程运营、养护、维修可靠的依据，也是企业基础管理不可缺少的重要内容，是确保铁路工程资料的质量，圆满完成铁路工程施工任务的重要保障。本手册共分为六章，第一章主要阐述铁路工程资料的作用及其特征，以及铁路工程资料的收集程序、管理制度和竣工文件资料的监督管理流程。第二章在划分铁路工程资料类别的基础上进行了分类介绍。第三章囊括了铁路工程和客运专线铁路竣工文件资料的验收管理办法，阐述了工程的各项竣工文件验收的依据、条件、主要任务、主要内容、验收程序，以及竣工文件的验收准备工作等。第四章对客运专线铁路工程施工质量验收标准进行了一般规定的分类对比和区别所在。第五章主要明确了竣工文件和竣工图的管理规定和要求，以及竣工文件的整理和工程资料用表的填写方法。第六章规范了竣工文件组卷方法和案卷质量的要求，列举了铁路建设施工中的重要施工用表及示例。可供工程技术人员参考。

图书在版编目(CIP)数据

铁路工程项目资料管理手册/罗广香主编．—北京：中国铁道出版社，2010．3 (2018.6重印)
ISBN 978-7-113-11105-2

Ⅰ．①铁… Ⅱ．①罗… Ⅲ．①铁路工程-技术档案-档案管理-手册 Ⅳ．①G275．3-62

中国版本图书馆 CIP 数据核字(2010)第 034447 号

书　　名：铁路工程项目资料管理手册
作　　者：罗广香

责任编辑：许士杰　**电话：**(010)63549495
封面设计：冯龙彬
责任校对：孙　玫
责任印制：李　佳

出版发行：中国铁道出版社（100054，北京市宣武区右安门西街 8 号）
网　　址：http://www.tdpress.com
印　　刷：三河市兴博印务有限公司
版　　次：2010 年 4 月第 1 版　2018 年 6 月第 3 次印刷
开　　本：787 mm×1 092 mm　1/16　印张：15.25　字数：376 千
书　　号：ISBN 978-7-113-11105-2
定　　价：47.00 元

前　言

本手册依据铁道部《铁路工程施工质量验收标准》和《客运专线铁路施工质量验收暂行标准》、《铁路建设项目竣工验收交接办法》、《客运专线铁路竣工验收办法》和《铁路建设项目竣工文件编制移交办法》，以及中国铁建有关文件总结编写而成。在编写过程中，坚持以上述文件为准则，汲取多年的工作经验，为求更好地将铁路建设的工程项目全面的、可靠的、真实的信息记录完整地保存下来，为施工企业提供有效的档案资料服务。

铁路建设项目档案是铁路建设项目的真实记录，是施工企业全体职工智慧和汗水的结晶，是进行铁路工程运营、养护、维修可靠的依据，也是企业基础管理不可缺少的重要内容。显然，从铁路建设项目档案资料的收集、鉴定、整理、编目、保管、利用等环节来看，每一个环节都需要我们工程技术人员、资料管理人员和档案人员付出辛勤的劳动，并具备默默无闻、甘于奉献、精益求精、追求卓越的工作热情和工作姿态。目前，施工标准越来越高，铁路工程资料管理工作正面临新的挑战和严峻的考验。

为了方便刚刚从事铁路项目档案和工程资料管理人员学习研究，起到抛砖引玉的作用，同时更好地使管理人员对铁路工程施工质量验收标准的学习，做好铁路工程资料的收集和管理，我们将《铁路建设项目竣工文件编制移交办法》，在《办法》原有的基础上，对各项内容进行了细化，并将卷内文件排序进行了合理调整，找出规律性，同时在铁道部（办档〔2002〕8 号文件）的基础上，对新增内容进行了补充，旨在使项目档案和资料管理人员更快、更准确地掌握竣工文件的归档范围和整理标准，防止对施工质量标准和竣工验收标准产生理解上的片面性和操作上的随意性，避免项目档案和资料管理工作出现偏差，确保验标的权威性、严肃性和可操作性。

本手册共分为六章，第一章主要阐述铁路工程资料的重要性、作用及其特征，着重介绍铁路工程资料管理的特征、铁路工程资料的相关概念，以及铁路工程资料的收集程序、管理制度和竣工文件资料的监督管理流程。第二章在划分铁路工程资料类别的基础上进行了分类介绍，如：A、B、C、D、E 类的介绍，铁路工程施工管理资料和铁路工程竣工验收资料等。第三章囊括了铁路工程和客运专线铁路竣工文件资料的验收管理办法，阐述了工程的各项竣工文件验收的依据、条件、主要任务、主要内容、验收程序，以及竣工文件的验收准备工作等。第四章对客运专线铁路工程施工质量验收标准进行了一般规定的分类对比和区别所在。便于工程资料管理人员对项目档案的收集和进行科学有序的管理有所帮助。第五章主要明确了竣工文件和竣工图的管理规定和要求，以及竣工文件的整理和工程资料用表的填写方法，如施工小结、工程变更设计通知、工程日志、重要工程会议用表、技术交底等表格样式和规范的填写方法，以及铁路工程与客运专线工程竣工验收记录表格的编制方法等。第六章规范了竣工文件资料归档范围和保存单位、竣工文件组卷方法和案卷质量的要求，同时根据各单位专家的研究和探讨，在不违背上级有关标准和规定的前提下，总结出了目前铁路建设竣工文件的最新组成保管单位(组卷)方法(添加了新增资料部分)，列举了铁路建设施工中的重要施工用表及实例。

本手册由罗广香主编，广铁集团档案馆曲铁鸣、陈瑞泉、张清菊，广铁集团贵广指挥部杨红磊，石家庄铁道学院赵春虎，中铁十二局集团有限公司赵九轩，中铁二十局集团有限公司曹苑玲，中铁二十二局集团有限公司万红梅、史晴，中铁二十五局集团有限公司罗广香、刘建清、徐明根、张志荣、陈雄辉、陈劲慧、赵锦玉、兰天仕、刘永红、陈晓英、钟艳萍、赵文训、凌群英、余友莲、郑丽璇参予了部分工作。铁道部经济规划研究院薛吉岗对本书进行了审校，并提出不少宝贵意见。

因编者水平有限，编写过程中难免有疏漏乃至错误或不妥之处，恳请读者批评指正。

编　者

二〇一〇年元月

目　　录

第一章　铁路工程资料的管理、职责与制度

第二章　铁路工程资料的分类

第三章　铁路工程竣工验收管理办法

第四章　铁路工程施工质量验收标准

第五章　竣工文件的编制与应用

第六章　铁路工程资料归档组卷

附　　录

第一章 铁路工程资料的管理、职责与制度

第一节 铁路工程资料管理的重要性、作用及其特征

一、铁路工程资料管理的重要性

每项工程竣工验收前必须具备两个条件:一是工程实体达到验收条件;二是施工过程中形成的质量、技术、管理资料达到验收条件。两者缺一不可。

一个建筑物竣工后是看得见摸得着的有形物体,验收时只能从外观上加以评价,内在的施工质量及质量管理实施情况,只能通过验收整个施工过程的有关质量、技术资料是否清楚齐全、是否符合有关规范、规程的要求来检验。

对于一份排列有序、内容齐全、清楚明了的单位工程施工质量、技术资料必须在施工中根据工程实际物体,按照有关规范、规程去检测、评定,做到物体实际质量等级与资料内所记载的质量数据相符,这是物体质量的实质反映。

任何一项工程的质量、技术资料如不符合有关标准规定,对该工程质量就具有否决权。因此,做好建筑工程技术资料管理工作至关重要。

二、铁路工程资料管理的作用

1. 按照规范的要求积累而成的完整、真实、具体的工程技术资料,是工程验收交付的必备条件。

2. 工程技术资料为工程的检查、维护、改造、扩建提供可靠的依据。

3. 一个质量合格的工程必须要有一份内容齐全、原始技术资料完整、文字记载真实可靠的技术资料,是质量责任追溯的依据等内容。

4. 对于优良工程的评定,更有赖于技术资料的完整无缺。

5. 做好建设工程文件和档案资料管理工作也是项目管理的重要内容。

6. 建筑工程文件和档案资料是建设单位对建筑工程管理的依据。

三、铁路工程资料管理的特征

(一)真实性和全面性

真实性是对所有文件、档案资料的共同要求,但对铁路工程的文件和档案资料来讲,这方面的要求更为迫切。

铁路工程文件和档案资料只有全面反映铁路工程的各类信息,形成一个完整的系统,才更有实用价值,片面地引用往往会起到误导作用。所以,铁路工程文件和档案资料必须真实反映铁路工程的情况,包括发生的事故和存在的隐患。

(二)分散性和复杂性

铁路工程项目周期长且影响因素多,生产工艺复杂,建筑材料种类多,建设阶段性强且相

互穿插，由此导致了铁路工程文件和档案资料的分散性和复杂性。这个特征决定了铁路工程文件和档案资料是多层次、多环节及相互关联的复杂系统。

（三）继承性和时效性

随着建筑技术、施工工艺、新材料和施工企业管理水平的不断提高，铁路工程文件和档案资料可被继承和不断积累。新的项目在建设中可以吸取以前的经验和教训，避免重犯过去的错误。

同时，铁路工程文件和档案资料具有很强的时效性，其作用会随着时间的推移而衰减，因此，文件和档案资料一经形成就必须尽快送达有关部门，否则会造成严重的后果。

（四）随 机 性

铁路工程文件和档案资料产生于项目建设的整个过程中，工程前期、工程开工、施工和竣工等各个阶段和环节都会产生各种文件和档案资料。虽然各类文件的产生具有规律性，但还是有相当一部分文件和档案资料的产生是由于偶然工程事件引发的，因此具有随机性。

（五）多专业性和综合性

铁路工程文件和档案资料涉及各个专业，也涉及力学、电子、声学等多种学科，依附于不同的专业对象而存在，且同时综合了工程质量、进度、造价、合同、组织、协调等方面的内容，又依赖于不同的载体而流动，因此，具有多专业性和综合性的特点。

第二节　铁路工程资料管理的相关概念

铁路工程资料是指建设工程从项目的提出、筹备、勘测、设计、施工到竣工投产过程中形成的文件材料、图纸、图表、计算材料、声像材料等各种形式的信息总和，简称工程资料，也称工程文件。主要包括工程准备阶段资料、监理资料、施工资料、竣工图和竣工验收资料等。

一、铁路工程资料相关概念

（一）建设工程项目

建设工程项目是指经批准按照一个总体设计进行施工，经济上实行统一核算，行政上具有独立组织形式，实行统一管理的工程基本建设单位。它由一个或若干个具有内在联系的工程所组成。

（二）单位工程

单位工程是指具有独立的设计文件，竣工后可以独立发挥生产能力或工程效益的工程，是构成建设工程项目的组成部分。

（三）分部工程

分部工程是指单位工程中可以独立组织施工的工程。

（四）分项工程

分项工程是按照工种、工序、材料、设备和施工工艺等划分的工程。

（五）检 验 批

1. 检验批是分项工程的组成部分。
2. 根据施工质量控制和验收的需要，把一个分项工程划分成若干个检验批。
3. 特殊情况下一个分项工程仅含一个检验批。
4. 检验批是施工质量验收的基本单元。

（六）验收程序和步骤

验收的程序是先进行检验批验收，其后是分项工程验收，再是分部工程验收，最后是单位工程验收。如：检验批→分项工程→分部工程→单位工程。

（七）验收组织

1. 检验批由监理单位组织验收。

2. 分项工程由监理单位组织验收。

3. 分部工程由监理单位组织验收。

4. 单位工程由建设单位组织验收。

（八）标准验收

1. 检验批验收

检验批的验收项目：分为主控项目和一般项目

主控项目的质量经抽样检验是否合格。要特别注意的是主控项目中有允许偏差的抽检点，其实测值必须在允许偏差范围内，不允许超差。

一般项目的质量经抽样检验是否合格。当采用计数检验时，除有专门要求外，对于一般项目中有允许偏差的抽检点，合格点率应达到80%及以上，且其中不合格点的最大偏差不得大于规定允许偏差的1.5倍。

2. 分项工程验收

分项工程质量验收合格的规定：

（1）分项工程所含的检验批均应符合合格质量的规定；

（2）分项工程所含的检验批的质量验收记录应完整。

分项工程质量验收是对其所含检验批质量的统计汇总，主要是检查核对检验批是否覆盖了分项工程范围、检验批验收记录的内容及签字是否齐全正确。特别要注意的是，一些项目不一定出现在每个检验批中，可能几个检验批才出现一次，如实体的高程、垂直度等，应注意检查，不能缺漏。

3. 分部工程验收

分部工程质量验收包括以下三个方面的内容：

（1）分部工程所含分项工程的质量均应验收合格。这也是一项统计汇总工作，应注意核对有没有缺漏的分项工程，各分项工程验收是否正确等。

（2）质量控制资料应完整。这也是一项统计汇总工作，主要是检查检验批验收资料、施工操作依据、质量记录是否完整配套，是否全面反映质量状况。

（3）有关结构安全及使用功能的检验和抽样检测项目是否有缺漏、检测记录是否符合要求，检测结果是否符合验标的规定和设计要求。

4. 单位工程验收

单位工程质量的验收是建设活动各方对施工质量控制的最后一关。包括四方面内容：

（1）单位工程所含分部工程的质量均应验收合格。主要是检查分部工程验收是否正确，有无缺漏。

（2）质量控制资料应完整。何谓质量控制资料的完整，实际上是一个相对的概念，应视工程特点和已有的资料情况而定，重点是看其是否反映了结构安全和使用功能，是否达到了设计要求。

（3）实体质量和主要功能核查结果应符合有关标准规范的规定。有的项目的检测是在分部工程完成后即进行，单位工程验收时不再重复；有的是在单位工程全部完成后才能进行。

(4)观感质量验收应符合要求。观感质量验收是一项重要的评价工作，是实地对工程质量进行的一次全面检查。特别是在检验批验收时不能检查的或者是当时检查不出来的内容，以及后来又发生质量变化的项目，很有必要。首先明确观感质量验收绝不是单纯的外观检查，也不是在单位工程完成后对涉及外观质量的项目进行重新检查，更不是引导施工单位在工程外观上做片面的过大投入，重点是不要出现影响结构安全和使用功能的项目。观感质量验收的目的就是直观地从宏观上核实工程的安全可靠性能和使用功能，促进施工过程质量控制。内容要关键，方法要简便，不可复杂化和片面化。观感质量检查项目的标准是合格，达不到合格的就是差，对于差的项目要进行返修。另外，并非所有工程都要进行观感质量检查，这方面各专业验标均有相应规定。

(九)工程文件

工程文件是指在工程建设过程中形成的各种形式的信息记录，包括工程准备文件、监理文件、施工文件、竣工图、竣工验收文件等。

(十)建设项目资料

是指工程在立项、审批、招投标、勘察、设计、开工审批、工程概预算、施工、监理、竣工验收过程中形成的文字、图表、声像、实物等载体资料。

(十一)建设管理资料

建设单位在建设工程实施过程中形成的资料。

(十二)勘察设计资料

勘察设计过程中形成的资料。

(十三)施工资料

施工单位在工程施工过程中形成收集的资料。

(十四)监理资料

是指监理单位在工程设计、施工等监理过程中形成的资料。

(十五)竣工验收资料

是指建设工程项目在竣工验收活动中形成的静态验收、动态验收、初步验收、安全评估和正式验收文件和资料。

(十六)竣工文件

建设项目竣工验收后，需要向档案管理部门移交归档的建设项目资料。

(十七)竣 工 图

工程竣工验收后，真实反映建设工程项目结果的图样。

(十八)建设工程档案

是指在工程建设活动中直接形成的、具有归档保存价值的文字、图表、声像等各种形式的历史记录。

(十九)立　　卷

按一定的原则和方法，将有保存价值的文件分门别类整理成案卷，称为立卷，也可称组卷(盒)。

(二十)归　　档

归档单位工程文件形成后，整理立卷，按规定移交给档案管理部门。

二、铁路工程资料收集过程

(一)建设资料

施工技术资料的收集必须遵循项目建议书、可行性研究、设计、建设准备、建设实施和竣工验收六个阶段来收集整理。

1. 项目建议书阶段

项目建议书是项目立项的依据,初步提出建设方案、规模和主要技术标准,对主要工程、外部环境、土地利用、协作条件、项目投资、资金筹措、经济效益等初步研究后编制,论证项目建设的必要性和可行性。

2. 可行性研究阶段

可行性研究文件是项目决策的依据,对建设方案、建设规模、主要技术标准等进行比较分析后,提出推荐意见,提出主要工程数量、主要设备和材料概数、拆迁概数、用地概数和补偿方案、施工组织方案、建设工期和投资估算,进行经济评估后编制,论证建设项目的可行性。工程简易的建设项目,可直接进行可性性研究,编制可行性研究报告。

3. 设计阶段

根据批准后的可行性研究报告,开展初步设计。初步设计经审查批准后,开展施工图设计。工程简易的建设项目,可根据批准的可行性研究报告,直接进行施工图设计。

初步设计文件是确定建设规模和投资的主要依据,根据批准后的可行性研究报告,对局部方案进行比选和比较详细的设计,提出工程数量、主要设备和材料数量、拆迁数量、用地数量与分类的补偿费用,施工组织设计等工程总投资后编制;应满足主要设备等问题、征地拆迁和施工图设计的需要。

施工图文件是工程实施和验收的依据,根据审批的初步设计文件进行编制,为工程建设提供施工图、表、设计说明和工程投资提案等技术资料。

4. 建设准备阶段

(1)建设准备阶段分两个层次补充材料:

① 项目开工应具备的条件(国家建设委规定的条件及铁道部的有关规定)。

② 施工企业进场后开工应具备的条件(铁道部的有关规定)。

(2)本阶段既有内容全部做好准备,符合上述内容。

以上两项补充资料必须收集齐全。

5. 建设实施阶段

初步设计文件审查批准后,按规定程序组织工程招投标,编制开工报告,开工报告批准后,根据批准的建设规模、技术标准、建设工期和投资,按照施工图和施工组织设计文件组织施工。

6. 竣工验收阶段

竣工验收是工程建设过程的最后一环,是全面考核基本建设成果、检验设计和工程质量的重要步骤,也是基本建设转入生产或使用的标志。

(二)监理资料

主要包括监理管理资料、监理工作记录、竣工验收资料和其他资料等。监理资料由监理单位负责完成,工程竣工后,监理单位应按规定将监理资料移交给建设单位。

(三)施工资料

是指施工单位在工程具体施工过程中形成的资料,主要包括单位工程整体管理与验收资料、施工管理资料、施工技术资料、施工测量记录、施工物资资料、施工记录、施工试验记录、施工质量验收记录等,应由施工单位负责形成。工程竣工后,施工单位应按规定将施工资料移交给建设单位。

(四)竣工验收资料

是指在工程项目竣工验收活动中形成的资料,包括工程验收总结、竣工验收记录、财务文件和声像、缩微、电子档案等。

第三节　管理职责与制度

根据国家规定,参与工程建设的建设、勘察、设计、监理和施工等单位均负有工程资料管理的责任。这些管理职责对参与建设各方来说,有些是相同的、一致的,即为通用职责,有些是参与建设的某一方所特有的职责。参建各方应当认真履行通用职责和自身特有的职责。

一、通用职责

通用职责也称基本职责,主要有以下 8 条:

1. 工程资料的形成应符合国家相关的法律、法规、铁路现行标准、技术规范、质量验收标准、工程合同和设计文件要求,方可开展建设项目资料管理工作。

2. 工程各参建单位应将工程资料的形成和积累纳入工程建设管理各个环节和全过程。建设、监理、施工单位应各自负责本单位的工程资料的管理工作,并明确相关人员的职责,加强培训,提高业务素质和工作能力。

3. 工程资料应随工程进度同步收集、整理,并按规定进行移交。资料组卷与资料份数应符合规定。

4. 工程资料应实行分级管理,由建设、监理、施工单位主管技术负责人负责本单位工程资料的全过程管理工作。建设过程中工程资料的收集、整理工作应由专人负责,并按规定取得相应的岗位资格。

5. 工程各参建单位应确保各自所形成资料的真实性、有效性、完整性和齐全性,对工程资料进行涂改、伪造,或发生损毁、丢失等现象,应按有关规定对相关责任人予以处罚,情节严重的,应依法追究法律责任。

6. 重要工程资料应保持其页码、内容的连续性,不准随意撕扯、更换。原始记录均应为真实的原始现场记录,不准再次抄录。当工程资料中有需要修改的内容时,应采取“杠改”的方式修改,“杠改”部分要清晰可辨,并注明更改原因,在修改位置旁由修改人本人签名承担责任。

7. 建设各方应根据建设项目具体情况确定资料的保密范围和密级,对录音、录像资料要加注说明,并保证载体的有效性。

8. 建设各方需要由本单位归档的建设项目资料,应按有关管理办法及档案管理规定的要求办理。

二、单位职责

(一)建设单位职责

1. 应负责工程准备及验收阶段资料的管理工作,并设专人对这些资料收集、整理和归档。

2. 在工程招标及与参建各方签订合同或协议时，应对工程资料和工程档案的编制责任、套数、费用、质量和移交期限等提出明确要求；

3. 必须向参与工程建设的勘察、设计、施工、监理等单位提供与建设有关的资料。

4. 建设单位应保证其采购的建筑材料、构配件和设备符合设计文件和合同要求，并保证相关物资文件的完整性、真实性和有效性。

5. 应负责监督和检查各参建单位工程资料的形成、积累和立卷工作，也可委托监理单位检查工程资料的形成、积累和立卷工作。

6. 对需建设单位签认的工程资料应及时签署意见。

7. 应收集和汇总勘察、设计、监理和施工等单位立卷归档的工程档案。

8. 应负责组织竣工图的绘制工作，也可委托施工单位、监理单位或设计单位。

9. 建设单位应在工程竣工验收后3个月内将工程档案移交到铁道部或有关铁路集团公司档案馆。

（二）勘察、设计单位职责

1. 应按合同和规范要求提供勘察、设计文件，包括工程洽商记录和设计变更记录。

2. 对需由勘察、设计单位签认的工程资料，应及时签署意见。

3. 应按照有关规定对工程进行竣工验收，并出具工程质量检查报告。

4. 勘察、设计单位应设专人对其形成、收集的资料进行整理和保管。

（三）监理单位职责

1. 应负责监理资料的管理工作，并设专人对监理资料进行收集、整理和归档。

2. 应按照合同约定，在勘察、设计阶段，对勘察、设计文件的形成、积累、组卷和归档进行监督、检查；在施工阶段，应对施工资料的形成、积累、组卷和归档进行监督、检查，使工程资料的完整性、准确性符合有关规定。

3. 监理单位应按规定对施工单位、检测机构等提供的工程资料进行检查、核实，确认后，应及时签署。

4. 监理单位应对其编制的资料的真实性、准确性和完整性负责。

（四）施工单位职责

1. 施工单位对其所形成的资料进行收集、整理和保管。

2. 应负责施工资料的管理工作，实行项目经理、技术总工负责制，逐级建立、健全施工资料管理岗位责任制。

3. 应负责汇总各分包单位编制的施工资料，分包单位应负责其分包范围内施工资料的收集和整理，并对施工资料的真实性、完整性和有效性负责。

4. 总承包单位应在工程竣工验收前，完成工程的施工资料的整理、汇总工作，分包单位应负责其分包工程范围内的资料管理。

5. 应负责编制施工资料，一般不少于四套，一套自行保存，三套移交到有关单位。

6. 列入到铁道部或各铁路局的工程档案，提请铁道部或各局铁道部档案馆对工程档案进行预验收，验收合格后，及时办理文件资料的移交工作。

三、工地（或项目）资料室岗位工作制度

1. 要树立坚定的事业心，热爱本岗位工作，尽心尽责为施工生产的各项工作服务，并实行“三纳入（纳入领导议事日程、有关工作程序、有关部门和人员的职责范围）”、“四参加”（工程竣工验收、科研成果鉴定、设备开箱验收、产品定型）制度，对归档的文件材料应及时进行检查、指导和验收。

2. 做好铁路建设工程项目竣工文件的收集、整理、归档及移交工作，移交工作应做到竣工文件管理的“三同步”，即：布置施工任务与布置竣工文件编制同步进行；竣工文件的形成积累应与工程进度同步进行；工程验收交接与竣工文件交接同步进行。

3. 工地（或项目）资料室要以保证工程质量为基本出发点，把好资料管理和工程质量控制关，做好施工内业资料的管理工作。

4. 资料室保密管理制度

（1）严格执行保密制度纪律，做到不该说不说。

（2）不将资料借给无关人员，不领无关人员到资料室。

（3）上班要检查资料室的门（窗）是否被人打开，下班检查资料室的电灯、电源和空调是否关好。

（4）严格执行借阅制度，查阅资料时，必须履行登记、签收、注销手续，防止丢失。

四、资料管理员职责

（一）负责工程项目资料、图纸等档案的收集、管理

1. 负责工程项目的所有图纸的接收、清点、登记、发放、归档、管理工作：在收到工程图纸并进行登记以后，按规定向有关单位和人员签发，由收件方签字确认。负责收存全部工程项目图纸，且每一项目应收存不少于两套正式图纸（蓝图），其中至少一套图纸有设计单位图纸专用章。竣工图一般采用折叠后散装方式，按资料目录的顺序，分专业归类。线路、桥涵、电力、房建（建筑平面图、立面图、剖面图、建筑详图、结构施工图）等进行分类管理。对作废的图纸要全部收回，加盖“作废”印章进行标识并标明作废日期。

2. 收集整理施工过程中所有技术变更、洽商记录、会议纪要等资料并归档：负责对每日收到的管理文件、技术文件进行分类、登录、归档。负责项目文件资料的登记、受控、分办、催办、签收、用印、传递、立卷、归档和销毁等工作。负责做好各类资料积累、整理、处理、保管和归档立卷等工作，认真遵守保密规则。来往文件资料收发应及时登记，建立登记台账，视文件资料的内容和性质准确及时递交项目经理批阅，并及时送有关部门办理。对于传真件要复印后再保存，以便长期保存和日后查阅。确保设计变更、洽商记录的完整性，要求各方严格履行交接手续，所接收到的设计变更、洽商记录，须经各方签字确认，并加盖公章。设计变更（包括图纸会审纪要）原件存档，并满足原件的份数要求。所收存的技术资料须为原件，无法取得原件的，详细备注，并加盖公章。作好信息收集、汇编工作，确保管理目标的全面实现。

（二）参加分部、分项工程的验收工作

1. 负责备案资料的填写、会签、整理、报送、归档：负责工程备案管理，实现对竣工验收相关指标（包括质量资料审查记录、单位工程综合验收记录）的备案处理。负责对桩基工程、地基基础工程、主体工程、结构工程、装饰装修工程、安装工程备案资料核查。严格遵守资料编制要求，符合分类方案、编码规则，资料份数应满足资料存档的需要。

2. 监督检查施工单位施工资料的编制、管理，做到完整、及时，与工程进度同步：对施工单位形成的管理资料、技术资料、物资资料及验收资料，按施工顺序进行全程督查，保证施工资料的真实性、完整性、有效性。

3. 按时向公司档案部门移交有关资料：在工程竣工后，负责将文书资料、工程资料立卷移

交公司档案部门。文件材料移交与归档时，应有“归档文件材料交接表”，交接双方必须根据移交目录清点核对无误后，履行签字手续。移交目录一式二份，双方各持一份备查。

4. 负责向市城建档案馆的档案移交工作：提请城建档案馆对列入城建档案馆接收范围的工程档案进行预验收，取得《建设工程竣工档案预验收意见》，在竣工验收后将工程档案移交城建档案馆。

5. 指导工程技术人员对施工技术资料（包括设备进场开箱资料）的保管：指导工程技术人员对施工组织设计及施工方案、技术交底记录、图纸会审记录、设计变更通知单、工程洽商记录等技术资料分类整理，并交资料室保管。指导工程技术人员对工作活动中形成的、已经办理完毕的、具有保存价值的文件材料及音像资料的分类整理工作；保管好一项基建工程进行鉴定验收时归档的科技文件材料；负责已竣工验收的工程项目的工程资料分级保管，并及时向资料室移交。

（三）负责计划、统计的管理工作

1. 负责对整个项目的施工部位、产值完成情况的汇总、申报，按月编制施工统计报表：在平时统计资料基础上，编制整个项目当月进度统计报表和其他信息统计资料。编报的统计报表要按现场实际完成情况严格审查核对，不得多报、早报、重报、漏报。大型的建设项目还有日报、周报、月报、年报等报表。以及日计划、周计划、月计划、年度计划等。

2. 负责与项目有关的各类合同的档案管理：负责对签订完成的合同进行收编归档，并开列编制目录。作好借阅登记，不得擅自抽取、复制、涂改，不得遗失，不得在案卷上随意划线、抽拆。平时一般调用复印件，合同原件要严密保存。

3. 负责向销售策划者提供工程主要形象进度信息：向各专业工程师了解工程进度，随时关注工程进展情况，为销售策划提供确实、可靠的工程信息。

（四）负责工程项目的内业管理工作

1. 协助项目经理做好对外协调、接待工作：协助项目经理做好内部公司和部门之间、外部各施工单位之间关系的协调工作。做好与有关部门及外来人员的联络接待工作，树立企业良好形象。

2. 负责工程项目的内业管理工作：汇总各种内业资料，及时准确统计有关数据，建立登记台账，报表按要求上报。通过实时跟踪、反馈监督、信息查询、经验积累等多种方式，保证汇总的内业资料反映施工过程中的各种状态和责任，能够真实地再现施工时的情况，从而找到施工过程中的问题所在。对形成的资料进行及时的收集和整理，确保工程项目的顺利进行。有效地参考、利用内业记录资料，以充分发挥它们在企业建设中的潜在作用。

3. 负责工程项目的后勤保障工作：负责做好文件收发、归档工作。负责部门成员考勤管理和日常行政管理以及经费报销工作。负责对竣工工程档案整理、归档、保管，便于有关部门查阅调用。负责公司文字及有关表格等打印。保管工程印章，对工程资料盖章登记，并留存备查。

（五）完成工程部经理交办的其他任务

（六）参加继续教育培训工作，学习和掌握新规范、新标准、新技术，做到及时更新和替换作废的资料表格。

（七）有条件的项目，采用软件操作系统整理资料，并做好资料的电子版收集和编排工作。

五、工程质量影响和监控文件管理制度

（一）施工对工程质量的影响

工程施工是将质量目标和质量计划付诸实施的过程。通过施工及相应的质量控制将设计

图纸变成工程项目实体。这一阶段是质量控制的关键时期。且由于工程施工阶段工期长、受自然条件影响大,影响质量的因素众多,因此,这一阶段应引起施工参与各方的高度重视。

(二)施工单位文件的质量监控管理制度

施工单位形成的施工文件和负责编制的竣工图是反映项目真实面貌和质量的主要依据,其数量在整个项目档案中占了最大的比重,是工程项目档案的主要组成部分。这一阶段也是项目文件积累的关键,其质量控制可从以下几个方面进行:一是以公文形式的文件,要注意统一文号。施工单位围绕工程项目建设,将形成公文形式的文件,如请示监理及项目法人等的文件要规范,如有统一的格式、统一的文号,同时,每一份文件要有准确的题名;二是施工记录,必须真实、准确、耐久、有序、规范和完备的签署手续;三是竣工图必须字迹、线条清晰,图面整洁,修改到位。

施工单位在签订承、发包合同后,应建立与工程承、发包方式相适应的项目档案工作网络,按照国家规定对需向建设单位移交的施工文件做好积累、整理工作。建设项目除了土建部分外,大多数的建设项目也都会有设备。在大型的生产设施方面,施工是由两个不同类型的施工单位进行的,所以做法上有相通之处,但也有其各自的特点。

1. 土建施工积累的方法应符合施工文件形成的规律和质量监督部门检查的要求,施工管理性文件可按问题积累。施工记录一般从部分到整体的,按分项、分部、单位工程积累。如果施工对象是一座桥,可以若干墩的施工文件集中在一起,存放在一个盒里;如果是一座特大桥,也可以一个墩一盒积累,集中在一起的文件按施工工序进行排列。排列到一定厚度,一般2~3 cm左右即可装订为一卷。

2. 设备文件主要有三个方面。一是设备报价、询价等来往文件(这一部分文件一般由建设单位监控);二是设备随机文件;三是安装、调式文件。设备部分的文件质量监控,主要从设备的开箱起把好关。设备随机文件的监控是从设备开箱时进行,是根据设计文件、装箱清单等进行。主要核查以下内容:(1)包装箱号、箱数以及包装箱完整情况;(2)设备的型号、规格、数量是否与设计、合同文件相符;(3)设备的零部件、专用工具是否齐全;(4)随机文件(产品说明书、合格证、进口产品的商检证等)是否齐全;(5)设备有无损件,表面有无损坏和锈蚀等情况。在设备、安装调试过程中应注意设备档案管理的成套性进行积累、监控。

(三)项目质量监督部门的监控制度

项目监督部门对项目的监控依据是项目建设的文件,主要对项目建设的实体质量监督。当项目完工后依据项目档案和项目实体进行项目的质量等级进行评定。因而,项目监督人员也应重视施工过程文件的质量控制,在进行质量检验时,应对所检内容的准确性把好项目文件的内在质量关,在对项目实体进行检查的同时,检查施工记录、试验材料的真实性。项目评定后,质量监督部门应同时对项目档案的准确性形成书面意见。

(四)档案行政管理部门的监控制度

档案行政管理部门对建设项目档案工作进行监督,是依《中华人民共和国档案法》第六条规定:“县级以上人民政府的档案行政管理部门主管本行政区域内的档案事业,并对本行政区域内机关、团体、企事业单位和其他组织的档案工作实行监督和指导。对本地区的档案事业依法实行统筹规划,组织协调,统一制度,监督和指导”。第六条规定:“省、市、县在鉴定重大科学技术研究成果、验收重点建设工程时,必须由项目的主管部门会同同级档案行政管理部门对项目档案进行鉴定、验收”。为此,各级档案行政管理部门应认真执行国家档案工作法律、法规和业务规范,对辖区内的项目档案实行统一管理,建立健全项目档案工作各项规章制度,明确建设项目文件材料的归档工作。主要可从以下几个方面进行：

1. 主动与当地的发展与发展改革委员会取得联系，掌握当年的建设项目立项情况。与当地建设主管部门联系，了解项目建设进度；

2. 做好重点建设项目档案的登记管理，建立重点建设项目档案的业务工作联系；

3. 认真履行项目档案工作的业务咨询和跟踪服务工作，使项目档案工作与工程进度同步。

4. 发挥主管、建设单位和质量监督、建设监理的积极性。确保项目档案的完整、准确、系统。鉴于重点建设项目建设周期长，各级档案行政管理部门应在项目开工时介入指导，项目建设过程中进行检查，项目完工进行验收。

5. 建设项目档案质量监督流程

项目建议书阶段→项目可行性阶段→项目设计阶段→建设准备阶段→建设实施阶段→生产准备阶段→竣工验收阶段→项目后评价→项目档案有关接收单位

(1)项目建议书阶段：编制并上报项目建设(议)书。

(2)项目可行性阶段：

① 设立项目筹备组，指定项目档案工作责任人；

② 制定项目法人方案；

③ 编报环境影响报告；编报地质灾害评价报告；编报地震安全性评价报告；编报水土方案；确定资金筹措方案；确定项目建设方案；编制并上报可行性研究报告。

(3)项目设计阶段：

① 设立项目法人。

② 获取准确的设计资料；论证项目技术和经济上的合理性；确定项目的各种基本技术参数；制定项目建设工期；编制项目投资总概算；编制并上报初步设计报告；编制施工图。

(4)建设准备阶段：

① 确定档案管理机构；明确档案工作责任；建立档案工作制度。

② 征地拆迁；工程招标；落实建设资金；施工图审查、审批；办理工程质量监督、安全监督手续；申请开工报告；落实施工“三通一平”。

(5)建设实施阶段：

① 项目建设档案管理机构对项目档案材料进行全过程监控，同时向上级档案行政管理部门提出监督申请；档案行政管理部门对项目实行事先指导、中间检查。

② 编制施工组织设计、专题技术方案；工程进度、质量、投资控制；组织施工；工程中间验收；项目内外协调。

(6)生产准备阶段：培训项目运行管理人员；生产技术、物质准备；环境保护设施试运及监控。

(7)竣工验收阶段：

① 交工三个月向上级档案行政管理部门提交项目档案专项验收申请；15 个工作日内组织专项验收；验收后的 15 个工作日提交验收结论文件。

② 整理项目档案材料；组织竣工预验收；财务决算；决算审计；组织竣工验收；工程竣工备案。

(8)项目后评价：建设过程评价；影响评价；经济评价。

第二章　铁路工程资料的分类

第一节　铁路工程资料的分类

工程资料共分为五类。分别有 A、B、C、D、E 类，A 类是建设管理资料，B 类是勘察设计资料，C 类是施工资料，D 类是监理资料，E 类是竣工验收资料。其中：A 类资料包括立项决策、征地拆迁、招投标管理、合同管理、开工报告、技术管理、质量安全控制、质量安全监督、水土保持、环境保护、计划统计、投资控制；B 类资料包括勘察、设计资料；C 类资料包括施工管理、施工技术、物质设备管理、工程测量、工程试验、施工记录、施工质量验收等；D 类监理资料包括监理管理和施工监理资料；E 类是基础资料和验收资料。

第二节　铁路工程施工管理资料

一、施工管理资料（C 类）

1. 施工组织机构资料

施工组织机构资料包括施工单位现场的机构设置、人员配置及工作职责等。

2. 施工管理规章制度资料

施工管理规章制度资料是指施工单位为实现质量、安全、工期、投资、环境保护和科技创新等"六位一体"控制目标而制定的各项管理制度。

3. 施工现场质量管理检查记录

施工现场质量管理检查是施工前施工单位对所做施工准备工作的一次全面检查，是保证项目顺利施工的一项基础工作。施工单位自查后，监理单位的总监理工程师进行检查，做出合格或不合格及限期整改的结论。

4. 分包单位资料

对于允许分包的工程，分包单位资料包括分包单位资质材料、业绩材料以及分包工程名称、部位、工程数量、合同额等，含监理单位审查、签认意见文件。

5. 主要进场人员资料：主要进场人员资料包括施工单位按合同约定进场的相应人员、人员资格证明等材料，含监理单位审查、签认意见文件。

6. 主要进场施工机械、设备资料

主要进场施工机械、设备资料包括施工单位进场施工机械、设备的规格、型号、数量以及技术参数、质量证明文件、试验报告等，含监理单位审查、签认意见文件。

二、施工技术资料（C 类）

1. 施工图现场核对资料：施工单位、监理单位结合现场实际核对施工图，对重点、难点工程进行会审，汇总发现的问题形成的书面资料。施工图必须全部进行核对。

2. 设计技术交底资料：

建设单位组织设计单位向监理、施工及其他相关单位进行设计技术交底。设计技术交底资料包括设计交底记录、设计交底问题汇总、专题技术交底记录。专题技术交底记录是对重大、复杂或采用新技术、新标准、新结构、新工艺的工程，在施工前和施工中应请有关专业设计负责人到施工单位现场进行专题技术交底，形成专题技术交底记录资料。

3. 交接桩资料

交接桩资料包括交接桩记录、测量成果资料，也包括施工单位的施工复测资料。由建设单位组织设计单位向施工单位办理交桩手续。交接桩记录包括交桩资料明细，现场点桩情况、交接桩纪要等。测量成果资料包括：GPS 控制点坐标及点之记；平面控测导线桩坐标；中线逐桩坐标；水准点高程成果表及点之记；精密测量控制桩等。

4. 实施性施工组织设计资料

实施性施工组织设计资料包括标段实施性施工组织设计、单位或单项工程施工组织设计、专项施工方案以及监理单位、建设单位的审核、审批意见等。专项施工方案是指对控制工程、重点工程以及技术复杂、危险性高的工程制定的实施性方案。

5. 施工技术交底资料

施工技术交底分总施工技术交底、工点施工技术交底和操作人员技术交底等。各种技术交底应有书面资料，交底双方应履行签字手续。

6. 施工作业指导书

施工作业指导书是施工单位针对特殊过程、关键工序向操作人员交待作业程序、方法以及注意事项而制定的指导性文件。施工作业指导书应经项目技术负责人审批。

7. 施工技术总结

施工技术总结包括自开工至竣工的全过程相关内容，在工程竣工后规定的期限内完成编写。施工技术总结分综合性施工技术总结、各合同标段及重点工程施工技术总结。

三、物资设备管理资料（C 类）

1. 质量证明文件

物资设备包括工程用原材料、构配件、成品、半成品和设备等。其质量证明文件是指产品供货商提供的合格证、检验报告、试验报告、质量保证书、技术说明书等。从国外引进的新技术或成套设备，还包括外方提供的设计文件和相关标准。属于行政许可或强制认证的，应有行政许可或强制认证证书。质量证明文件应反映工程物资设备的品种、规格、数量、性能指标等，并与实物相符。

2. 进场验收记录

进场验收记录是指物资设备进场后，由施工单位和监理单位按规定方法和频次进行检查、试验，确定其是否合格的记录。

四、工程测量资料（C 类）

1. 施工测量实施方案资料

施工测量实施方案资料包括施工测量实施方案和监理单位审批文件。实施测量前，施工单位编制施工测量实施方案，报监理单位审批。

2. 施工控制测量资料

施工控制测量资料包括施工控制测量记录和施工控制测量成果以及监理单位审查、签认文件。

3. 施工测量放样资料

施工测量放样资料包括施工测量放样记录和施工测量放样成果以及监理单位审查、签认文件。

4. 变形观测与评估资料

变形观测与评估资料包括各类工程结构的变形观测与评估资料。其中线下工程的沉降变形评估报告由专门机构根据标准方法进行判定后提出。

5. 竣工测量资料

竣工测量资料包括竣工测量记录和竣工测量成果。每项工程竣工时应由施工单位按设计文件要求和相关标准规定,对线路、路基及各种建筑物的位置、尺寸、高程及用地界进行测量核对,如实反映在竣工资料和图纸上。

五、工程试验资料(C类)

1. 工程试验实施方案资料

工程试验实施方案资料包括工程试验实施方案和监理单位审批文件。工程试验是指施工单位、监理单位或第三方检测机构为采集有关质量指标和数据,对工程用原材料、构配件、成品、半成品、设备以及工程实体等进行的试验检测。施工单位试验前应编制工程试验实施方案,经监理单位批准后实施。

2. 工程试验记录

工程试验记录应按《铁路工程试验表格》的规定编制。

3. 工程试验报告

工程试验报告应按《铁路工程试验表格》的规定编制。

六、施工记录资料(C类)

1. 施工记录

施工记录是施工单位对重点工序、关键部位施工过程的记录,施工记录应经监理单位检查签认。施工过程中必须填写以下施工记录:

(1)主体工程混凝土搅拌生产记录;

(2)主体工程混凝土浇筑记录;

(3)主体工程混凝土养护记录;

(4)打入桩施工记录;

(5)钻孔桩钻孔及清孔记录;

(6)桥梁、涵洞基坑开挖记录;

(7)预应力混凝土结构张拉记录;

(8)预应力混凝土结构孔道压浆记录;

(9)预应力混凝土结构封锚(端)记录;

(10)地基加固处理施工记录;

(11)隧道开挖断面及地质状况检查记录;

(12)隧道喷锚支护施工记录;

(13)无砟轨道灌浆记录;

(14)轨道板张拉连接记录；
(15)线路锁定记录；
(16)光、电缆埋深记录；
(17)光、电缆防护记录；
(18)电杆埋深记录。

2. 施工日志

施工日志是重要的施工技术履历档案，应按单位或单项工程建立，由工程(工点)施工负责人或技术负责人逐日连续填写。其主要内容包括：

(1)本工程的基本概况；
(2)施工期的气候、施工方法、劳力布置、机械配置、施工操作、施工进度及工程地质变化情况；
(3)相关工作记录，如现场取样、检测、测量、施工交底等；
(4)工序检查验收情况及结论；
(5)每日使用的主要材料规格、数量及检测结果；
(6)施工中遇到的重大技术问题，变更设计、主要工程材料代用等所采取的主要措施和效果记录；
(7)施工中发生的工程质量事故和处理改进情况记录；
(8)停工原因(停工期间重要事件应记录)；
(9)各级管理人员检查的有关工程施工或质量要求，施工中发现的问题及相关指令，存在问题及整改情况；
(10)施工中采用的新工艺、新材料、新设备、新技术情况；
(11)其他与工程施工和质量形成有关的情况。

七、施工质量验收资料(C 类)

1. 检验批质量验收资料

按现行铁路工程相关专业施工质量验收标准规定，经验收合格形成的《检验批质量验收记录》。

2. 分项工程质量验收资料

按现行铁路工程相关专业施工质量验收标准规定，经验收合格形成的《分项工程质量验收记录》。

3. 分部工程质量验收资料

按现行铁路工程相关专业施工质量验收标准规定，经验收合格形成的《分部工程质量验收记录》。

4. 单位工程质量控制资料

按现行铁路工程相关专业施工质量验收标准规定，经验收合格形成的《单位工程质量控制资料核查记录》。

5. 单位工程实体质量和主要功能核查资料

按现行铁路工程相关专业施工质量验收标准规定，经验收合格形成的《单位工程实体质量和主要功能核查记录》。

6. 单位工程观感质量检查资料

按现行铁路工程相关专业施工质量验收标准规定，经验收合格形成的《单位工程观感质量检查记录》

7. 单位工程质量验收资料

按现行铁路工程相关专业施工质量验收标准规定，经验收合格形成的《单位工程质量验收记录》。

第三节　铁路工程竣工验收资料

一、基础资料（E 类）

（1）竣工图

竣工图是建设项目完工后的主要凭证性材料，也是维修、养护、改造、管理的依据。建设单位应组织施工、设计或监理单位按有关规定绘制。

（2）竣工表、册

竣工表、册是针对建设项目及其各类工程、设备、设施、系统的技术条件、工程数量、投资等，按有关规定编制的的汇总表、对照表和清册等。

（3）国有土地使用证

建设单位向国土管理部门申领铁路用地国有土地使用证。

（4）水土保持、环境保护设施验收资料

水土保持、环境保护设施的施工质量验收或竣工试运行验收资料，以及行政主管部门的验收批复。

（5）劳动、安全、卫生、消防设施验收资料

劳动、安全、卫生、消防设施的施工质量验收或竣工试运行验收资料，以及相关部门的合格验收意见。

（6）竣工决算资料

竣工决算资料包括建设单位按有关规定编制的竣工决算及审计结论等资料。

二、验收资料（E 类）

（1）静态验收资料

静态验收资料包括子系统（专业）验收申请表、子系统（专业）

验收记录表、综合系统验收申请表、综合系统验收记录表和静态验收报告。

（2）动态验收资料

动态验收资料包括动态验收实施方案、动态检测报告、动态验收记录表、动态验收报告。

（3）初步验收资料

初步验收资料包括初步验收申请表、初步验收报告。

（4）安全评估报告

安全评估报告是由铁路安全监察部门组织（或委托具有资质的第三方机构）进行安全评估，就建设项目试运营（或临管运营）提出的安全评价意见。

（5）国家（正式）验收资料

国家（正式）验收资料包括国家（正式）验收申请表、国家（正式）验收证书。

第三章　铁路工程竣工验收管理办法

本章第一节内容中适用于新建、改建国家铁路和国家参与的合资铁路。地方铁路、专用铁路和铁路专用线等参照办理。客运专线铁路工程竣工验收按本章第二节办理。

第一节　铁路工程竣工验收管理办法

一、项目竣工验收的依据

1. 国家有关法律、法规以及国家颁布的建设标准；
2. 国家和铁道部颁布的设计规范、工程施工质量验收标准；
3. 经批准的项目建议书、可行性研究报告；
4. 经批准的初步设计文件（含批准的修改初步设计）；
5. 审核合格的施工图（包括经批准的变更设计文件）；
6. 设备技术说明书（从国外引进新技术或成套设备的，还应包括外方提供的设计文件和新技术或成套设备的国家标准等）；
7. 经铁道部批准的相关补充标准、技术条件、暂行规范等，以及建设单位补充且经铁道部认可的相关技术标准等。

二、项目竣工验收的条件

（一）静态验收

1. 主体工程及其配套工程（包括外部配套工程及设备安装）已按设计文件建成；
2. 环境保护设施、水土保持设施与主体工程同步建成；
3. 劳动、安全、卫生及消防设施与主体工程同步建成；
4. 承包人按有关规范、标准对工程质量和系统功能自检合格；
5. 监理单位及咨询单位（如果有）对工程质量评定合格；
6. 除领取《国有土地使用证》外的其他征地工作基本完成；
7. 竣工文件编制已按规定的内容和标准基本完成。

（二）动态验收

1. 静态验收合格；
2.《动态验收实施方案》已经批准；
3. 动态检测准备工作完成。

（三）初步验收

1. 静态验收、动态验收合格，工程质量和系统功能满足有关标准要求；
2. 静态验收及动态验收遗留问题整改完毕；
3. 环境保护设施、水土保持设施、土地复垦工作经相关主管部门检查合格；

4. 劳动、安全、卫生及消防设施经相关部门检查合格；

5. 通过试运行，达到临管运营的条件；

6. 申请领取《国有土地使用证》的准备工作基本完成；

7. 竣工文件按规定编制完成，施工过程中的管理文件和招标投标文件等整理完毕，达到档案验收标准。

（四）安全评估

1. 初步验收中存在的影响运营安全的问题全部得到解决；

2. 临管运营的各项准备工作已经完成。

（五）正式验收

1. 初步验收一年后；

2. 临管运营情况良好，经检测各项指标已达到建设目标；

3.《国有土地使用证》、《无线电台站执照》已经全部领取；

4. 环境保护设施、水土保持设施、建设项目档案经相应行政主管部门验收合格；

5. 竣工财务决算已经编制完成，并通过审查；

6. 建设资金已按工程进度全部到位，收尾配套工程已全部完成，除质量保证金外与建设工程各方按合同完成资金结算，结余资金已全额上交。

三、项目竣工验收主要任务

1. 对项目建设执行国家法律、法规和铁道部规章情况进行检查；

2. 对项目的建设规模、建设标准、建设内容、工程质量、资金使用等情况进行全面检查；

3. 对建设项目形成的资产进行审核；

4. 对建设项目能否按规定交付临管运营或正式运营作出评价。

四、项目竣工验收主要内容

1. 检查工程是否按铁路技术管理规程、设计规范、批准的设计文件（包括批准的修改初步设计、变更设计）建成，配套辅助项目是否与主体工程同步建成；

2. 检查工程质量是否符合国家和铁道部颁布的工程施工质量验收标准；

3. 检查建设程序执行情况和变更设计管理情况；

4. 检查工程设备配套及设备安装、调试情况，主要设备联调联试及试运转情况，以及国外引进设备合同完成情况；

5. 检查概算执行情况，材料、设备购置是否合理，工程其他支出是否符合规定；审查财务竣工决算；

6. 检查动态检测、试运行情况，是否具备临管运营或运营条件；

7. 检查环保、水保、劳动、安全、卫生、消防等设施是否按批准的设计文件建成并合格，地质灾害整治及建筑抗震设防是否符合规定；

8. 检查工程竣工文件编制完成情况，建设项目批准文件、设计文件：施工过程管理文件及招投标文件、监理文件、竣工文件等资料是否齐全、准确，并按规定归档；

9. 检查建设用地权属来源是否合法，面积是否准确，界址是否清楚，手续是否齐全；

10、审计、检查、监察等发现问题的整改情况。

五、铁路工程验收组织机构方式

（一）竣工验收采用建设单位组织专家检查、政府验收的方式。

建设单位或由委托的单位组成验收工作组进行静态验收和动态验收；安全机构进行评估，政府验收包括初步验收和正式验收。

（二）建设单位验收工作在铁道部建设、运输主管部门指导下实施。

建设单位在工程基本完工前，应向铁道部建设主管部门提出申请验收报告，申请报告包括工程完成情况、验收建议计划、验收工作组组成建议等。验收工作组一般由建设单位、使用接管单位以及专家组成。

建设单位依据批准的申请验收报告成立验收工作组具体负责静态验收和动态验收工作，落实初步验收和正式验收条件，提出初步验收和正式验收的实施建议。验收工作组人员名单报铁道部建设管理司和运输局核备。

（三）初步验收由铁道部或铁道部委托的单位组织实施。验收单位在收到初验申请并确认项目达到初验条件一个月内，成立初步验收委员会进行初步验收。初步验收委员会由有关业务部门、接管使用单位、验收工作组正副组长及部分专家，以及勘察设计单位负责人组成。

委托初步验收的，验收委员会名单、初步验收报告报铁道部建设管理司和运输局核备。

（四）正式验收一般由项目审批部门组织，国家审批项目由国家主管部门（或委托铁道部）组织正式验收，铁道部审批项目由铁道部（或委托铁路管理机构）组织正式验收。铁道部建设管理司在收到正式验收申请并确定项目达到正式验收条件一个月内，提出验收方案报铁道部。负责验收的部门按相关规定成立正式验收委员会，具体负责正式验收工作。

（五）验收委员会职责

1. 贯彻国家法律法规和铁道部规章制度、验收标准和规定；
2. 制订验收计划和工作安排；
3. 组织审查竣工验收相关资料；
4. 必要时组织现场检查；
5. 明确验收结论；
6. 初验委员会提出初验报告，正式验收委员会签发正式验收证书。

（六）铁道部或国家主管部门组织验收的铁路建设项目，工程质量安全监督机构应先期对现场验收情况进行检查，抽检工点，向验收委员会提交工程质量安全监督报告，并参加工程验收工作。

铁道部委托铁路管理机构组织验收的铁路建设项目，工程质量安全监督机构负责对验收过程进行监督，并向铁道部提交工程验收监督报告。

六、铁路工程验收程序

铁路工程竣工验收有静态验收、动态验收、初步验收及安全评估、正式验收。

（一）静态验收

静态验收是指由建设单位（或委托单位）组织验收工作组，对建设项目进行检查，确认工程是否按设计完成且质量合格：系统设备是否已安装并调试完毕。

1. 静态验收程序

（1）承包单位按照设计文件和合同约定完成全部工程和设备安装、调试并经自检合格后，向建设单位申请专业工程验收，报送《专业工程验收申请表》（参见铁建设〔2008〕23 号文附件1）并签署意见；

（2）验收工作组研究确认达到专业工程验收条件后，由验收工作组分专业进行现场验收。

（3）验收工作组应在 30 个工作日内完成检查，对存在问题提出处理意见、整改期限、复检时间等，对整改问题进行复查，合格后填写《专业工程验收记录表》（参见铁建设〔2008〕23 号文附件 1）并签署验收意见；

（4）专业工程验收合格后，承包单位向建设单位申请静态综合系统验收并报送《静态综合系统验收申请表》（参见铁建设〔2008〕23 号文附件 1）；

（5）验收工作组确认达到静态综合系统验收条件后，在综合调试具备条件的基础上进行静态综合系统验收；

（6）验收工作组对存在的问题提出处理意见、整改期限、复检时间等，对整改问题复查合格后填写《静态综合系统验收记录表》（参见铁建设〔2008〕23 号文附件 1）并签署意见。

2. 完成专业工程验收和静态综合系统验收后，建设单位应编写《静态验收报告》。《静态验收报告》应包括项目专业工程验收以及静态综合系统验收过程、存在问题及整改情况、验收结论等内容，并附相关数据和试验报告。

《静态验收报告》报铁道部建设管理司和运输局核备。

（二）动态验收

动态验收是指铁路建设项目静态验收合格后，由建设单位（或委托单位）组织整个系统验证性综合调试，并委托专业机构进行动态检测，验收工作组对工程安全运行状态进行的全面检查和验收。动态验收内容执行铁道部相关规定。

建设项目综合调试和模拟试运行的主要原则执行铁道部有关规定，实车运行条件下动态检测执行铁道部动态检测相关标准。

1. 动态验收程序

（1）建设单位（或委托单位）应在静态验收完成 20 日前拟定详细的《动态验收实施方案》，报初步验收单位批准。《动态验收实施方案》应包括动态验收组织形式、综合调试计划、试运行和动态检测方案、拟投入主要设备仪器、安全保证措施等内容。

（2）建设单位（或委托单位）按照批复的《动态验收实施方案》组织动态验收。

（3）建设单位（或委托单位）组织专业机构按批复的《动态验收实施方案》进行动态检测，并形成动态检测报告。动态检测工作由铁道部批准的专门机构负责。

（4）验收工作组按《动态验收实施方案》进行检查，对动态检测中发现的问题进行研究并提出整改意见，整改问题复查合格后，填写《动态验收记录表》（附件 1）并签署意见。

2. 动态验收过程中，建设项目所在铁路局及相关部门应积极配合建设单位，按照铁道部规定做好综合调试和模拟试运行工作。

3. 动态验收合格后，建设单位（或委托单位）组织编写《动态验收报告》，其中应包括动态验收组织及人员、动态检测过程及结果、试运行过程及结果、存在问题及整改情况、验收结论等内容，并附相关数据和试验报告。

《动态验收报告》报铁道部建设管理司和运输局核备。

4. 动态验收工作在铁道部建设、运输部门指导下实施；动态验收的试运行工作在铁道部运输、建设部门指导下实施，接管使用单位参与。

（三）初步验收及安全评估

初步验收是指建设项目动态验收合格后，由初步验收单位对静态验收、动态验收结果进行检查和确认。

1. 初步验收程序

（1）建设单位完成动态验收工作后，应及时向初步验收单位报送《初步验收申请表》（附件1）、《动态验收报告》、初步验收申请报告。

（2）初步验收单位在收到《初步验收申请表》、《动态验收报告》、初步验收申请报告，以及《质量安全监督报告》（政府组织验收）附后，确认是否符合初步验收条件。符合初步验收条件的，成立初步验收委员会。

（3）初步验收委员会组织召开初步验收会议，必要时组织现场检查，提出《初步验收报告》，明确验收结论。

2. 初步验收合格后，由铁路安全监察部门组织或委托具有资质的第三方机构进行安全评估，就建设项目临管运营，提出安全评价意见，并责成建设单位、接管使用单位完善安全措施。

3. 建设项目安全评估合格并经批准后进行临管运营。建设单位及接管使用单位在临管运营期间必须进一步做好观测、测试工作。

4. 初步验收合格后，建设单位应在3个月内按规定完成竣工财务决算的编制工作，并上报铁道部相关部门；铁道部相关部门组织审查。

（四）正式验收

正式验收是指铁路建设项目初步验收一年后，由项目审批部门对铁路建设项目进行整体验收和综合评价。

1. 正式验收程序

（1）对具备正式验收条件的铁路建设项目，建设单位应向铁道部建设管理司提出申请，上报《正式验收申请表》（参见铁建设〔2008〕23号文）和正式验收申请报告，报请正式验收。

（2）铁道部建设管理司在收到《正式验收申请表》、正式验收申请报告，以及《质量安全监督报告》后，会同有关部门进行确认，经确认申报项目符合正式验收条件的，提出正式验收建议报铁道部，由铁道部安排验收。

（3）正式验收委员会组织召开验收会议，必要时组织现场检查，对建设项目工程质量、线路运行状况、环境协调性等建设成果以及初步验收结论进行整体评价，形成《正式验收证书》明确验收结论。

2. 分期、分段组织竣工验收的，比照上述规定或按批准的申请验收报告进行验收，初步验收合格后由接管使用单位接管并负责维修养护，全部工程竣工后按本办法规定办理竣工验收手续

七、铁路竣工文件的编制

1. 竣工文件的编制工作由建设单位负责组织，施工单位负责编制，接管单位档案部门协作指导。建设单位要督促各参建单位按档案部门要求做好文件材料的形成和积累工作，竣工验收前将文件图纸按专业和单位工程进行汇总整理。由建设单位组织各有关参建单位编制竣工文件并向有关单位移交。

2. 竣工文件要如实反映铁路建设项目施工技术状况和工程竣工的现状。如发现竣工文件与实际不符，应追究原施工、监理单位及人员的责任。

3. 竣工文件内容及提交份数执行铁道部相关规定。正式验收前，建设单位应按照有关法律法规的规定，组织施工单位会同接管单位（部门）向地方县级以上人民政府统一办理国有土地使用证书。《国有土地使用证》随建设用地竣工文件一并移交接管单位的铁路用地管理部门。

八、客货共线铁路竣工验收申请、记录与报告

1. 专业工程验收申请，见下表：

（项目名称）**专业工程验收申请表**

合同段：________ 铁验表—1

<table>
<tr><td>专业工程名称</td><td colspan="3"></td></tr>
<tr><td>申请验收范围</td><td colspan="3"></td></tr>
<tr><td>工程承包单位</td><td colspan="3"></td></tr>
<tr><td>项目负责人</td><td></td><td>项目技术负责人</td><td></td></tr>
<tr><td>工程完成情况</td><td colspan="3"></td></tr>
<tr><td>工程质量情况</td><td colspan="3"></td></tr>
<tr><td>竣工文件情况</td><td colspan="3"></td></tr>
<tr><td>监理单位意见</td><td colspan="3"></td></tr>
<tr><td colspan="4">工程承包单位：

（章）
负责人：　年　月　日</td></tr>
</table>

2. 专业工程验收记录，见下表：

(项目名称) **专业工程验收记录表**

合同段：________ 铁验表—2

专业工程名称	
资料验收情况	
质量情况	
调试情况	
存在问题	
整改情况	
验收工作组意见	验收工作组负责人：签字 年 月 日

建 设 单 位：
勘察设计单位：
监 理 单 位：
工程承包单位：

年 月 日

3. 静态综合系统验收申请,见下表:

(项目名称)**静态综合系统验收申请表**

铁验表—3

项目名称	
申请验收范围	
工程承包单位	
工程完成情况	
工程质量情况	
综合系统自检情况	
竣工文件情况	
监理单位意见	
工程承包单位: （章） 负责人:　　年　　月　　日	

4. 静态综合系统验收记录，见下表：

(项目名称) **静态综合系统验收记录表**

铁验表—4

项　目　名　称	
综合系统调试情况	
存在问题	
整改情况	
验收工作组意见	验收工作组负责人：签字 年　　月　　日

建　设　单　位：
设　计　单　位：
监　理　单　位：
工程承包单位：

年　　月　　日

5. 动态验收记录,见下表:

(项目名称) **动态验收记录表**

铁验表—5

项目名称	
动态检测情况	
模拟试运行情况	
存在问题	
整改情况	
验收工作组意见	验收工作组负责人:签字 年 月 日

建 设 单 位:
设 计 单 位:
监 理 单 位:
工程承包单位:

年 月 日

6. 初步验收申请，见下表：

<u>（项目名称）</u> **初步验收申请表**

铁验表—6

项目名称	
主体工程及配套工程完成情况	
环保、水土保持设施完成情况	
劳动安全卫生设施完成情况	
消防设施完成情况	
地质灾害整治措施落实情况	
建设用地情况	
竣工文件及资料完成情况	
静态验收情况	
动态验收情况	
需要说明的问题	
监理单位	（章） 负责人： 年 月 日
建设单位	（章） 负责人： 年 月 日
铁道部建设管理司意见	（章） 负责人： 年 月 日

7. 正式验收申请，见下表：

(项目名称) **正式验收申请表**

铁验表—7

项目名称	
初步验收遗留问题处理情况	
临管运营情况	
竣工决算情况	
建设资金结算情况	
正式运营投产准备情况	
建设单位	（章） 负责人： 年 月 日
铁道部主管部门意见	（章） 负责人： 年 月 日

8. 铁路竣工验收相关报告式样：

______________________铁路

静　态　验　收　报　告

（建设单位）

年　月　日

（1）铁路建设项目完成情况：（主要工程量完成情况，过程质量验收情况，设备引进以及安装调试情况，建设用地情况，竣工文件及资料编制情况等）

（2）静态验收依据：（有关法规、建设标准、设计规范和验收规范，经批准的项目建议书、可行性研究报告；经批准的设计文件，合同文件、设备技术说明书；从国外引进新技术或成套设备的，外方提供的设计文件和新技术或成套设备的国家标准等）

（3）验收组织机构及成员：（铁路建设项目竣工验收工作组组成情况）

（4）验收过程：（铁路建设项目专业工程验收以及静态综合系统验收范围、验收过程、验收时间、存在的问题、整改及复验情况）

（5）验收工作组意见

（6）验收结论：静态验收结论（包括各专业工程验收结论、静态综合系统验收结论）

（7）下一步工作安排

附：相关数据和试验报告

9. 动态验收报告式样：

______________________铁路

动 态 验 收 报 告

（建设单位）

年 月 日

（1）静态验收遗留问题及整改情况

（2）动态验收依据：（铁路动态检测标准及相关规定、试运行相关规定）

（3）验收组织机构及人员：（铁路建设项目竣工验收工作组组成情况）

（4）验收过程：（动态检测的对象、时间、检测过程、检测结果、存在的问题、整改情况，联调联试综合调试的过程、时间、调试结果、存在的问题、整改情况，模拟试运行的参加单位、试运行时间、运行过程、存在的问题、整改情况）

（5）验收工作组意见

（6）验收结论

（7）下一步工作安排

附：相关数据和试验报告

10. 初步验收报告样式如下：

____________________铁路

初　步　验　收　报　告

____________初步验收委员会

年　月　　日

前言:(铁路项目的地理位置、规模、修建意义)

(1)建设依据:(批准的项目建议书、可行性研究报告、初步设计、开工报告批复等)

(2)项目概况:(线路走向、区域,沿线主要地质情况及特点,主要技术标准,主要竣工工程数量,建设用地情况,重点、难点工程主要技术要求等)

(3)验收范围:(线路端点站名称、起止里程、全长,相关工程范围等)

(4)建设经过:(参与本建设项目建设活动的建设、设计、施工、监理单位及任务划分,建设组织管理基本情况及特点,勘察设计完成过程,工程开、竣工情况,安全质量监督、监理情况,建设项目通过静态验收、动态验收的情况和时间)

(5)工程概算及建设投资简况:(批准的概算总额,建设资金渠道和数额,建设资金到位及控制情况等)

(6)验收经过:(初步验收组织机构及人员,验收过程、验收时间,对初步验收提出问题整改情况和复查结论)

(7)验收结论:(对建设项目线路走向和总体布局,执行国家和铁道部技术政策、规程、规范等情况的评价,建设组织管理,工程设计、施工技术和组织管理情况,工程安全质量监督情况,建设用地使用权登记情况,执行国家环保总局对工程环境影响评价报告书的批复情况,执行国家水资源行政主管部门对水土保持方案的批复情况,劳动、卫生、消防安全设施是否符合验收标准,地质、灾害整治措施及建筑抗震设防的落实情况,引进设备的安装及联合调试情况,实车运行条件下系统的安全性、稳定性检测情况,工程竣工文件齐全、系统、准确,初步验收委员会提出验收结论)

(8)对临管运营的要求和建议

____________________验收委员会

主 任 委 员:姓名	单位职务(职称)	签名
副主任委员:姓名	单位职务(职称)	签名
委　　　员:姓名	单位职务(职称)	签名

11. 正式验收证书式样：

________________________铁路

正　式　验　收　证　书

________________验收委员会

年　月　日

____________铁路正式验收证书
（　　年　　月　　日____验收委员会通过）

前言:（建设项目的地理位置、规模、修建意义）

（1）建设依据:（批准的项目建议书、可行性研究报告、初步设计、开工报告批复等）

（2）项目概况:（线路走向、区域，沿线主要地质情况及特点，主要技术标准，主要竣工工程数量，建设用地情况，重点、难点工程主要技术要求等）

（3）验收范围:（线路端点站名称、起止里程、全长，相关工程范围等）

（4）建设经过:（参与本建设项目建设活动的建设、设计、施工、监理、咨询单位及任务划分，建设组织管理基本情况及特点，勘察设计完成过程，工程开、竣工情况，安全质量监督、监理情况，建设项目通过初步验收的情况和时间，开通临管运营时间、临管运营情况等）

（5）工程概算及建设投资简况:（批准的概算总额，建设资金渠道和数额，建设资金到位及控制情况等）

（6）验收经过:（正式验收组织机构及人员，验收过程、验收时间，专项验收及静态综合系统验收情况）

（7）验收结论:（对建设项目线路走向和总体布局，执行国家和铁道部技术政策、规程、规范等情况的评价，建设组织管理，工程设计、施工技术和组织管理情况，工程安全质量监督情况，建设用地使用权领证情况，执行国家环保总局对工程环境影响评价报告书的批复情况，执行国家水行政主管部门对水土保持方案的批复情况，劳动、卫生、消防安全设施是否符合验收标准，地质灾害整治措施及建筑抗震设防的落实情况，引进设备的安装及联合调试情况，实车运行条件下系统的安全性、稳定性检测情况，工程竣工文件齐全、系统、准确，正式运营投产的各项准备工作已经完成。工程质量水平总体评价。正式验收委员会对初步验收报告的认可评价，提出验收结论）

____________________验收委员会

主 任 委 员:姓名　　单位职务（职称）　　签名

副主任委员:姓名　　单位职务（职称）　　签名

委　　　员:姓名　　单位职务（职称）　　签名

第二节　客运专线铁路验收管理办法

一、客运专线竣工验收依据

1. 国家有关法律、法规以及国家颁布的建设标准；

2. 国家和铁道部颁布的设计规范、工程施工质量验收标准；

3. 经批准的项目建议书、可行性研究报告；

4. 经批准的初步设计文件（含批准的修改初步设计）；

5. 审核合格的施工图（包括经批准的变更设计文件）；

6. 设备技术说明书；从国外引进新技术或成套设备的，外方提供的设计文件和新技术或成套设备的国家标准等；

7. 经铁道部批准的相关补充标准、技术条件、暂行规范等，以及建设单位补充且经铁道部认可的相关技术标准等。

二、客运专线竣工验收条件

（一）静态验收应具备的条件

1. 主体工程及其配套工程（包括外部配套工程及设备安装）已按设计文件建成；

2. 环境保护设施、水土保持设施与主体工程同步建成；

3. 劳动、安全、卫生及消防设施与主体工程同步建成；

4. 承包商按有关规范、标准对工程质量和系统功能自检合格；

5. 监理单位及咨询单位（如果有）对工程质量评定合格；

6. 竣工文件已按规定的内容和标准基本完成。

（二）动态验收应具备的条件

1. 静态验收合格；

2.《动态验收实施方案》已经批准；

3. 动态检测准备工作完成。

（三）初步验收应具备的条件

1. 静态验收、动态验收合格，工程质量和系统功能满足有关标准要求；

2. 静态验收及动态验收遗留问题整改完毕；

3. 环境保护设施、水土保持设施经相应行政主管部门验收；

4. 劳动、安全、卫生及消防设施经相关部门验收合格；

5. 通过试运行，达到试运营的条件；

6. 咨询单位（如果有）已提交对整个系统可否按照设计速度安全运行的咨询报告；

7. 建设用地取证工作基本完成；

8. 竣工文件按规定编制完成，施工过程中的管理文件和招标投标文件等整理完毕，达到档案验收标准。

（四）安全评估应具备的条件

1. 初步验收中存在的影响运营的问题全部得到解决；

2. 试运营的各项准备工作已经完成。

（五）国家验收应具备的条件

1. 初步验收一年后；

2. 试运营情况良好，经检测各项指标已达到建设目标；

3. 建设用地取证工作已经完成；

4. 环境保护设施、水土保持设施经相应行政主管部门验收合格；

5. 竣工决算已经编制完成，并经过铁道部组织的审计；

6. 建设资金已全部到位，除质量保修金外与建设工程各方按合同完成资金结算。

三、客运专线工程竣工验收主要任务

1. 对铁路客运专线的建设规模、建设标准、建设内容、建设质量、资金使用等情况进行全面审查；

2. 对铁路客运专线建设执行国家法律、法规和铁道部规章、规范性文件情况进行检查；

3. 对铁路客运专线形成的资产进行审核；

4. 对铁路客运专线能否安全交付试运营或正式运营作出评价。

四、客运专线工程竣工验收主要内容

1. 检查工程是否按铁路技术管理规程、设计规范、批准的设计文件（包括批准的修改初步设计、变更设计）建成，配套辅助项目是否与主体工程同步建成；

2. 检查工程质量是否符合国家和铁道部颁布的工程施工质量验收标准；

3. 检查建设程序执行情况和设计变更管理情况；

4. 检查工程设备配套及设备安装、调试情况；主要设备联调联试及试运转情况；国外引进设备合同完成情况；

5. 检查概算执行情况，材料、设备购置是否合理，工程其他支出是否符合规定，检查财务竣工决算；

6. 检查动态检测、试运行情况，是否具备试运营或运营条件；

7. 检查铁路客运专线技术引进、吸收、创新情况；

8. 检查环保、水保、劳动、安全、卫生、消防等设施是否按批准的设计文件建成，是否合格；地质灾害整治及建筑抗震设防是否符合规定；

9. 检查工程竣工文件编制完成情况，建设项目批准文件、设计文件、施工过程管理文件及招投标文件、监理文件、竣工文件等资料是否齐全、准确，并按规定归档；

10. 检查建设用地权属是否符合界址，手续是否齐全；

11. 检查运营投产准备情况，运营生产组织管理机构、岗位人员培训、物资准备、外部协作条件是否已经落实；

12. 落实审计、检查、监察等发现问题的整改情况。

五、客运专线竣工验收组织机构方式

1. 客运专线竣工验收采用建设单位自验、专家检查、政府验收的方式。

2. 静态验收和动态验收工作由客运专线公司组织，在工程管理中心（客专办）和运输局客专技术部指导下进行。

客运专线公司在子系统（专业）基本完工前，成立由客运专线公司负责人为组长，接管使用单位负责人为副组长，监理、勘察设计、咨询单位（如果有）负责人参加的竣工验收工作组，具体负责静态验收和动态验收工作。

3. 在子系统（专业）基本完工前，由工程管理中心（客专办）商运输局客专技术部组建专家组，对验收全过程进行咨询，对检测结果进行检查，对验收过程中存在的问题进行研究并提出解决意见，提出初步验收和正式验收实施建议。

专家组由专家和铁道部相关部门人员组成。工程管理中心（客专办）和运输局客专技术部领导分别任专家组正副组长。

专家组人员名单报铁道部建设管理司核备。

4. 初步验收由铁道部组织。铁道部在客运专线动态验收合格后一个月内成立初步验收委员会，负责初步验收工作。初步验收委员会由铁道部有关业务部门、接管使用单位、其他投资方、客运专线公司人员，专家组正副组长，以及勘察设计、咨询（如果有）单位人员组成，在专家组检查的基础上进行初步验收。

5. 国家验收由国家主管部门或委托铁道部组织，在铁道部提出国家验收申请一个月内，按相关规定成立国家验收委员会，具体负责国家验收工作。验收委员会组成由铁道部提出方案报国家主管部门批准。

六、客运专线静态验收

（一）静态验收是指由客运专线公司组织接管使用单位、监理单位以及参建单位对建设项目进行检查，确认工程是否按设计完成且质量合格，系统设备是否已安装并调试完毕。静态验收包括子系统（专业）验收和综合系统验收。

子系统（专业）验收是承包商按照合同约定完成施工和设备安装工作并自检合格后，由客运专线竣工验收工作组按照项目系统构成组织的分专业、分系统现场检查和验收。铁路客运专线子系统可分为基础工程、通信、信号、牵引供电、运营调度、客运服务等，运营调度和客运服务子系统验收可根据需要在动态验收完成前单独进行。综合系统验收是在客运专线子系统（专业）验收合格后，对项目按照系统集成理念通过综合调试进行的检查验收工作。

（二）静态子系统（专业）验收程序

1. 承包商按照设计文件和合同约定完成全部工程和设备安装、调试并经自检合格后，向客运专线公司申请子系统（专业）验收，并报送《子系统（专业）验收申请表》。

2. 客运专线公司经检查确认达到子系统（专业）验收条件后，组织竣工验收工作组对子系统（专业）进行验收。

3. 竣工验收工作组应在30个工作日内完成检查，对存在问题提出处理意见、整改期限、复检时间等，经专家组确认后组织实施；对整改问题复查合格后填写《子系统（专业）验收记录表》。

4. 专家组对验收情况进行检查，对竣工验收工作组验收意见进行确认。

5. 子系统（专业）验收合格后，竣工验收工作组和专家组在《子系统（专业）验收记录表》上签署验收意见。

（三）综合系统验收程序

1. 子系统（专业）验收合格后，承包单位向客运专线公司申请综合系统验收并报送《综合系统验收申请表》。

2. 客运专线公司经检查确认达到综合系统验收条件后，组织竣工验收工作组对综合系统进行验收。

3. 竣工验收工作组对综合系统进行验收，对存在的问题提出处理意见、整改期限、复检时间等，经专家组确认后组织实施；对整改问题复查合格后填写《综合系统验收记录表》。

4. 专家组对验收情况进行检查，对竣工验收工作组验收意见进行确认。

5. 综合系统验收合格后，竣工验收工作组和专家组在《综合系统验收记录表》上签署验收意见。

（四）客运专线公司应在完成子系统（专业）验收和综合系统验收后编写《静态验收报告》。《静态验收报告》应包括项目子系统（专业）验收以及综合系统验收过程、验收人员组成、验收程序、存在问题及整改情况、专家组审查意见、验收结论等内容，并附相关数据和试验报告。

《静态验收报告》报铁道部工程管理中心和铁道部运输局客专技术部审查。铁道部工程管理中心和运输局客专技术部及时将《静态验收报告》及审查意见报铁道部核备。

（五）静态验收工作在铁道部建设、运输部门指导下实施。

七、客运专线动态验收

（一）动态验收是在铁路客运专线静态验收合格并经铁道部确认后，由客运专线公司在铁道部工程管理中心和运输局客专技术部组织下进行综合调试，并委托专业机构进行动态检测，对工程质量和系统集成安全运行状态进行全面检查和验收。

（二）客运专线综合调试和模拟试运行的主要原则由铁道部确定，实车运行条件下动态检测执行铁道部动态检测相关标准。

（三）动态验收程序

1. 客运专线公司应在静态验收完成20 日前拟定详细的《动态验收实施方案》，经铁道部工程管理中心和运输局客专技术部审查后报铁道部批准。《动态验收实施方案》应包括动态验收组织形式，综合调试计划、试运行和动态检测方案，拟投入主要设备仪器，安全保证措施等内容。

2. 客运专线公司应按照批复的《动态验收实施方案》组织动态验收。

3. 客运专线公司组织专业机构按批复的《动态验收实施方案》进行动态检测，并形成动态检测报告。动态检测工作由铁道部批准的专门机构负责。

4. 竣工验收工作组就动态检测中发现的问题进行研究并提出整改意见，整改意见送专家组审查，按专家组审查意见组织整改；对整改问题复查合格后，填写《动态验收记录表》。

5. 专家组对验收情况进行检查，对竣工验收工作组验收意见进行确认。

6. 动态验收合格后，竣工验收工作组和专家组在《动态验收记录表》上签署意见。

（四）动态验收过程中，铁路客运专线所在铁路局及相关部门应积极配合客运专线公司，按照铁道部规定做好综合调试和模拟试运营工作。

（五）客运专线公司完成综合调试、试运行和测试等动态验收工作后编写《动态验收报告》，《动态验收报告》应包括动态验收组织及人员、动态检测过程及结果、试运行过程及结果、存在问题及整改情况、专家组审查意见、验收结论等内容，并附相关数据和试验报告。

《动态验收报告》报铁道部工程管理中心和铁道部运输局客专技术部审查；铁道部工程管理中心和铁道部运输局客专技术部应及时将《动态验收报告》及审查意见报铁道部。

（六）动态验收工作在铁道部建设、运输部门指导下实施；动态验收的试运行工作在运输、建设部门指导下实施，接管运输部门参与。

八、初步验收及安全评估

（一）初步验收是在客运专线动态验收合格后，由铁道部对铁路客运专线静态验收、动态验收结果进行检查和确认的工作。

（二）初步验收程序

1. 客运专线公司完成动态验收工作后，应及时向铁道部建设管理司报送《初步验收申请表》。

2. 专家组向铁道部报送前一阶段验收工作情况和组织初步验收的建议。

3. 铁道部建设管理司在收到《初步验收申请表》、《安全质量监督报告》和专家组关于组织初步验收的建议后，确认符合初步验收条件的，报请铁道部成立初步验收委员会。

4. 初步验收委员会组织召开初步验收会议，必要时组织现场检查，提出《初步验收报告》，明确验收结论。

（三）初步验收合格后，由铁道部安全监察部门组织安全评估，就客运专线试运营提出安全评价意见，责成客运专线公司和接管运输单位完善安全措施，完成安全评估工作。

（四）铁路客运专线安全评估合格并经铁道部批准后投入试运营。客运专线公司及接管运输单位在试运营期间必须进一步做好观测、测试工作。

（五）初步验收合格后，客运专线公司应在3个月内完成竣工决算的编制工作，并提交铁道部审计部门审计。

九、国家验收

（一）国家验收是指铁路客运专线初步验收一年后，由国家主管部门或委托铁道部组织对铁路客运专线进行整体验收和综合评价。

（二）国家验收程序

1. 对具备国家验收条件的铁路客运专线，客运专线公司应向铁道部建设管理司提出申请，上报《国家验收申请表》，报请国家验收。

2. 专家组向铁道部报送试运营检查情况和组织国家验收的建议。

3. 铁道部建设管理司在收到《国家验收申请表》和专家组关于组织国家验收的建议后，经确认申报项目符合国家验收条件的，提出国家验收建议报铁道部，经铁道部同意后按程序报请国家主管部门组织验收。

4. 国家验收委员会组织召开国家验收会议，必要时组织现场检查，对客运专线工程质量、线路运行状况、环境协调性等建设成果以及初步验收结论进行整体评价，形成《国家验收证书》，明确验收结论。

十、竣工决算和竣工文件的编制

（一）铁路客运专线国家验收前，客运专线公司应按国家和铁道部有关规定组织编制完成竣工决算。

（二）竣工文件的编制工作由客运专线公司负责组织，施工单位负责编制，接管使用单位档案部门协助指导。客运专线公司要督促各参建单位按档案部门要求做好文件材料形成积累工作，竣工验收前将文件图纸按专业和单项工程进行汇总整理。由客运专线公司组织各有关参建单位编制竣工文件并向有关单位移交。

（三）竣工文件要如实反映铁路客运专线施工技术状况和工程竣工的现状。如发现竣工文件与实际不符者，应追究原施工单位和监理人员的责任。竣工文件内容及提交份数执行铁道部相关规定。

（四）国家验收前，客运专线公司应按照《铁路土地管理办法》（国土建字〔1992〕144 号）有关规定，组织施工单位会同接管单位（部门）向地方县级以上人民政府统一办理国有土地使用证书。

应该注意的事项：

1. 客运专线公司应当自铁路客运专线通过初步验收之日起 15 日内，将《初步验收报告》和消防、环保、档案等部门出具的认可文件或者准许使用文件报铁道部有关部门备案。

2. 客运专线公司应按国家规定将竣工文件等送有关档案管理部门归档。

十一、客运专线铁路竣工验收申请和报告

1. 子系统（专业）验收申请表，见下表：

铁客专验表—1

____（项目名称）____**子系统（专业）验收申请表**

合同段：__________

子系统（专业）名称			
申请验收范围			
工程承包单位			
项目负责人		项目技术负责人	
工程完成情况			
工程质量情况			
竣工文件情况			
监理单位意见			
咨询单位意见（如果有）			
工程承包单位： （章） 负责人：　　年　月　日			

2. 子系统(专业)验收记录,见下表:

铁客专验表—2

_____(项目名称)_____子系统(专业)验收记录表

合同段:________________

子系统(专业)名称	
资料验收情况	
质量情况	
调试情况	
存在问题	
整改情况	
竣工验收工作组意见	竣工验收工作组负责人:签字 年　月　日
专家组审查意见	专家组组长:签字 年　月　日
客运专线公司: 勘察设计单位: 监 理 单 位: 咨 询 单 位(如果有): 工程承包单位: 年　月　日	

3. 综合系统验收申请，见下表：

铁客专验表—3

____（项目名称）____**综合系统验收申请表**

项目名称	
申请验收范围	
工程承包单位	
工程完成情况	
工程质量情况	
综合系统自检情况	
竣工文件情况	
监理单位意见	
咨询单位意见（如有时）	
工程承包单位： （章） 负责人：　　年　　月　　日	

4. 综合系统验收记录,见下表:

铁客专验表—4

____(项目名称)____**综合系统验收记录表**

项目名称	
综合系统调试情况	
存在问题	
整改情况	
竣工验收工作组意见	竣工验收工作组负责人:签字 年　月　日
专家组审查意见	专家组组长:签字 年　月　日
客运专线公司: 设 计 单 位: 监 理 单 位: 咨询单位(如果有): 工程承包单位: 年　月　日	

5. 动态验收记录，见下表：

铁客专验表—5

______（项目名称）______**动态验收记录表**

项目名称	
动态检测情况	
模拟试运行情况	
存在问题	
整改情况	
竣工验收工作组意见	动态验收工作组负责人：签字 年 月 日
专家组审查意见	专家组组长：签字 年 月 日
客运专线公司： 设 计 单 位： 监 理 单 位： 咨 询 单 位（如果有）： 工程承包单位： 年 月 日	

6. 初步验收申请,见下表:

铁客专验表—6

______(项目名称)______**初步验收申请表**

项目名称	
主体工程及配套工程完成情况	
环保、水土保持设施完成情况	
劳动安全卫生设施完成情况	
消防设施完成情况	
地质灾害整治措施落实情况	
建设用地征用情况	
竣工文件及资料完成情况	
静态验收情况	
动态验收情况	
需要说明的问题	
客运专线公司	(章) 负责人: 年 月 日
监理单位	(章) 负责人: 年 月 日
咨询单位(如果有)	(章) 负责人: 年 月 日
铁道部主管部门意见	(章) 负责人: 年 月 日

7. 国家验收申请,见下表:

铁客专验表—7

______(项目名称)______**国家验收申请表**

项目名称	
初步验收遗留问题处理情况	
试运营情况	
竣工决算情况	
建设资金结算情况	
正式运营投产准备情况	
客运专线公司	(章) 负责人:　　　　年　　月　　日
铁道部主管部门意见	(章) 负责人:　　　　年　　月　　日

8. 静态验收报告,式样如下:

________________铁路客运专线

静 态 验 收 报 告

________客运专线公司

年　　月　　日

一、铁路客运专线完成情况

(主要工程量完成情况,过程质量验收情况,设备引进以及安装调试情况,竣工文件及资料编制情况等)

二、静态验收依据

(有关法规、建设标准、设计规范和验收规范,经批准的项目建议书、可行性研究报告;经批准的设计文件,合同文件、设备技术说明书;从国外引进新技术或成套设备的,外方提供的设计文件和新技术或成套设备的国家标准等)

三、验收组织机构及成员

(铁路客运专线静态验收工作组组成单位、人员)

四、验收过程

(铁路客运专线各子系统(专业)验收以及综合系统验收范围、验收过程、验收时间、存在的问题、整改及复验情况)

五、验收结论

静态验收工作组验收结论(包括各子系统(专业)验收结论、综合系统验收结论)

六、下一步工作安排

附:相关数据和试验报告

9. 动态验收报告，样式如下：

______________________铁路客运专线

动 态 验 收 报 告

____________客运专线公司

年 月 日

一、静态验收遗留问题及整改情况

二、动态验收依据

（铁路客运专线动态检测标准、系统集成相关规定、铁路客运专线试运行相关规定）

三、验收组织机构及人员

（铁路客运专线动态验收工作组组成单位、人员）

四、验收过程

（铁路客运专线动态检测的对象、时间、检测过程、检测结果、存在的问题、整改情况，综合调试的过程、时间、调试结果、存在的问题、整改情况，模拟试运行的参加单位、试运行时间、运行过程、存在的问题、整改情况）

五、验收结论

（铁路客运专线动态验收工作组的验收结论）

六、下一步工作安排

附：相关数据和试验报告

10. 初步验收报告,样式如下:

______________________铁路客运专线

初 步 验 收 报 告

____________初步验收委员会

年　　月　　日

前言:(铁路客运专线的地理位置、规模、修建意义)

一、建设依据

(批准的铁路客运专线建议书、可行性研究报告、初步设计、开工报告批复等)

二、项目概况

(线路走向、区域,沿线主要地质情况及特点,主要技术标准,主要竣工工程数量,竣工征用土地总量,重点、难点工程主要技术要求等)

三、验收范围

(客运专线项目线路端点站名称、起止里程、全长,相关工程范围等)

四、建设经过

(参与本建设项目建设活动的建设、设计、施工、监理、咨询单位及任务划分,建设组织管理基本情况及特点,勘察设计完成过程,工程开、竣工情况,安全质量监督、监理情况,建设项目通过静态验收、动态验收的情况和时间)

五、工程概算及建设投资简况

(批准的概算总额,建设资金渠道和数额,建设资金到位及控制情况等)

六、验收经过

(初步验收组织机构及人员,验收过程、验收时间,对初步验收提出问题整改情况和复查结论)

七、验收结论

(对建设项目线路走向和总体布局,执行国家和铁道部技术政策、客运专线规程、规范等情况的评价,建设组织管理,工程设计、施工技术和组织管理情况,工程安全质量监督、监理和咨询情况，执行国家环保总局对工程环境影响评价报告书的批复情况，执行国家水行政主管部门对水土保持方案的批复情况，劳动、卫生、消防安全设施是否符合验收标准，地质灾害整治措施及建筑抗震设防的落实情况，引进设备的安装及联合调试情况，实车运行条件下系统的安全性、稳定性检测情况，工程竣工文件齐全、系统、准确，初步验收委员会提出验收结论）

八、对铁路客运专线试运营的要求和建议

11. 国家验收证书，样式如下：

____________________铁路客运专线

国　家　验　收　证　书

_______________验收委员会

年　　月　　日

_______铁路客运专线国家验收证书

（　　年　　月　　日　　验收委员会通过）

前言：

（铁路客运专线的地理位置、规模、修建意义）

一、建设依据：（批准的铁路客运专线建议书、可行性研究报告、初步设计、开工报告批复等）

二、工程概况：（线路走向、区域，沿线主要地质情况及特点，主要技术标准，主要竣工工程数量，竣工征用土地总量，重点、难点工程主要技术要求等）

三、验收范围：（铁路客运专线线路端点站名称、起止里程、全长，相关工程范围等）

四、建设经过：（参与本建设项目建设活动的建设、设计、施工、监理、咨询单位及任务划分，建设组织管理基本情况及特点，勘察设计完成过程，工程开、竣工情况，安全质量监督、监理情况，建设项目通过初步验收的情况和时间，开通试运营时间、试运营情况等）

五、工程概算及建设投资简况：（批准的概算总额，建设资金渠道和数额，建设资金到位及控制情况等）

六、验收经过：（国家验收组织机构及人员、验收过程、验收时间、专项验收及综合验收情况）

七、验收结论：（对建设项目线路走向和总体布局，执行国家和铁道部技术政策、客运专线规程、规范等情况的评价，建设组织管理，工程设计、施工技术和组织管理情况，工程安全质量监督、监理和咨询情况，执行国家环保总局对工程环境影响评价报告书的批复情况，执行国家水行政主管部门对水土保持方案的批复情况，劳动、卫生、消防安全设施是否符合验收标准，地质灾害整治措施及建筑抗震设防的落实情况，引进设备的安装及联合调试情况，实车运行条件下系统的安全性、稳定性检测情况，工程竣工文件齐全、系统、准确，正式运营投产的各项准备工作已经完成。工程质量水平总体评价。国家验收委员会对初步验收报告的认可评价，提出验收结论）

____________________验收委员会

主 任 委 员：姓名　　单位职务（职称）　　签名

副主任委员：姓名　　单位职务（职称）　　签名

委　　　员：姓名　　单位职务（职称）　　签名

第四章　铁路工程施工质量验收标准

工程资料的收集、规范与整理离不开对铁路工程质量验收标准的深刻理解，本章收集了铁路工程和客运专线工程的重点内容以及实际应用的内容，避免对标准产生理解上的片面性和操作上的随意性。便于工程项目资料管理人员了解和掌握验标一般规定的具体内容，使验标的权威性、严肃性和可操作性落实到实处。

第一节　客运专线铁路轨道工程

一、有砟轨道

（一）线路基桩

1. 轨道工程施工前应进行线路贯通测量，并按客运专线铁路有关规定和设计文件要求测设线路基桩。

2. 基桩应满足牢固、可靠、不易被破坏和易于观测的要求。

3. 基桩位置、编号及测量记录应列入竣工资料。

（二）有砟道床

1. 铺砟前应取得线下施工单位线路测量资料、中桩、基桩和水准点，并进行铺砟前路基面（含桥梁、隧道）检查，复测线路中桩、基桩及路基面（含桥梁、隧道）高程，形成交接记录。

2. 设计时速 200 km 客运专线应采用一级碎石道砟；设计速度为 200 km/h $<v\leqslant$250 km/h 及 300 km/h$\leqslant v\leqslant$350 km/h 客运专线应采用特级碎石道砟。

3. 道砟应按规定进行建场检验、生产检验和出场检验。建场检验和生产检验由铁道部指定单位进行，出场检验由采石场进行。

4. 底层道砟可采用道砟摊铺机一次摊铺压实成形，或采用其他布砟机配合碾压机进行铺设。

5. 长钢轨铺设后道床应使用大型机械化整道作业车组按设计要求及时分层上砟、整道，整道作业车组的作业参数应按满足道床达到初期稳定状态的要求，进行合理的选择和组合。

6. 桥梁及隧道地段的有砟道床进行稳定作业应遵守有关规定。

7. 道岔预铺道砟应采用机械分层铺设、分层碾压，整道应采用道岔专用大型起道、拨道、捣固车和风动卸砟车等设备进行。

（三）基地钢轨焊接

（1）钢轨焊接接头必须按客运专线铁路钢轨焊接的有关要求进行型式检验和生产检验。

（2）基地钢轨焊接应接触焊。

（3）在长钢轨焊接前应根据设计要求编制配轨计划表。配轨时应选用断面不对称公差基本一致的钢轨相对焊接。

（四）有砟轨道

1. 铺枕铺轨

(1)长钢轨铺设宜采用单枕铺设法,铺轨作业前应按设计要求精确测量线路中心线,并按铺轨机组作业要求用醒目颜色设置铺轨机组走行标示线或设置导向边桩及钢弦。

(2)长钢轨铺设后,第一次铺砟整道应随即进行。

2. 工地钢轨焊接

(1)工地钢轨焊接宜优先采用接触焊,道岔内及两端与线路连接的钢轨锁定焊可采用铝热焊。

(2)钢轨焊头必须按客运专线铁路钢轨焊接的有关要求进行型式检验和生产检验。

(3)气温低于0 ℃时不宜进行工地钢轨焊接。气温低于10 ℃时,距轨端50 cm范围的钢轨焊前应加热升温至35 ℃~50 ℃才能进行焊轨作业,焊后应采取保温措施。

(4)工地焊接完成后应检查焊好的接头,并标记编号,填写焊接记录报告。

3. 设置位移观测桩

(1)位移观测桩应满足牢固、可靠、不易破坏和易于观测的要求。

(2)位移观测桩位置、编号及观测记录应列入竣工资料。

4. 线路锁定

(1)线路锁定时,道床应达到初期稳定状态,道床断面应基本达到设计要求,外轨超高按设计设置。

(2)单元轨节长度应根据线路条件、工点情况、施工工艺等因素综合研究确定,一般宜为1 000~2 000 m。

(3)线路锁定前应掌握当地轨温变化规律,根据作业区段的时间间隔,选定锁定线路的最佳施工时间与施工方法。

(4)线路锁定后,应立即在钢轨上标记位移观测"零点"位置,并每月观测钢轨位移情况并做好记录。位移观测桩处相对位移换算轨温加上原锁定轨温超出设计锁定轨温允许范围时,应及时查明原因并进行处理。

5. 轨道整理

(1)铺设无缝线路之后至线路开通之前应进行轨道整理作业,使道床逐步进入稳定阶段,线路达到验交标准。

(2)在线路验收前,应对全线钢轨进行预打磨作业。打磨列车到达工地后,根据轨面状态,可采用列车运行打磨、成形打磨等方式进行作业。

(3)验收时,应由轨道检查车进行轨道动态检测(道岔及钢轨伸缩调节器与轨道一并进行)。

(4)轨道整理作业应在规定的轨温范围内进行。

(五)道　　岔

1. 铺道岔

(1)道岔铺设位置应符合设计要求。道岔应在元缝线路固定区,岔内钢轨相对位置应符合设计要求。

(2)订购道岔时,应根据设计图纸,确定岔内钢轨焊接与胶接接头的数量与位置,并明确焊接方法,对道岔钢轨长度预留量等作技术处理。

(3)道岔应在工厂内预组装并验收。出厂时,制造厂应对产品零部件依据相关技术条件进行检验,并提供出厂合格证、铺设图和发货明细表。

(4)正线道岔应采用专用机械铺设法或换铺法进行铺设。

(5)铺岔完成,经自检、电务互检合格后,电务应及时安装转辙及锁闭装置。安装转辙装置时,工务、电务应配合施工。转辙及锁闭装置未安装前,应用钩锁器固定尖轨,直向限速15 km/h通过,侧向禁止通过工程列车。

2. 道岔焊接及锁定

(1)在焊接岔内钢轨接头时,应按设计顺序焊接。道岔与两端无缝线路焊接应在道床基本达到稳定状态、轨面高程、轨向和水平已基本达到设计标准时,方可施焊。焊连及锁定过程中应采取措施始终保持限位器子、母块位置居中,尖轨方正。

(2)道岔焊接应按客运专线铁路钢轨焊接的有关要求执行。

(3)焊接完成后应检查焊好的接头,并打上焊接标记,填写焊接记录报告。

(六)钢轨伸缩调节器

1. 铺钢轨伸缩调节器

(1)钢轨伸缩调节器应在工厂内试组装并验收。出厂时,制造厂应对产品零部件依据客运专线铁路钢轨伸缩调节器相关技术条件进行检验,并提供出厂合格证、铺设图和发货明细表。

(2)伸缩调节器的铺设应在道床达到初期稳定后进行。

(3)在铺设钢轨伸缩调节器时,可先用钢轨代替钢轨伸缩调节器预铺轨排,经补砟、机养、稳定道床后再换铺钢轨伸缩调节器。

2. 工地钢轨焊接

(1)钢轨伸缩调节器轨型和钢种与区间线路相同时,应按区间线路钢轨焊接工艺和焊接参数进行焊接;不同时,应按客运专线线铁路钢轨焊接的有关要求执行。

(2)焊接完成后应检查焊好的接头,并打上焊接标记,填写焊接记录报告。

(七)线路及信号标志

公里标,半公里标,百米标,平面曲线标,圆曲线、缓和曲线和竖曲线始终点标,桥梁标,隧道标,坡度标,信号标志等。

二、无砟轨道

(一)工程测量

1. 客运专线无砟轨道铁路工程测量的平面坐标系应采用工程独立坐标系统,并引入1954年北京坐标系/1980西安坐标系。

2. 客运专线无砟轨道铁路工程测量的高程系统应采用国家高程基准。当个别地段无1985国家高程基准的水准可引用其他高程系统或以独立高程起算。但在全线高程测量贯通后,应消除断高,换算成1985国家高程基准。有困难时方算成全线统一的高程系统。

3. 客运专线无砟轨道铁路工程测量的平面、高程控制网,按施测阶段、施测目的及功能应分为勘测控制网、施工控制网,运营维护控制网。

4. 测量记录、计算成果和图表应书写清楚、签署完整,并应复核和检算,未经复核和检算的资料严禁使用。各种测量原始记录(包括磁卡、电脑记录)、计算成果和图表应按有关规定妥善保存。

5. 各种测量仪器和工具应做好经常性的保养和维护工作并定期校验和检定。

6. 具体工程建设项目的工程测量工作可结合实际情况制定实施方案。

7. 施工复测

(1)客运专线无砟轨道铁路工程施工前,应由建设单位组织勘察设计单位(施测单位)、监理单位、施工单位进行现场交接桩,并做好交接桩记录。

(2)施工单位应及时对交接的控制桩进行复测。

8. 线下工程测量

(1)重点、复杂桥梁及长大隧道,应建立独立的平面、高程施工控制网,并定期与CPⅠ、CPⅡ控制点联测,保证独立网的准确性。

(2)线下工程竣工、全线(段)具备二等高程控制网的条件后,应进行线路中线和高程测量,贯通全线的里程和高程,并检查线下工程施工的准确性。

(3)线路中线加桩应利用CPⅡ控制点测设、高程利用二等水准基点测量。

(4)路基、隧道竣工测量成果应移交轨道工程施工单位;墩台和梁部竣工测量结果应分别移交架梁单位和轨道工程施工单位。

9. 构筑物变形监测网测量

(1)客运专线无砟轨道铁路应按设计要求建立线下构筑物变形监测网,对线下构筑物变形及时进行观测。

(2)变形测量点分为基准点、工作基点和变形观测点。

(3)变形测量基准点应选设在变形影响范围以外便于长期保存的稳定位置;工作基点在观测期间稳定不变;变形观测点应设立在变形体上能反映变形特征的位置。

(4)观测期间应对变形监测网设施和观测装置采取有效的保护措施,确保施工过程中不受扰动或破坏。

(5)变形观测成果的所有原始观测记录资料应真实、可靠、具有可追溯性,严格执行责任人签字制度,并应符合竣工文件编制和移交的有关规定。

10. 加密基桩测量

(1)加密基桩的测设应满足下列要求:

① 依据相邻CPM控制点加密,采用光学准直法、极坐标法和精密水准测量方法,逐一测定加密基桩的位置和高程,并标定点位;

② 加密基桩间距应根据施工方法确定,一般在5~10 m范围设置一个;加密基桩一般设置在线路中线上,也可设置在线路的两侧。

(2)道岔区应在岔心、岔前、岔后位置及道岔前后100~200 m范围内增设控制基桩,其位置一般设置在直股和曲股的两侧,可按坐标直接测设,也可按岔心和直股与曲股线路方向测设,并应埋置永久性桩位。

(3)当采用多个作业面施工时应做好各施工作业面衔接测量。

11. 维护基桩测量

(1)维护基桩的设置应满足维修养护的要求,并应充分利用已设置的基桩。利用已设置的基桩时,应对其进行复测。

(2)需要增设中线维护基桩时,应复测CPHⅠ控制点,并根据CPⅢ控制点进行线路中线、维护基桩测量。

(3)维护基桩应定期检查,不符合要求时,应按原测量精度进行恢复。

12. 无砟轨道铺设竣工测量

(1)无砟轨道铺设完成后,应及时进行竣工测量。

(2)竣工测量的原始观测值和记录项目应在现场记录,保证计算成果真实准确。

（二）变形观测和评估

1. 无砟轨道线下工程有变形测量应符合《客运专线无砟轨道铁路工程测量暂行规定》（铁建设〔2006〕189号）的有关规定。

2. 无砟轨道铺设条件的评估数据应采用先进、成熟、科学的检验检测手段取得，且必须真实可靠，全面反映工程实际状况。

3. 路基填筑完成或施加预压荷载后应有不少于6个月的观测和调整期；桥涵主体工程完工后，沉降观测期一般不应少于6个月，岩石地基等良好地质区段的桥梁，沉降观测期不应少于2个月。隧道主体工程完工后，变形观测期不应少于3个月。观测数据不足以评估或工后沉降评估不能满足设计要求时，应延长观测期或采取必要的加速或控制沉降的措施。

4. 路基沉降观测应以路基面沉降和地基沉降观测为主；桥梁变形观测应以墩台基础的沉降和预应力混凝土梁的徐变变形为主；涵洞除应进行自身的沉降观测外，尚应进行洞顶填土的沉降观测；过渡段沉降观测应以路基面沉降和不均匀沉降观测为主。

5. 路基沉降观测断面的设置及观测内容应根据地形地质条件、地基处理方法、路堤高度、堆载预压等具体情况，结合沉降预测方法和工期要求确定。

6. 岩石地基、嵌岩桩基础的桥涵基础沉降可选择典型墩（台）、涵洞进行观测。对原材料变化不大、预制工艺稳定、批量生产的预应力混凝土预制梁，徐变变形观测可每30孔选择1孔进行；其余桥梁变形观测应逐跨、逐墩（台）布置测点，涵洞应逐个布置。

7. 隧道内一般地段沉降观测断面的布设应根据地质围岩级别确定，地应力较大、断层破碎带、膨胀土、湿陷性黄土等不良和复杂地质区段适当加密布设。

8. 观测期内，路基、墩台基础沉降实测值超过设计值20%及以上时，应及时会同建设、勘察设计等单位查明原因，必要时进行地质复查，并根据实测结果调整计算参数，对设计预测沉降进行修正或采取沉降控制措施。

9. 设计预测总沉降量与通过实测资料预测的总沉降量之差值不宜大于10 mm。

10. 建设单位负责无砟轨道铺设条件的评估工作，并组织勘察设计、施工、监理和咨询等单位实施。评估过程中各方应按《客运专线铁路无砟轨道铺设条件评估技术指南》（铁建设〔2006〕158号）规定的职责，密切配合，保证评估结果的真实、可靠。

11. 评估时发现异常现象或对原始记录资料存在疑问时，应进行必要的检查。

12. 路基沉降的评估应结合路基各观测断面以及相邻桥（涵）隧的沉降预测情况进行。

13. 过渡段工后沉降的分析评估应沿线路方向考虑各观测断面和各种结构物之间的关系综合进行。对线路不同下部基础结构物之间以及不同地基条件或不同地基处理方法之间形成的各种过渡段，应重点分析评估其差异沉降。

14. 变形观测与评估除应符合本暂行标准外，还应满足有关设计要求。

（三）线下工程

1. 线下工程施工前，应接收基础平面控制网（CPⅠ）、线路控制网（CPⅡ）和高程控制网等有关资料及测量评估验收报告，并进行复测。

2. 线下工程施工过程中，应按《客运专线无砟轨道铁路工程测量暂行规定》（铁建设〔2006〕189号）、《客运专线铁路无砟轨道铺设条件评估技术指南》（铁建设〔2006〕158号）的规定建立变形监测网，进行观测及分析评估，指导线下工程施工。

3. 路基施工过程中应设置临时防、排水系统。主体工程的防水、横向排水系统及集水井应按设计要求在无砟轨道施工前完成,并保证排水通畅。

4. 路堑地段路堤填筑、超挖部分回填处理应符合设计要求。

5. 桥面应按设计要求设置防、排水系统,确保排水顺畅。

6. 隧道不良地质地段,仰拱施工前应进行基底承载力检测。

7. 隧道内应按设计要求设置防、排水系统,确保排水顺畅。

8. 线下工程施工过程中应按设计要求同步施工相关工程(电缆槽、接触网支柱基础、声屏障基础、过轨电缆、综合接地、路桥过渡段端部结构等)。桥梁、隧道中以结构钢筋、锚杆、钢架作为接地体的应现场确认并可靠连接,对专用接地体应可靠设置。路基上贯通地线的敷设应制定专门的工艺方案,保证路基质量不受影响。

9. 线下工程完成后应进行沉降变形观测,并及时汇总。由建设单位负责,组织勘察设计、施工、监理、咨询等单位联合进行变形综合评估,变形满足设计要求后,方可进行无砟轨道工程施工。

线下工程施工完成后,应对施工过程中产生的垃圾进行回收处理。隧道在交由轨道工程施工前应进行全面清洗除尘。

10. 线下工程施工验收应符合本章规定,本章未明确的应符合现行《客运专线铁路路基工程施工质量验收暂行标准》、《客运专线铁路桥涵工程施工质量验收暂行标准》、《客运专线铁路隧道工程施工质量验收暂行标准》(铁建设〔2005〕160 号)的规定。

(四)相关工程

1. 相关工程包括接触网支柱基础、声屏障基础、防撞墙和电缆槽竖墙、路基面沥青混凝土防渗层、轨道吸声构件、预埋管线沟槽、综合接地、轨道电路等需在线下工程或无砟轨道工程施工中完成的内容。

2. 相关工程基础部位应与线下工程同步施工,施工时不得损坏、危及线下构筑物的质量和安全。

3. 相关工程施工应采取措施避免对轨道道床产生二次污染,并应符合下列规定。

(1)通信、信号、电力、牵引供电各专业工程施工时应按"谁产生污染谁负责处理"的原则加强管理,对可能造成前序工程污染的作业,对道床采取保护措施。

(2)修筑于路基上的预埋管线沟槽、综合接地体、接触网支柱基础等应与线下工程同步施工。

(3)在隧道内进行的钻孔、开槽施工,施工前应采取相应措施对道床成品进行保护,避免产生污染,施工过程中应采取措施降低粉尘排放,对钻孔、开槽产生的垃圾应及时回收清理。

(4)在无砟轨道混凝土支承层或底座施工完成后,应按设计要求及时施做沥青混凝土防渗层。

(5)沥青混凝土防渗层施工前,应进行现场工艺试验,确认生产配合比和机械配套方案满足质量要求。

(6)无砟轨道上的吸声构件施工应在轨道整理完成后进行,施工过程中不得扰动轨道几何形位,不得破坏和污染轨道结构及线下构筑物。

(7)本章未涉及的相关工程验收应满足设计和相关专业技术要求。

(五)CRTS Ⅰ 型板式无砟轨道道床

1. 无砟道床施工前应由建设、设计、咨询、施工和监理等单位组成的验评小组对沉降变形观测资料进行分析评估,并提出分析评估报告。无砟轨道施工单位应接收《无砟轨道铺设条件评估报告》，工后沉降变形符合设计要求后方可进行无砟轨道施工。

2. 线下工程应在无砟轨道工程施工前进行工序交接。线下单位应向轨道施工单位提交线下构筑物竣工测量资料、桩橛和与轨道工程有关的变更设计、线下工程施工质量验收等资料。

3. 无砟轨道施工前应接收基桩测设单位的线路测量资料及基桩控制网，并复测基桩控制网、中线桩和路面（含路基面、桥面和隧道仰拱填充层顶面）高程、平整度及几何尺寸等，核实中线和高程贯通情况。复核时发现同设计不符时应及时联系有关单位予以解决。

4. 无砟轨道施工过程中对较大沉降变形或沉降速率较大区段，应增加观测频次，发现问题及时上报。由设计单位提出处理方法，办理变更设计后再进行调整施工。

5. 在底座混凝土拆模并达到设计要求的强度后，方可进行凸形挡台的施工，并应埋设基准器底座。

6. 轨道板铺设前，按设计要求在凸形挡台中心测设加密基桩（基准器），对每个加密基桩（基准器）进行编号，并制作相应的铭牌，铭牌上标示的内容应符合设计要求。

7. 轨道板应采用横向竖立存放，不得已平放时，堆放层数不应超过 4 层。吊装、运输过程中应采取必要的防护措施，防止轨道板损坏。

8. 底座混凝土达到设计要求强度后方可铺设轨道板。轨道板宜采用专用机械铺设，轨道板铺设前，底座表面应清洁、无杂物、无积水。

9. 轨道板应采用专用机具精确调整对位。

10. 水泥沥青砂浆及凸形挡台周围树脂灌注应符合下列规定：

（1）拌制水泥沥青砂浆及凸形挡台周围树脂，应依据温度、湿度等相关条件做配方试验并及时修正标准配合比，试验结果满足要求后进行现场灌注试验，确定施工现场配合比。

（2）每块轨道板下的水泥沥青砂浆应一次灌注完成。

（3）水泥沥青砂浆完全覆盖板底后，方可结束注入作业。

（4）水泥沥青砂浆采用自然养护。在气温高于 30 ℃或低于 5 ℃时，应覆盖养护。养护期间不得在其上面施加荷载。

11. 水泥沥青砂浆配制、施工时的温度范围宜为 10 ℃ ~ 25 ℃，限界温度范围为 5 ℃ ~ 35 ℃。超过限界温度时应采取相应措施。

12. 水泥沥青砂浆宜采用专用设备进行拌和、灌注，根据试验结果对设备的参数进行调整。

13. 水泥沥青砂浆施工中应每周对设备及计量器具进行校核，小剂量的称量应采用电子天平。

14. 防水层、隔离层应按隐蔽工程检查验收，并严禁在雨、雪天和五级风及其以上时施工，施工环境温度冷作时不低于 5 ℃，热粘时不低于 -10 ℃。

无砟道床施工过程中应加强轨道部件的防护，避免混凝土、水泥沥青砂浆等产生的污染。

15. 施工质量验收除应符合本暂行标准外尚应符合设计文件的要求。

（六）CRTS Ⅱ型板式无砟轨道道床

1. 无砟道床施工前与线下工程的线路交接、工程测量、沉降变形观测评估等应符合 CRTS Ⅰ型板式无砟轨道道床第 1 条 ~ 第 4 条的有关规定。

2. 混凝土支承层施工应符合下列规定：

（1）混凝土施工配合比设计应结合施工现场的水泥、集料等实际情况，在工地上选配出满足设计要求的施工配合比。当主要原材料发生改变时,应重新进行配合比设计工作。

(2)施工前应进行工艺性试验。

(3)支承层混凝土应由拌合站拌制。混凝土搅拌时间应按工艺试验时确定的时间执行,拌和物应均匀一致,有生料、成团现象的非均质拌和物严禁用于摊铺。

(4)支承层混凝土拌和物长距离运输时应采取覆盖措施。支承层完成后如遇低温支承层必须采取防护措施。

(5)混凝土支承层横坡应满足设计要求,表面应整平并有适当的粗糙度,按设计要求做拉毛处理。

(6)支承层混凝土在摊铺完成后应喷雾或洒水并覆盖保湿养护。

3. 桥梁上滑动层(二布一膜)、硬泡沫塑料板铺设应符合下列规定:

(1)滑动层(二布一膜)、硬泡沫塑料板应无破损。

(2)应按设计要求对滑动层的性能(摩擦系数、耐久性等)进行试验检验。

(3)铺设第一层无纺布应从活动支座梁端开始,到固定支座梁端预埋螺栓止。在已铺就的第一层无纺布上,铺设聚乙烯薄烯薄膜,在接缝处必须将聚乙烯薄膜熔接。在聚乙烯薄膜上铺设第二层无纺布,铺设时可用水湿润无纺布以利于将无纺布吸附在聚烯薄膜上。

(4)铺设后的无纺布和聚乙烯薄膜上不得行车,安装底座筋网时要选择合适的垫块间距,以免钢筋刺穿无纺布。铺设的泡沫塑料板不能破损,一旦破损必须更换。

4. 混凝土底座施工除应符合《铁路混凝土工程施工质量验收补充标准》(铁建设〔2005〕160 号)有关规定外,还应符合下列规定:

(1)按设计要求在梁端缝隙中插入钢楔块后,分段浇筑底座混凝土。

(2)底座混凝土后浇带的纵向钢筋连接器必须按设计要求在混凝土浇筑后的规定时间内松开,梁端缝隙中的楔块应及时去掉。

(3)全桥各分段混凝土底座浇筑完毕后,所有混凝土后浇带的纵向钢筋必须按设计要求时间通过连接器重新连接。

5. 轨道板集中存放时,存放层数应满足安全要求。沿线存放时,存放层数宜为 2 ~ 4 层。吊装、运输过程中应采取必要防护措施,防止轨道板损坏。

6. 轨道板铺设前,应在混凝土支承层或底座表面测出轨道基准点和圆锥体安置点,轨道基准点和安置点位于轨道板横接的中央,且接近轴线。圆锥体的轴线应与安置点重合。

7. 轨道板宜采用专用配套机械铺设,轨道板铺设前,底座表面应清洁、无杂物、无积水。

8. 紧靠圆锥体将轨道板放置在支承垫木上,粗放精度应满足设计要求。用精调螺杆精调轨道板,并用电脑软件记录精调测量结果,记录内容包括:板类型和板号;观测员;精调日期、时间;天气;精调时的温度;调控点的铺置差(理论—实际值);轨道基准网和定向点上的最终偏差。

9. 水泥沥青砂浆灌注除应符合 CRTS Ⅰ型板式无砟轨道道床第 10 条 ~ 第 13 条的有关规定外,还应符合下列规定:

(1)水泥沥青砂浆灌注施工前,应对轨道板安置情况进行复查,保证轨道板位置满足设计要求。

(2)轨道板边缝的密封和轨道板精调后的固定应符合设计要求。

(3)水泥沥青砂浆达到设计要求的最小抗压强度后方可拆除轨道板下面的精调校正装置;达到设计允许的抗压强度后方可在轨道板上行车。

10. 轨道板纵向连接及灌浆孔填补应符合下列规定：

(1)轨道板的纵向连接及补孔混凝土的浇筑环境温度应满足设计要求。

(2)水泥沥青砂浆的强度及窄接缝混凝土强度达到设计要求后方可对轨道板实施张拉。

(3)用与宽接缝同样的混凝土填充灌浆孔。

11. 按设计要求在轨道板上钻孔至混凝土底座一定深度，埋设锚栓，安装锚定板、盘形弹簧和螺母，按设计要求用扭矩扳手(拧紧螺母)施加预应力，固定轨道板，并对锚固件做防腐处理。

12. 在轨道板灌注水泥沥青砂浆层后，再施工侧向挡块，同时依据侧向挡块的类型嵌入相应的橡胶支座。

13. 防水层、隔离层施工应符合 CRTS Ⅰ型板式无砟轨道道床的有关规定。

14. 施工质量验收除应符合本暂行标准外尚应符合设计文件的要求。

(七)CRTSⅢ型板式无砟轨道道床

1. 无砟道床施工前与线下工程的线路交接、工程测量、沉降变形观测评估等应符合 CRTS Ⅰ型板式无砟轨道道床的有关规定。

2. 混凝土支承层或底座施工应符合 CRTS Ⅱ型板式无砟轨道道床的相关规定。

3. 桥梁上滑动层(二布一膜)、硬泡沫塑料板铺设应符合 CRTS Ⅱ型板式无砟轨道道床的相关规定。

4. 轨道板存放、吊装和运输应符合 CRTS Ⅰ型板式无砟轨道道床的相关规定。

5. 轨道板铺设前应提前在线路中心设置基桩，基桩的材质及功能应符合设计要求，基桩设置精度应符合《客运专线无砟轨道铁路工程测量技术暂行规定》(铁建设〔2006〕189 号)的要求。

6. 混凝土底座强度达到设计强度的 75% 后方可铺设轨道板。轨道板宜采用专用机械铺设，轨道板铺设前，底座表面应清洁、无杂物、无积水。

7. 轨道板应采用专用机具精确调整对位。轨道板的状态精确对位后，复测轨道板状态，必要时，须拧松支承螺栓，重新调整轨道板状态，直至符合精度要求。

8. 水泥沥青砂浆灌注应符合 CRTS Ⅱ型板式无砟轨道道床的相关规定。

9. 轨道板预制完成后应对连接器连接钢筋采取防腐处理，铺设时应清除其表面的油脂。

10. 限位台或定位销的施工应在水泥沥青砂浆灌注完成后进行。

11. 限位台及定位销施工钻孔应采用专用工装设备定位，钻孔后应将工作面清理干净，限位台施工应采用无收缩混凝土。

12. 连接器安装前应检查连接器的绝缘性能。

13. 防水层、隔离层施工应符合 CRTS Ⅱ型板式无砟轨道道床的相关规定。

14. 施工质量验收除应符合本暂行标准外，尚应符合设计文件的要求。

(八)CRTS Ⅰ型双块式无砟轨道道床

1. 无砟道床施工前与线下工程的线路交接、工程测量、沉降变形观测评估等应符合 CRTS Ⅰ型板式无砟轨道道床的相关规定。

2. 混凝土支承层或底座施工应符合 CRTS Ⅱ型板式无砟轨道道床的相关规定。

3. 底座混凝土强度达到设计强度 50% 后，清扫干净混凝土表面，按要求铺贴隔离层、安放橡胶板。

4. 控制基桩及加密基桩设置应满足《客运专线无砟轨道铁路工程测量暂行规定》(铁建设

〔2006〕189 号)的要求。

5. 轨枕存放和运输应水平放置(枕面向上),堆放时以 5 根枕为一层,每组不超过 6 层,并捆绑为一体,堆码层数不应超过 12 层。吊装、运输过程中应采取必要的防护措施,防止轨枕扭曲、变形和损坏。

6. 无砟道床施工用工具轨应采用与正线轨型相同的钢轨,无变形、损伤、毛刺等,钢轨质量及状态应经常检查。

7. 钢轨支承架应有足够的强度、刚度和稳定性,满足施工工艺要求,间距及安置应便于调整、拆卸和混凝土浇筑。

8. 用钢轨支承架架设钢轨时,应符合下列规定:

(1)钢轨支承架应架设牢固,并与钢轨垂直。每 25 m 安放支撑架 12 ~ 13 榀,应等间距布置,但在钢轨接头前后和曲线地段,应缩小支撑架间距。

(2)根据已测设的基桩,调整好钢轨的水平、轨距、高程和方向。各种扣件应组装正确,螺栓拧紧,扭矩应一致。

(3)轨排调整定位合格后应采取防止轨排上浮的措施。

9. 用轨检小车和全站仪逐一检测每根轨枕处的轨顶高程、轨道中线位置、线间距、轨道平顺度等几何形位,并进行精确调整。

10. 底座伸缩缝与道床伸缩缝应上下对齐,宽度一致。

11. 道床板混凝土浇筑前,应复测轨排几何形位、钢筋保护层厚度,检测钢筋网绝缘性能,满足要求后方可进行混凝土浇筑。

12. 在浇筑过程中应加强对轨枕底部及其周围混凝土的振捣。应随时监测轨排几何形位的变化。

13. 混凝土道床板振捣密实后,表面需按设计做好横向排水坡,并整平、抹光。

14. 道床板混凝土初凝前后应采取喷雾保湿养护措施,初凝后应立即解开夹板螺栓,松开扣件等固定装置。

15. 道床混凝土强度达到 5 MPa 后,方准拆除轨道排架或支撑架。钢轨支撑架拆除后,遗留的螺栓孔采用高强度无收缩砂浆封堵。道床混凝土未达到设计强度 75% 之前,严禁在道床上行车和碰撞轨道部件。

16. 防水层、隔离层施工应符合 CRTS Ⅰ型板式无砟轨道道床的相关规定。

17. 施工质量验收除应符合本暂行标准外尚应符合设计文件的要求。

(九)CRTS Ⅱ型双块式无砟轨道道床

1. 无砟道床施工前与线下工程的线路交接、工程测量、沉降变形观测评估等应符合 CRTS Ⅰ型板式无砟轨道道床的相关规定。

2. 混凝土支承层施工除应符合 CRTS Ⅱ型板式无砟轨道道床的相关规定外,还应在滑模机摊铺完成后,立即在混凝土支承层表面按设计要求插入接茬钢筋,并重新处理好混凝土表面凸起部分。

3. 混凝土底座施工应符合 CRTS Ⅱ型板式无砟轨道道床的相关规定。

4. 底座混凝土强度达到设计强度 50% 后,清扫干净混凝土表面,按要求铺贴隔离层、安放橡胶板。

5. 混凝土支承层或底座施工完成后,在线路中心线两侧,直线段每隔 3.25 m 安放支脚;曲线段两支脚中心线连线与曲线径向方向一致,外侧两支脚距离为 3.25 m,内侧两支脚距离小于3.25 m。

6. 支脚本身要求质地牢固，并能精确可调、能固定在下层结构上；支脚和安装机的轨道相互独立；支脚在安装轨枕固定架前应再复测一次。

7. 轨枕存放和运输应水平放置(枕面向上)，堆放时以5根枕为一层，每组不超过5层，并捆绑为一体，堆码层数不应超过15层。吊装、运输过程中应采取必要的防护措施，防止轨枕扭曲、变形和损坏。

8. 悬挂轨枕的固定架应有足够的强度、刚度和稳定性，各部件和横梁应精密铣削制造，应保证轨枕安装的精度。安装轨枕前应检查固定架和横梁，确认状态良好。

9. 轨枕振动嵌入应采用专用机械进行。利用轨枕铺设机的振动机构及时将轨枕嵌入新浇筑的道床板混凝土内，轨枕嵌入振动力应符合设计要求，禁止过振或欠振。

10. 支脚、横梁、固定架和轨枕之间所有接触面应完全接触。

11. 道床混凝土强度达到5 MPa时才能拆除轨枕和固定架连接螺栓，混凝土强度达到设计强度的75%方可承重。

12. 轨道安装应在轨枕安装并检测合格后，道床板混凝土经充分养护达到设计强度的75%以后进行。

13. 本章验收标准适用于Ⅱ型双块式无砟轨道采用机械施工安装轨枕。受施工场地限制采取人工安装轨枕施工时，其安装方式与Ⅰ型双块式无砟轨道相同，其验收应符合CRTSⅠ型双块式无砟轨道道床的规定。

14. 防水层、隔离层施工应符合CRTSⅠ型板式无砟轨道道床的相关规定。

15. 施工质量验收除应符合本暂行标准外尚应符合设计文件的要求。

(十)道岔区轨枕埋入式无砟轨道

1. 无砟道床施工前与线下工程的线路交接、工程测量、沉降变形观测评估等应符合CRTSⅠ型板式无砟轨道道床的相关规定。

2. 混凝土支承层或底座施工应符合CRTSⅡ型板式无砟轨道道床的相关规定。

3. 道岔区轨枕埋入式无砟轨道基桩设置应满足《客运专线无砟轨道铁路工程测量暂行规定》(铁建设〔2006〕189号)的要求。

4. 道岔施工测量时，应先复测道岔控制基桩，再按站场设计图进行道岔桩放样。

5. 道岔轨面高程及方向应与连接的主要线路一致。

6. 道岔共排水设施应满足设计要求，并与站场排水设施配套完成。

7. 订购道岔时，应按设计文件确定道岔钢轨焊接与胶接接头位置和数量，并明确焊接方法、钢轨长度预留量、焊缝宽度、锁定轨温等。对道岔钢轨长度预留量作技术处理。

8. 道岔应在工厂内试铺、调试并进行验收。出厂时，制造厂应对产品零部件依据相关条件进行检验，并提供产品质量证明文件、铺设图和发货明细表等。

9. 应统筹考虑道岔的生产、运输和铺设等环节的实施方案，做好施工协调工作。

10. 道岔运输、装卸、存放应符合相关技术条件的规定。

11. 道岔铺设应采用配套设备、机械化施工。

12. 道床板混凝土浇筑施工前，应对道岔系统进行二次精调。

13. 道岔铺设精调后，应进行工电联调，经工务、电务和监理单位共同检查道岔组装质量符合相关技术条件规定，并签字确认，由电务单位及时拆除转换设备后，方可进行道床板混凝土施工。

14. 道岔内锁定焊接及道岔与两端无缝线路锁定焊接应同日在设计锁定轨温范围内焊接和锁定。

15. 道岔转换设备未安装前,应用钩锁器固定尖轨、心轨,直向限速 15 km/h 通过,侧向禁止通过工程列车。在线路未正式开通运营期间,应保护和管理铺设完工的道岔及相关设备。

16. 防水层、隔离层施工应符合(1)无砟道床施工前与线下工程的线路交接、工程测量、沉降变形观测评估等应符合 CRTS Ⅰ型板式无砟轨道道床的相关规定。

17. 施工质量验收除应符合本暂行标准外尚应符合设计文件的要求。

(十一)铺设无缝线路

1. 基地钢轨焊接

(1)基地钢轨焊接应采用固定式闪光焊接。

(2)钢轨闪光焊接头型式检验和生产检验应符合以下规定:

① 出现下列情况之一时应进行型式检验:

a. 焊轨组织初次生产;

b. 正常生产后,改变焊接工艺,可能影响焊接接头质量;

c. 更换焊轨设备;

d. 钢轨生产厂、或钢轨型号、或钢轨牌号、或钢轨交货状态改变,首次焊接时;

e. 生产检验结果不合格;

f. 停产一年后,恢复生产前。

② 出现下列情况之一时应进行生产检验:

a. 连续焊接 500 个接头;

b. 焊接工况变化,对某个焊接参数进行修正之后;

c. 焊机出现故障,记录曲线异常,故障排除之后;

d. 焊机停焊钢轨 1 个月以上,开始焊接生产之前。

③ 型式检验和生产检验的项目、试件数量和质量要求应符合铁道行业标准《钢轨焊接第 2 部分:闪光焊接》(TB/T 1632.2—2005)的有关规定。

(3)在长钢轨焊接前应根据设计要求编制配轨计划表。配轨时应选用断面不对称公差基本一致的钢轨相对焊接。

(4)应采用矫直的方法纠正焊接接头平直度偏差。不应使用外形精整的方法纠正超标的平直度偏差和超标的接头错边。轨顶面及轨头侧面工作边母材打磨深度不应超过 0.5 mm。

(5)焊接接头的轨顶面及轨头侧面工作边外形精整后应保持轨头轮廓形状,外形精整的长度不应超过焊缝中心线两侧各 450 mm 限度。

2. 长钢轨铺设

(1)无砟轨道铺轨应在无砟道床施工完毕并检查合格后方可施工。

(2)铺轨应严格按照“配轨表”铺轨编号依次铺设长钢轨。

(3)单元轨节起止点不应设置在不同轨道结构过渡段以及不同线下基础过渡段范围内。

(4)无砟道床施工完毕后,可采用长钢轨纵向推送直接人槽的方法(简称纵向推送法,下同)或工具轨换铺的方法铺设长钢轨线路。

(5)每节长钢轨始端、终端落槽时的轨温平均值为长钢轨铺设轨温,铺轨时应记录铺设轨温。

3. 工地钢轨焊接

(1)工地钢轨焊接宜优先采用移动式闪光焊接,道岔内及两端与线路连接的钢轨锁定焊可采用铝热焊。

(2)移动式闪光焊接型式检验和生产检验应符合基地钢轨焊接的规定。

(3)铝热焊接头型式检验和生产检验应符合以下规定:

① 出现下列情况之一时应进行型式检验:

a. 焊轨组织初次焊接铁路钢轨;

b. 采用新型焊剂或调整工艺时;

c. 钢轨生产厂、或钢轨型号、或钢轨牌号、或钢轨交货状态改变,首次焊接时;

d. 生产检验结果不合格;

e. 停产一年后,恢复生产前。

② 出现下列情况之一时应进行生产检验:

a. 连续焊接100或200个接头;

b. 两次焊接生产间隔达6个月及以上;

c. 更换主要焊接操作人员。

③ 型式检验和生产检验的项目和试件数量及要求应符合《钢轨焊接第3部分:铝热焊接》(TB/T 1632.3—2005)的相关规定。

(4)道岔钢轨焊接可先焊接道岔内各焊缝,再与岔外钢轨焊接。岔内钢轨宜先焊转辙器及可动心轨辙叉前后焊缝,再焊边直边弯,最后在中直中弯进行锁定焊接。

(5)道岔钢轨焊接及锁定过程中应采取措施始终保持限位器子母块位置居中,尖轨方正。

(6)气温低于0 ℃不宜进行工地钢轨焊接。刮风、下雨天气焊接时,应采取防风、防雨措施。

(7)气温低于10 ℃时,焊前应用火焰预热轨端0.5 m长度范围,预热温度应均匀,钢轨表面预热升温至35 ℃~50 ℃才能进行焊轨作业,焊后应采取保温措施。

(8)承受拉力的焊缝,在其轨温高于400 ℃时应持力保压。

(9)工地焊接完成后应检查焊好的接头,并标记编号,填写焊接记录报告。

4. 无缝线路应力放散及锁定

(1)单元轨节长度应满足施工进度和铺设时应力放散最佳效果的要求,以1 000~2 000 m为宜,最短不得小于200 m。

(2)线路锁定时,轨道几何尺寸及曲线外轨超高应满足设计要求。

(3)位移观测桩应设置齐全、牢固可靠、易于观测和不易破坏。

(4)线路锁定前应掌握当地轨温变化规律,根据作业区段的时间间隔,选定锁定线路的最佳施工时间与施工方法。

(5)无缝线路实际锁定轨温应在设计锁定轨温允许范围内。无缝道岔内锁定焊接及道岔与两端无缝线路锁定焊接应同日在设计锁定轨温范围内锁定和焊接。

(6)线路锁定后,应立即在钢轨上设置纵向位移观测的"零点"标记,按规定开始观测并记录钢轨位移情况。

(7)拉伸器撤除后,已锁定单元轨节自由端会产生回缩量。下一单元轨节拉伸锁定时,应将该回缩量计入单元轨节拉伸量。

5. 轨伸缩调节器

(1)钢轨伸缩调节器应在工厂内试组装并验收。出厂时,制造厂应对产品零部件依据客运专线铁路钢轨伸缩调节器相关技术条件进行检验,并提供出厂合格证、铺设图和发货明细表。

(2)铺设钢轨伸缩调节器应根据锁定时的轨温计算并准确预留伸缩量。

(3)铺设钢轨伸缩调节器时,宜先铺单股并以线路上已有轨道作基准控制方向,另一股以此为基准控制轨距。

(4)钢轨伸缩调节器铺设就位,调整方向、轨距、水平达到规定要求后,再上紧全部螺栓。

(5)尖轨、基本轨与两端长轨条焊接后,应按规定打磨平整。

6. 轨道整理及钢轨预打磨

(1)铺设无缝线路之后至线路开通之前应进行轨道整理作业,使线路逐步达到验交标准。

(2)对无缝线路长轨条位移情况每月观测一次,并填写记录。位移观测桩处相对位移换算轨温加上原锁定轨温超出设计锁定轨温允许范围时,应及时查明原因并进行处理。

(3)高温时不应安排影响线路稳定性的轨道整理。轨道整理应在规定的作业轨温范围内进行。

(4)Ⅰ型板式无砟轨道的钢轨高低、水平采用无级调高充填式垫板进行时,充填式垫板施工应符合《客运专线铁路无砟轨道充填式垫板暂行技术条件》规定。施工时应先在钢轨下与轨道板顶面之间用调整垫块精确调整钢轨高低和水平后,在扣件垫板下再安装充填式垫板。

(5)调整垫块分基准垫块和微调垫块。基准垫块表面坡度为1∶40,两端厚度应根据扣件高度选定;微调垫块厚度分为0.5、1、2、4 mm等级。

(6)充填式垫板的充填厚度为4~8 mm。在轨道状态调整后若调高量超出充填厚度的范围,应在扣件垫板下垫入预制的调高垫板后再安装充填式垫板。

(7)树脂材料的拌和应根据树脂材料的可工作时间,确定树脂材料一次的拌和量,并按规定的比例准确计量A剂和B剂。材料开罐后,必须在使用期内使用。

(8)充填式垫板的灌注口与排气口必须在树脂灌注前剪开,同时确认灌注袋内无水分。拌和后的混合液应在可使用时间内(液温20 ℃时的可使用时间约40~50 min)完成灌注。

(9)在线路验收前,应对全线钢轨进行预打磨作业。打磨列车到达工地后,根据轨面状态,可采用列车运行打磨、成形打磨等方式进行作业。打磨列车应回收打磨产生的铁粉。

(10)验收时,应由轨道检查车进行轨道动态检测(道岔及钢轨伸缩调节器与轨道一并进行)。

(11)线路开通前由建设单位组织有关单位开展线路检查和清理工作。

(十二)线路及信号标志

正线应根据设计需要设置下列标志:公里标,半公里标,百米标,平面曲线标,圆曲线、缓和曲线和竖曲线的始终点标,桥梁标,隧道标,坡度标,信号标志等。

(十三)注意事项

1. 有砟和无砟轨道部分资料的整理归入原材料;

2. 各项检验报告,按批按类组合,按时间先后顺序排列并编号,不得遗漏;

3. 资料应建立分类目录表,目录与资料对应一致,按问题、时间先后,专业规律排序;

4. 检验报告必须有明确结论,签章齐全。

5. 施工记录必须及时整理。

第二节　客运专线铁路路基工程

本节内容主要是客运专线铁路路基工程，这类工程资料的收集主要有检验报告、试验报告、技术交底记录和技术要求，以及测量和施工记录的对标资料等。

(一)地基处理

1. 原地面处理

(1)施工前应清除路基范围原地面表层植被，挖除树根，做好临时排水设施。

(2)原地面松、软表土及腐植土应清除干净，翻挖回填压实质量应符合设计要求，基底应密实、平整。

(3)路堤地基条件符合设计文件的原地面处理应满足所处路堤部位的填筑要求。

2. 换填

(1)施工前应对换填的范围和深度进行核实。

(2)当采用机械挖除换填土时，应预留 30～50 cm 的保护层由人工清理。

3. 砂、碎石垫层(含反滤层)

(1)施工前应进行压实工艺试验，确定施工参数，并报监理单位确认。

(2)砂、碎石垫层填筑或填筑完后必须及时完成两侧干砌片石护坡，并同时做好反滤层。

4. 袋装砂井

(1)砂袋进场后应妥善存放，严禁砂袋长时间在阳光下曝晒。

(2)袋装砂井施工应有防止砂袋扭结、缩颈、断裂和带起的措施。拔管时应防止带起砂袋，当带出砂袋长度大于 0.5 m 时，必须在旁边重新补打。

(3)袋装砂井孔口带出的泥土应及时清除，并用砂回填密实。袋装顶部埋入砂垫层长度应大于 0.5 m 或符合设计要求。

5. 塑料排水板

(1)塑料排水板盘带进场后应妥善存放，严禁长时间在阳光下曝晒，并保持通风、干燥和远离高温源。

(2)塑料排水板施工应有保证排水板不扭曲和防止泥土、杂物进入导管的措施，透水滤膜不得被扯破和污染。拔管时应防止带出排水板，当带出长度大于 0.5 m 时，必须在旁边重新补打。

(3)塑料排水板不得接长使用。

(4)打设后应及时清除排水板周围带出的泥土并用砂子回填密实，不得污染外露的排水板。塑料排水板的顶部伸入砂垫层长度应大于 0.5 m 或符合设计要求，外露排水板应妥善保护，且不得曝晒过久。

6. 堆载预压

(1)堆载预压不得使用淤泥土或含垃圾杂物的填料，填筑过程应按设计要求或采取有效措施防止预压土污染填筑好的路基。

(2)堆载预压土应边堆土边推平，顶面应平整。

(3)堆载预压施工时应保护好沉降观测设施。

(4)堆载预压卸载时间应根据观测资料和工后沉降推算结果，由建设单位组织设计、监理、施工单位共同研究确定卸载时间。

7. 真空预压

(1)真空预压设备进场后,施工单位应及时进行检查验收,进行现场工艺试验并会同监理单位进行验收,确保施工工艺参数满足设计要求。

(2)施工前应按设计要求设置观测点、观测断面,每一断面上的观测点布置数量、观测频次和观测精度应符合设计要求。观测基桩必须置于不受施工影响的稳定地基内,并定期复核校正。

(3)密封沟的截面尺寸应符合设计要求,并满足密封膜铺设要求。正式抽真空前应先进行试抽,检查密封沟和密封膜的密封性。

(4)真空预压卸载时间应根据观测资料和工后沉降推算结果,由建设单位组织设计、监理、施工单位共同研究确定卸载时间。

8. 砂桩

(1)施工前应进行成桩工艺性试验(不少于 2 根),确定各项工艺参数并报监理单位确认后,方可进行施工。

(2)砂桩施工开始后应及时进行复合地基承载力试验,以确认设计参数。

(3)振动法施工应严格控制拔管高度、拔管速度、压管次数和时间、填砂量、电机工作电流,保证桩体连续、均匀、密实。

(4)锤击法施工应根据冲击锤的能量控制拔管高度、分段填砂量、贯入度,保证桩体质量。

(5)砂桩的施工顺序应符合设计规定。

9. 碎石桩

(1)施工前应进行成桩工艺性试验(不少于 2 根),确定各项工艺参数并报监理单位确认后,方可进行施工。

(2)碎石桩施工开始后应及时进行复合地基承载力试验,以确认设计参数。

(3)振动法施工,应严格控制拔管高度、拔管速度、压管次数和时间、填碎石量、电机工作电流,保证桩体连续、均匀、密实。

(4)锤击法施工,应根据冲击锤的能量控制拨管高度、分段填入量、贯入度,保证桩体质量。

(5)碎石桩的施工顺序应符合设计规定。

10. 粉体喷射搅拌桩

(1)施工前应进行成桩工艺性试验(不少于 2 根),确定各项工艺参数并报监理单位确认后,方可进行施工。

(2)粉体喷射搅拌桩施工开始后应及时进行复合地基承载力试验,以确认设计参数。

(3)粉喷桩施工应符合以下规定:

① 施工机具设备性能及工艺应满足喷粉均匀性、桩的连续完整性及加固深度的要求。

② 粉喷机械应配置灰量自动记录仪,且处于检定有效期内。

③ 严格控制钻进速度、提升速度、喷粉量及空气压力,控制下钻深度、喷粉高程及停灰面,桩端应原位搅拌约 2 min,确保成桩质量。

④ 单桩喷粉量应符合设计要求,喷粉应均匀。施工中随时检查加固料用量、桩长、复搅长度,评定成桩质量。如有不合格桩或异常情况,应及时采取补桩或其他处理措施。

⑤ 钻机成孔和喷粉过程中,应将废弃的加固料适当处理,不得任意排放、污染环境。

11. 浆体喷射搅拌桩

(1)施工前应进行成桩工艺性试验(不少于2根),确定各项工艺参数并报监理单位确认后,方可进行施工。

(2)浆体喷射搅拌桩施工开始后应及时进行复合地基承载力试验,以确认设计参数。

(3)浆体喷射搅拌桩施工应符合下列规定:

① 施工机具设备性能及工艺应满足喷浆均匀性、桩的连续完整性及加固深度的要求。

② 严格控制搅拌机钻头下沉和提升速度、供浆与停浆时间,控制下钻深度、喷浆高程及停浆面。单桩喷浆量应符合设计要求。桩端必须原位喷浆搅拌一定时间,确保成桩质量。

③ 复搅时应避免浆液上冒。

④ 成桩过程中,如因故停浆,继续施工时必须重叠接桩,接桩长度不得小于0.5 m。若停机超过3 h,应拆卸输浆管路,清洗干净,在原桩位旁边补桩。

⑤ 搅拌机械应配置自动记录仪,且处于检定有效期内。

⑥ 配制好的浆液不得离析,供浆必须连续,固化剂与外掺剂的用量、泵送浆液时间必须有专人记录。

⑦ 随时检查施工记录,如有不合格桩或异常情况,应及时采取补桩或其他处理措施。

⑧ 施工中溢出的浆液应回收处理,防止污染环境。

12. 高压旋喷桩

(1)施工前应进行成桩工艺性试验(不少于2根),确定各项工艺参数并报监理单位确认后,方可进行施工。

(2)高压旋喷桩施工开始后应及时进行复合地基承载力试验,以确认设计参数。

(3)施工前,应作好场地准备,设置回浆池,浆液应回收处理,防止污染环境。

13. 灰土挤密桩

(1)施工前应进行地下水位、地基土的含水量、饱和度复核,当处理深度范围有地下水或地基土的含水量小于12%或大于24%、饱和度大于65%时,应由设计单位确定是否变更设计。

(2)成孔应按设计要求、成孔设备、现场土质和周围环境等情况,选用沉管、冲击或夯扩等方法。施工前需在工程现场进行试验施工,以便按实际的试验测试结果,对设计参数和施工各项工艺参数进行调整,报监理单位确认后,方可进行施工。

(3)灰土挤密桩成孔和孔内回填夯实应符合下列要求:

① 成孔宜在地基土接近最优(或塑限)含水量时进行。当土的含水量低于10%,特别是在整个处理深度范围内的含水量普遍很低时,宜对拟处理范围内的土层进行增湿。增湿处理应于地基处理前4~6 d,将需增湿的水通过一定数量和一定深度的渗水孔,均匀地浸入拟处理范围内的土层中。

② 成孔挤密应间隔分批进行,成孔后应及时夯填。

③ 在向孔内填料前必须夯实孔底。

④ 铺设灰土垫层前,应按设计要求将桩顶标高以上的预留松动土层挖除或夯(压)密实。

⑤ 施工过程中,应做好成孔及回填夯实施工记录。如发现地基土质与勘察资料不符,应立即停止施工,待查明情况或采取有效措施处理后,方可继续施工。

⑥ 雨季或低温季节施工,应采取防雨或防冻措施,防止灰土和土料受雨水淋湿或冻结。

⑦ 成桩成片后,应及时填筑灰土并碾压至设计要求。

14. 水泥粉煤灰碎石桩(CFG桩)

(1)施工前应进行成桩工艺性试验(不少于2根),以复核地质资料以及设备、工艺、施打顺序是否适宜,确定混合料配合比、坍落度、搅拌时间、拔管速度等各项工艺参数,报监理单位确认后,方可进行施工。

(2)CFG桩施工开始后应及时进行复合地基或单桩承载力试验,以确认设计参数。

(3)采用振动沉管桩机成桩时,设备型号选择应根据地质条件及桩径、设计加固深度要求确定,其施工应符合下列要求:

① 振动沉管桩机沉管表面应有明显的进尺标记,并根据设计桩长、沉管人土深度确定机架高度和沉管长度;

② 沉管过程中每沉1 m应记录电流表电流一次,并对土层变化处予以说明;

③ 混合料应按设计配合比经搅拌机拌和,坍落度、拌和时间应按工艺性试验确定的参数进行控制,且拌和时间不得少于1 min;

④ 拔管速率应按工艺性试验确定并经监理工程师批准的参数进行控制,拔管中严禁反插;

⑤ 每根桩的投料量不得少于设计灌注量;

⑥ 成桩后桩顶控制标高应考虑凿除浮浆后的桩长满足设计要求。

(4)采用长螺旋钻管内泵压混合料灌注成桩时,设备型号选择应根据桩径、设计加固深度要求确定,其施工应符合下列要求:

① 施工组织、施工工艺、施工作业指导书应有防止堵管、窜孔的措施。

② 钻进应先慢后快。在成孔过程中,如发现钻杆摇晃或难钻时,应放慢进尺。

③ 混合料应按设计配合比经搅拌机拌和,坍落度、拌和时间应按工艺性试验确定的参数进行控制,且不得少于1 min;搅拌的混合料必须保证混合料圆柱体能顺利通过刚性管、高强柔性管、弯管和变径管而到达钻杆芯管内。

④ CFG桩成孔到设计标高后,停止钻进,开始泵送混合料,当钻杆芯管充满混合料后开始拔管,严禁先提管后泵料。

⑤ 钻杆应采用静止提拔,施工中应严格按工艺性试验确定并经监理工程师批准的参数控制钻杆提拔速度和混凝土泵的泵送量,并保证连续提拔,施工中严禁出现超速提拔。

⑥ 施工中应保证排气阀正常工作,施工中要求每工班经常检查排气阀,防止排气阀被水泥浆堵塞。

⑦ 桩机移机至下一桩位施工时,应根据轴线或周围桩的位置对需施工的桩位进行复核,保证桩位准确。

15. 打入桩

(1)施工前应查明施工区(高空、地面、地下)有无妨碍打桩的障碍物,并应及时处理。

(2)施工前应按照设计要求和《铁路桥涵施工规范》(TB 10203)进行试桩(不少于2根),确定各项施工工艺参数和检验桩的承载力,取得完整的试桩资料并报监理单位确认后,方可进行施工。

(3)预制桩模板及支架、钢筋、混凝土和预应力的施工应符合铁道部现行《铁路混凝土工程施工质量验收补充标准》的有关规定,并符合下列规定:

① 混凝土应连续浇筑,不得中断;

② 桩的混凝土应达到吊运要求的强度,且不得低于设计强度的70%后,方可吊运,达到设计强度方可使用;

③ 钢筋混凝土桩及预应力混凝土桩桩节间的连接部件，应符合设计强度和耐久性要求。接桩铁件应做防腐处理。

(4)混凝土桩(管桩)的堆放、起吊和运输必须符合下列规定：

① 桩应根据种类和使用顺序堆放：堆放场地必须平整、坚实，堆放层数不宜超过四层；堆放桩的支承垫木位置，当两点支承时，应设在距两端0.21倍桩长处；当三点支承时，应设在距两端0.15倍桩长及中点处。每层垫木必须保持在同一平面上。各层间垫木应在同一垂直线上。

② 起吊时桩的吊点位置和混凝土强度应符合设计要求。应平稳提升，使各吊点同时受力。一个吊点吊桩时，吊点应设在距桩上端0.3倍桩长处，在起吊中，应用钢丝绳捆绑并控制桩的下端。

③ 桩在起吊、搬运和堆码时，应防止冲撞和发生附加弯矩。

(5)打桩前必须对桩的质量进行验收，其质量和规格必须符合设计要求。吊插桩前应重复检查桩架、桩位、桩身，质量合格后始可插桩。

(6)锤击打桩宜重锤低击。打桩前应从两个方向检查确认桩锤、桩帽与桩身保持在同一轴线上，直桩的垂直度或斜桩的倾角应符合设计要求。

(7)打桩过程中应防止偏移。遇下列情况应停止打桩，经分析研究并采取措施后，方可继续施工：

① 贯入度发生急剧变化或振动打桩机的振幅异常；

② 桩身突然倾斜移位或锤击时有严重回弹；

③ 桩头破碎或桩身开裂；

④ 附近地面有严重隆起现象；

⑤ 打桩架发生偏斜或晃动。

⑥ 当土质与设计不符，致使桩的入土深度相差很大时，应提交设计单位采取措施。

(8)对发生“假极限”、“吸入”、上浮、下沉现象和射水沉桩必须进行复打。

16. 混凝土灌注桩

(1)施工前应进行成桩工艺性试验(不少于2根)，确定各项工艺参数并报监理单位确认后，方可进行施工。

(2)钻孔灌注桩施工应符合下列规定：

① 钻机安装及钻孔

a. 安装钻机时，底架应垫平，保持稳定，不得产生位移和沉陷。钻机顶端应用揽风绳对称拉紧。

b. 钻进时，起、落钻头速度宜均匀，不得过猛或骤然变速。孔内出土，不得堆积在钻孔周围。

因故停钻时，孔口应加护盖。有钻杆的钻机，应将钻头提离孔底5 m以上，其他钻机钻头提出孔外。

c. 钻孔应一次成孔，不得中途停顿。钻孔达到设计深度后，应对孔位、孔径、孔深和孔形等进行检查，并填写钻孔记录表，孔位偏差不应大于10 cm。

② 冲击钻机钻孔时

a. 吊钻的钢丝绳必须软性、优质、无死弯和无断丝，安全系数不应小于12。钢丝绳与钻头的连接必须牢固。主绳与钻头的钢丝绳搭接时，两根绳径应相同。捻扭方向必须一致。

b. 钻进过程中，必须勤松绳、少量松绳，不得打空锤：勤抽渣，使钻头经常冲击新鲜地层。每次松绳量，应根据地质情况、钻头形式、钻头质量决定。

c. 钻进时，应经常检查钻头转向装置。

d. 钻孔时，应经常用检孔器检孔；更换新钻头前必须检查到孔底，始可放入新钻头。

e. 钻进时应有备用钻头，轮替使用；钻头直径磨耗超过 1.5 cm 时，应及时更换、修补。

③ 循环钻机钻孔时，钻机的起重滑轮和固定钻杆的卡机，应在同一垂直线上，保持钻孔垂直。

④ 套管钻机在开孔下压套管时，钻进速度宜慢，并应反复上提下压校正套管，如有偏斜及时校正。

⑤ 不得用加深孔底深度的方法代替清孔。

(3)挖孔灌注桩施工应符合以下规定：

① 挖孔过程中，必须有可靠的安全措施。

② 挖孔时必须采取孔壁支护。支护应高出地面。支护结构应经过检算。

③ 护壁混凝土强度等级不应低于 C15，当作为桩身混凝土的一部分时，不应低于桩身混凝土强度等级。

④ 遇有局部或厚度不大于 1.5 m 的流动性淤泥和可能出现涌砂时，应加强护壁或降水措施，必要时采用钢护筒防护。

⑤ 孔内爆破应采用浅眼爆破。炮眼深度，硬岩层不得超过 0.4 m，软岩层不得超过0.8 m；装药量不得超过炮眼深度的 1/3。孔内爆破应采用电引或导爆管起爆。

⑥ 爆破前，对炮眼附近的支撑应采取防护措施。护壁混凝土强度尚未达到 2.5 MPa 时，不宜爆破作业。

⑦ 放炮后，施工人员下井前，应事先测定孔底有无毒气，如有毒气，应迅速排除。

⑧ 挖孔至设计高程后；孔底不应积水，并应进行孔底处理，做到平整、无松渣、淤泥等软层，当地质情况与设计不符时，应会同有关单位妥善处理。

⑨ 浇筑桩身混凝土，当自由倾落高度超过 2 m 时，混凝土必须通过溜槽或串筒，并宜采用插入式振捣器振实。

⑩ 当孔内渗水量过大影响混凝土浇筑质量时，应采取有效措施保证混凝土的浇筑质量。

17. 桩帽板

(1)桩帽板施工应在桩检验合格后进行。

(2)桩帽板施工前必须将桩顶锤击面破损部分去除，全部凿除至新鲜混凝土面，桩体埋入桩帽板长度及桩顶主筋锚入桩帽板的长度应符合设计要求。

(3)绑扎桩帽板钢筋前应核实每根桩体埋入桩帽板长度，并将基底压密至设计要求。

18. 强夯

(1)施工前，应按设计初步确定的强夯参数，在有代表性的场地上进行工艺性试夯试验。通过强夯前后测试数据的对比，检验强夯效果，确定有关工艺参数，并报监理单位确认。

(2)强夯施工应符合以下规定：

① 夯锤重和落距应确保单击夯击能量满足设计要求。

② 在每遍夯击前，应对夯点放线进行复核，夯完后检查夯坑位置，发现偏差或漏夯应及时纠正。

③ 强夯过程中若发现因坑底倾面造成夯锤斜而造成夯锤歪斜时，应及时将坑整平。

④ 强夯施工中，每个夯点的夯击次数、每击的夯沉量、夯击间隔时间及施工步骤应符合设计要求。

⑤ 施工过程中应对各项参数及情况进行详细记录。

(3)强夯施工产生的噪声不应大于《建筑施工场界噪声界限》(GB 12523)的规定，强夯场地与建筑物间应按设计要求采取隔振或防振措施。

19. 土工合成材料加筋垫层

(1)土工合成材料进场后应整齐堆放在料棚(库)内，避免阳光照射，并保持通风、干燥和远离高温源。铺好后应及时按设计要求覆盖，不得长时间受阳光直接曝晒。

(2)土工合成材料上不允许直接进行碾压，需待上覆填土后方可采用碾压机械压实。严禁碾压及运输等设备直接在土工合成材料上行走作业。

(3)当土工合成材料的垫层为碎石时，应在土工合成材料和碎石之间设置 5 cm 的中粗砂保护层。

20. 洞穴处理

(1)岩溶洞穴地区，路堤填筑前及路堑开挖至设计标高后，应结合勘探设计资料对施工地段进行地质核查。洞穴处理后，应由设计单位对处理范围、效果予以确认。

(2)开工前应根据勘探设计资料和洞穴的具体地质情况，确定施工方案和施工工艺，制订质量保证措施，报监理单位审核批准后组织施工。

(3)洞穴处理前、后应分别测量、记录处理范围和高程。

(4)施工单位应严格按设计规定的施工方法和要求进行洞穴处理。若施工前或施工过程中出现下列情况，应及时反馈设计单位，必须通过设计单位进行处理。

① 施工前地质核查或施工过程中发现地质情况与设计不符；

② 在路堑路基面、边坡上出现较大或有水的、有较厚松软充填物的溶洞；

③ 施工中发现路堤地基的溶洞或查知有位于堑底下不深但未出露的溶洞；

④ 注浆孔揭示的岩溶范围、深度与设计不符。

(5)黄土陷穴地区路基，对洞穴采取开挖回填夯实、灌(压)土浆、灌砂等处理措施时，应在处理范围做好排水设施，不使地表水流入。

(6)注浆施工时应有符合环保要求的废浆隔离与回收设施，注浆过程中应防止浆液渗漏，如有"跑浆"现象，应及时查明原因并处理。

(7)岩溶、洞穴地段路基施工前应做好引排地面水设施，处理范围内的地面、地下防排水、防渗措施应满足设计要求，并符合环保有关规定。

(二)基床以下路堤

1. 路堤必须在严格按设计文件进行地基处理后，并经检验满足设计要求后开始填筑。

2. 在进行大面积填筑前，不同填料应选取有代表性的地段作为试验段，进行摊铺压实工艺试验，确定施工工艺参数，并报监理单位确认。

3. 路堤填筑前应作好路基两侧排水，填筑施工不得污染农田和环境。

4. 路堤填筑材料的使用、运输、存放应符合下列要求：

(1)填料中碎石最大粒径不得大于 15 cm。

(2)路堤浸水部分应采用水稳性高的渗水性材料填筑，严禁填筑易风化的软岩石。

(3)振动液化土地基上路堤的填料应具有较好的抗震稳定性。路堤基底垫层材料应采用碎石(卵石)或粗砂夹碎(卵)石，不得采用细砂或中砂。浸水部分填料应选用抗震稳定性较好的渗水性材料。

(4)石灰、水泥等化学改良土外掺料的运输、使用应有保护环境的措施,外掺料应分类堆放、与原地面架空隔离,并有防风、雨设施,防止材料受潮、变质。

(5)土工合成材料运至工地后,应分批整齐堆放在料棚(库)内,防止阳光曝晒,并保持料棚(库)通风干燥。

5. 路堤填筑时应符合下列规定:

(1)路堤填筑应按"三阶段、四区段、八流程"的施工工艺组织施工,每个区段的长度应根据使用机械的能力、数量确定,一般宜在200 m以上或以构筑物为界。各区段或流程内严禁几种作业交叉进行。

(2)不同性质的填料应分别填筑,不得混填。每一摊铺层填料中的粗细料应摊铺均匀,不应有粗集料或细集料窝。较大粒径石块不应集中,应均匀的分布于填筑层中,石块间的空隙应用较小碎石、石屑等材料填充密实,并使层厚均匀层面平整。

(3)填筑时应横断面全宽、纵向分层填筑压实,不得出现纵向接缝。当原地面高低不平时,应先从最低处分层填筑,并由两边向中心填筑。

(4)具有可击实性的土的碾压含水量应控制在由试验段确定的施工允许含水量范围内。

(5)当路基各段不同步填筑时,纵向接头处应在已填筑压实基础上挖出硬质台阶,台阶宽度不宜小于2 m,高度同填筑层厚。

(6)雨季路堤施工,每次作业收工前应将铺填的松土层摊铺压实完毕,且填筑的每一压实层面均做成向路基两侧2% ~4%的横向排水坡。严禁雨天进行非渗水土的填筑。

6. 改良土施工除应符合路堤填筑的规定外,还应符合下列规定:

(1)改良土施工设备和工艺应体现先进的原则,满足拌和施工质量要求和环境保护要求。条件具备时应优先选择厂(场)拌。

(2)物理改良土的配合比应保证混合料的压实质量能达到设计要求,化学改良土的配合比应保证混合料的无侧限抗压强度能达到设计要求。

(3)外掺料与改良土填料应拌和均匀,色泽一致,无灰团、灰条和花面现象。

7. 加筋土施工除应符合路基填筑的规定外,还应符合下列规定:

① 铺设土工合成材料前应整平、压实下承层,其平整度、横坡及压实质量应符合设计要求,表面不得有坚硬凸出物。土工合成材料铺设时,必须拉紧、展平与下承层面密贴,不得褶皱、扭曲和损坏。铺好后应及时填筑填料,不得长时间受阳光直接曝晒。

② 加筋土填筑过程中严禁施工机械直接在土工合成材料上行走作业。

8. 软土、松软土地基上的路堤及预压土填筑,除应符合路堤填筑的规定外,还应符合以下规定(真空预压地基处理地段不受下述第2、3款限制):

(1)软土和松软土地段路基施工组织设计应注意不同地基处理措施可能产生的差异沉降,并应保证必要的预压期。

(2)路基填筑过程中,必须控制填筑速率,当路堤中心线地面沉降速率大于每昼夜10 mm、坡脚水平位移速率大于每昼夜5 mm时,应立即停止填筑,待观测值恢复到限值以内再进行填筑。

(3)反压护道应与路基同步填筑,其填料、填筑压实方法、压实标准应符合路堤相应部位的规定。护道顶面应平顺并有向路基两侧的排水坡,边坡应顺直无凹陷。

9. 膨胀土地基上的路堤填筑,根据其填料种类除应符合本标准基床以下路堤中的相关规定外，还应符合以下规定：

（1）施工前应结合永久排水设施做好地表排水设施，排水沟应随挖随砌，铺砌必须及时完成；

（2）膨胀土路基不应在雨季施工；

（3）换填厚度应根据开挖后地基检测结果确定，且不得小于设计；

（4）基底换填应与开挖紧密衔接。如有困难，应预留厚度不小于 50 cm 的保护层。

10. 黄土地区的路堤填筑，根据其填料种类除应符合本标准基床以下路堤中的第 5 条～第 7 条的规定外，施工前应结合永久排水设施做好地表排水设施，排水沟应随挖随砌，铺砌必须及时完成。施工中路基范围黄土地基上不得浸水。

11. 盐渍土地基上的路堤填筑，根据其填料种类除应符合相关规定外，当盐渍土地基的含盐量大于规定时，应铲除表层盐渍土，挖除厚度应根据开挖后地基检测结果确定，且不得小于设计要求，铲除宽度应包括护道，并应有自路基中线向两侧不小于 2% 的横向排水坡。

12. 浸水路堤应尽量选择在枯水季节进行。路堤浸水部分及护道施工应在汛期前完成。

13. 路堤填筑过程中的沉降观测应符合下列要求：

（1）按设计要求埋设沉降观测设备。路基填筑过程中，应注意保护沉降观测设备，不得损坏。

（2）应根据沉降观测情况进行综合分析，及时调整填筑施工工艺、施工组织措施或地基处理工程措施。

（3）沉降观测资料应及时整理、汇总、分析，并进行评估指导路基填筑施工和铺轨施工。沉降观测资料、施工过程记录应作为控制工后沉降量的依据进行验交。

（4）地基沉降、侧向水平位移的观测断面及每一断面观测点布设数量、观测频次和精度、观测基桩的埋设、复核校正应符合设计及本暂行标准第 14 章的规定。

14. 路堤边坡

（1）路堤边坡宜采用加宽超填或专用边坡压实机械施工。当采用加宽超填方法时，超填宽度不宜小于 50 cm。

（2）路基刷坡宜采用刷坡机械。机械刷坡时应根据路肩线用坡度尺控制坡度。人工刷坡时应采取挂方格网控制边坡平整度和坡度，方格网桩距不宜大于 10 m。

（3）路堤边坡应平顺、密实、稳固。

（三）过 渡 段

1. 过渡段基底处理

（1）过渡段基底处理过程中及处理后应严格按照设计要求作好地面排水，特别是软土、松软土、膨胀土和黄土地基地段，应确保降水及地表径流对施工质量无不利影响。

（2）过渡段基底范围及其两侧的排水、防渗和地下水的拦截、引排应符合设计要求。地下水的出露位置和处理前、后的出水情况应有记录。

（3）过渡段采用打入桩、挤密桩地基处理措施时，应先施工过渡段打入桩、挤密桩，后施工桥台基础桩基。

2. 基坑回填

（1）桥台后基坑及横向结构物基坑应严格按照设计选用回填材料及时回填并分层压实，避免积水。

3. 基床表层以下过渡段级配碎石填层

(1)施工单位应选择有代表性的过渡段作为试验段，进行基床表层以下过渡段级配碎石摊铺压实工艺试验，确定施工工艺参数，报监理单位确认。

(2)过渡段应与相邻的路堤及锥体按一整体同时施工，并将过渡段与连接路堤的碾压面按大致相同的水平分层高度同步填筑并均匀压实。

(3)基床表层以下过渡段级配碎石填筑除应符合本标准基床表层级配碎石(或级配砂砾石)的一般规定外，还应符合下列规定：

① 桥台后2.0 m范围外大型压路机能碾压到的部位应采用大型压路机械碾压，大型压路机碾压不到的部位及在台后2.0 m范围内应采用小型振动压实设备进行压实。

② 横向结构物两侧的过渡段填筑必须对称进行，并与相邻路堤同步施工。

③ 涵背两端大型压路机能碾压到的部位宜采用大型压路机械碾压。大型压路机碾压不到的部位应采用小型振动压实设备进行压实。靠近横向结构物的部位，应平行于横向结构物背壁面进行横向碾压。

④ 横向结构物的顶部填土厚度小于1 m时，不得采用大型振动压路机进行碾压。

⑤ 加入水泥的级配碎石混合料宜在2 h内使用完毕。

(4)基床表层以下过渡段两侧及锥体填土

① 基床表层以下过渡段两侧及锥体填土应与相邻的路堤按水平分层同步填筑并均匀压实。

(5)基床表层以下填料过渡段填层

① 施工单位应选择有代表性的过渡段作为试验段，进行基床表层以下A、B组填料填筑过渡段摊铺压实工艺试验，确定施工工艺参数，报监理单位确认。

② 填料填筑过渡段应与级配碎石过渡段及相邻的路堤按一整体同时施工，并将各段的碾压面按大致相同的水平分层高度同步填筑并均匀压实。

③ 填料填筑过渡段A、B组填料中碎石最大粒径不得大于10 cm。

(6)路堤与路堑过渡段基床表层以下填土层

① 当路堤与路堑连接处为软质岩石或土质路堑时，应按设计要求开挖纵向台阶。

② 路堤与软质岩石或土质路堑过渡段基床以下路堤填筑应符合基床以下路堤的一般规定。

③ 路堤与软质岩石或土质路堑过渡段基床底层填筑应符合基床地层的一般规定。

(四)路　　堑

1. 路堑施工前应及时完善排水系统，作好堑顶截、排水。临时排水设施应与原有排水系统及永久性排水设施相结合。堑顶为土质或含有软弱夹层的岩层时，天沟应及时铺砌或采取其他防渗措施。

2. 开挖前应检查坡顶、坡面的危石、裂缝和其他不稳定情况并妥善处理。

3. 路堑开挖应符合下列要求：

(1)路堑开挖应保持排水系统畅通。

(2)路堑开挖应自上而下纵向、水平分层开挖，纵向坡度不得小于4%。严禁掏底开挖。

(3)膨胀土、黄土路堑不应在雨季施工，基床换填、边坡防护封闭应与开挖紧密衔接。当不能紧跟开挖防护时，应预留厚度不小于50 cm的保护层。

(4)设有支挡结构的路堑边坡应分段开挖、分段施工。设计要求分层开挖、分层防护的路堑边坡，应自上至下分层开挖、分层施工，支挡工程施工应与开挖紧密衔接。如果防护不能紧跟完成的，应预留厚度不小于 50 cm 的保护层。

4. 路基爆破施工应符合国家爆破安全规程及环保的有关规定，并应符合以下规定：

（1）石质路堑开挖宜采用松动爆破，严禁采用峒室爆破。石质边坡面应采用光面或预裂爆破开挖。

（2）爆破不得导致路堑各部和相邻建筑物的损伤和隐患。

（3）爆破设计方案必须报有关部门审核批准后方可实施，监理单位应参与审核每次爆破设计且与现场核对。

5. 路堑开挖过程中，应对照设计文件核对水文地质和工程地质资料。

6. 半挖半填路基轨道下横跨挖方与填方两部分时，应按设计要求开挖换填。填筑区域基底表面应平整，片石码砌边坡与填筑同时成型，嵌缝密贴，坡面稳固。

（五）基　床

1. 基床底层

（1）在进行大面积填筑前，应选取有代表性的地段作为试验段，进行摊铺压实工艺试验，确定施工工艺参数，并报监理单位确认。

（2）基床底层填筑材料的使用、运输、存放应符合路堤填筑材料的使用、运输、存放的有关要求，填料中碎石最大粒径不得大于 10 cm。

（3）基床底层填筑施工应根据填料分别符合路堤填筑和加筋土施工的规定及要求，在软土、松软土地基上填筑基床底层时应根据填料分别符合路堤填筑、改良土施工、加筋土施工和软土、松软土地基上的有关规定。

（4）路堑开挖至基床换填底面标高时，开挖表面应平顺整齐，并按设计做成向两侧的横向排水坡，换填底面以下不得扰动和泥化。

2. 基床表层级配碎石（或级配砂砾石）

（1）在进行大面积填筑前，应根据初选的摊铺和碾压机械及试生产的填料，在现场选取长度不小于 100 m 的地段进行摊铺压实工艺试验，确定工艺参数，并报监理单位确认。

（2）基床表层填筑前应验收基床底层，检验几何尺寸，核对压实标准。不符合标准的基床底层应进行修整，使其达到基床底层验收标准后方可进行基床表层填筑。

（3）级配碎石或级配砂砾石必须场拌生产，拌和设备应计量准确，混合料的颗粒级配应符合标准规定。

（4）基床表层级配碎石或级配砂砾石施工应符合下列要求：

① 基床表层的填筑应按“四区段、六流程”施工工艺组织施工，每个区段的长度应根据使用机械的能力、数量确定，一般宜在 100 m 以上。各区段或流程内严禁几种作业交叉进行。

② 基床表层下层的级配碎石或级配砂砾石可采用摊铺机或平地机摊铺，但面层必须采用摊铺机进行摊铺。

③ 级配碎石或级配砂砾石混合料碾压时的含水量应控制在由工艺试验确定的施工允许含水量范围内。

④ 碾压应遵循先轻后重、先慢后快的原则。各区段交接处应相互重叠压实，纵向搭接长度不小于 2.0 m，纵向行与行之间的轮迹重叠不小于 40 cm，上下两层填筑接头应错开不小于 3.0 m。

⑤ 如设计只换填路堑基床表层，当开挖至基床表层底面标高时，开挖表面应平顺整齐，并按设计做成向两侧的横向排水坡，基床表层以下不得扰动。

⑥ 软土、松软土地基段基床表层的填筑宜在地基沉降基本稳定后进行，避免地基沉降对基床表层整体性产生影响。

3. 基床表层沥青混凝土

(1)在进行大面积填筑前，应根据初选的摊铺和碾压机械及试生产的填料，在现场选取长度不小于100 m的地段进行摊铺压实工艺试验，确定工艺参数，并报监理单位确认。

(2)基床表层沥青混凝土填筑前应验收基床表层级配碎石或级配砂砾石，检验几何尺寸，核对压实标准。不符合标准的应进行修整，使其达到验收标准后方可进行基床表层沥青混凝土施工。

(3)沥青混凝土生产、施工设备应计量准确，混合料的颗粒级配应符合设计规定。

(4)基床表层沥青混凝土施工应符合下列要求：

① 沥青混合料的矿料质量及矿料级配应符合设计要求；

② 沥青材料及混合料的各项指标应符合设计要求；

③ 严格控制各种矿料和沥青用量及各种材料和沥青混合料的加热温度；

④ 拌和后的沥青混合料应均匀一致，无花白，无粗细料分离和结团成块现象；

⑤ 摊铺时应严格掌握摊铺厚度和平整度，避免矿料离析，必须严格控制摊铺和碾压温度。

4. 路基面

路基中线、高程及路基横断面各部尺寸应符合设计要求，其测量精度及误差应符合《客运专线铁路测量暂行规定》。

(六)路基排水

1. 地表排水

(1)路基边沟、侧沟、天沟等地表排水设施应与天然沟渠和相邻的桥涵、隧道、车站等排水设施及路基面排水、坡面排水、电缆沟槽两侧排水衔接，组成完整的排水系统。路基施工前应核对全线排水系统的设计是否完备和妥善。

(2)路基工程施工前，对影响路基稳定的地下水，应予以截断、疏干、降低水位，并引排到路基范围以外。在路基施工期，不得任意破坏地表植被和堵塞水路；各类排水设施应及时维修和清理，保持排水畅通、有效。

(3)路基排水工程应及时实施，防止在施工期间因地表水及地下水的侵入而造成路基松软和坡面坍塌。

(4)混凝土施工应符合以下规定：

① 使用的粗、细骨料、水泥、水等原材料应符合国家现行有关标准的规定；

② 混凝土应采用机械拌和，其配合比应通过试验确定；

③ 混凝土运输、浇筑及间歇的时间不应超过混凝土的初凝时间；

④ 当设计有耐久性要求时，尚应符合《铁路混凝土工程施工质量验收补充标准》的有关规定和设计要求。

(5)砌筑砂浆施工应符合以下规定：

① 拌制砂浆的水泥、水、砂应符合国家现行有关标准的规定；

② 砂浆应采用机械拌和，其配合比应通过试验确定；自投料完算起，搅拌时间不得少于2 min；

③ 砂浆应随拌随用，搅拌好的砂浆应在3 h内使用完毕，当施工期间最高气温超过30 ℃时，应在拌成后2 h内使用完毕。

(6)浆砌工程应采用挤浆法分层、分段砌筑，坐浆饱满，勾缝平顺，几何尺寸和垫层厚度符合设计要求。砌筑完成后应及时采取有效的养护措施。

(7)导流构造物施工应符合下列规定：

① 导流构造物施工时，应调查核对坝址情况，当地质、河道、水文条件在核查时或在施工中发生新的变化，应及时变更设计。

② 导流构造物应按设计要求施工，并符合水工构造物有关规定。应特别注意坝基处理和坝根与相连地层或其他防护设施的嵌接。

(8)改河(沟)工程施工应符合下列规定：

① 改河(沟)工程应在枯水期施工。旱季不能完成时，应妥善做好渡洪措施。

② 河道(沟)开挖应先挖中段，再挖末段。必须经检查确认新河(沟)床已符合要求后，方可挖通其上游河段。

③ 利用开挖新河道(沟)的土石填平旧河道(沟)时，在新河道(沟)未通流前，不得堵断旧河道(沟)。

④ 通流时，改河(沟)上游进口河(沟)段的河(沟)床纵坡应稍大于设计坡度。

2. 路堤横向排水沟

(1)路堤横向排水沟应与路基两侧排水沟相接，组成完整的排水系统，水路畅通无隐患。

(2)水沟基底处理应符合设计要求，基底应密实、平整，且无草皮、树根等杂物，无积水。

(3)混凝土、砂浆施工应符合本暂行标准第4条～第6条中混凝土施工的有关规定。

(4)预制横向排水沟的基础与基坑边坡应密实、平整。预制件拼装应平顺、稳定，接缝咬合完好，并与基础和边坡密贴无空洞。

(5)横向排水沟盖板安装应平稳。

3. 地下排水

(1)地下排水设施应与地表排水系统相配套，保证水路畅通无隐患。渗沟的出水口应设置端墙，端墙下部留出与渗沟排水通道大小一致的排水沟，端墙排水孔底面距排水沟沟底的高度不宜小于20 cm；端墙出口的排水沟应进行加固，防止冲刷。

(2)排水沟或暗沟采用混凝土浇筑或浆砌片石砌筑时，应在沟壁与含水地层接触面的高度处，设置一排或多排向沟中倾斜的渗水孔，沟壁最下一排渗水孔的底部应高出沟底不小于20 cm。

(3)混凝土、砂浆施工应符合地表排水一般规定的有关规定和要求。

(4)浆砌工程应采用挤浆法分层、分段砌筑，嵌缝饱满、密实，勾缝平顺无脱落，缝宽大体一致。

(5)地下排水设施施工应符合下列要求：

① 渗沟的开挖宜自下游向上游进行，应随挖随即支撑并迅速回填，不可暴露太久，以免造成坍塌。支撑渗沟应间隔开挖。

② 沟槽开挖必须保证沟槽两壁平顺，基础表面应平整，严禁出现反坡或凸凹不平现象。

③ 渗水管铺设位置、固定和连接方法应符合设计要求。

④ 严禁使用再生、褶皱、老化、污染的土工织物。铺设时应绷紧、抻平，并与沟壁土体密贴，不得褶皱和损坏。

⑤ 渗沟沟内用作排水和渗水的填充料在使用前必须筛选和清洗，回填时应防止土工织物和渗水管受到损伤。

⑥ 沿沟槽每隔 10 ~ 15 m 或当沟槽通过软硬岩层分界处时应设置伸缩缝或沉降缝。

4. 过渡段排水

过渡段桥台背渗水板、横向排水沟(管)等排水设施应按设计要求及时完成,其连接方式应符合设计要求,铺设应平顺、整齐、牢固,排水畅通。

(七)路基边坡防护

1. 浆砌片石防护

(1)路基防护应及时完成,保护路基和防止水土流失。软土、松软土地基地段的防护工程应在路堤基本稳定后进行。

② 护坡施工前,护坡基底应稳定,坡面应平整密实。

③ 砌体所用的砂浆施工应符合本暂行标准路基排水—地表排水中的第 5 ~ 6 条的规定。

④ 砌体各砌块的砌缝应相互错开,不得有通缝和空缝,表面平顺整齐,与边坡嵌接牢固密贴。砌筑完成后应及时采取有效的养护措施。

2. 干砌片石防护

(1)路基防护应及时完成,保护路基和防止水土流失。

(2)护坡施工前,护坡基底应稳定,坡面应平整密实。

(3)砌筑应紧密,各砌块的砌缝应相互错开、嵌接牢固,坡面平顺。

(4)干砌护坡勾缝应于路堤沉降基本稳定后进行。勾缝自先将松动和变形处修整平齐完好。

3. 骨架护坡防护

(1)护坡应及时安排施工,保护路基和防止水土流失。

(2)护坡施工前,基底应稳定,坡面应平整密实。

(3)砌体所用的砂浆施工应符合本暂行标准路基排水—地表排水中的第 5 条和第 6 条的规定。

(4)砌体各砌块的砌缝应相互错开,表面平顺整齐,与边坡嵌接牢固密贴。砌筑完成后应及时采取有效的养护措施。

4. 混凝土预制块防护

(1)护坡应及时安排施工,保护路基和防止水土流失。

(2)护坡施工前,其基底应稳定,坡面应平整密实。

(3)砌体所用的砂浆施工应符合本暂行标准路基排水—地表排水中的第 5 条和第 6 条的规定。

(4)混凝土预制块拼装排列应整齐、平顺、紧密、美观,并与坡面及相邻砌体衔接密贴、稳固。

(5)预制块防护勾缝应于路堤已趋稳定后进行。

5. 边坡固土网垫植草防护

(1)护坡应及时安排施工,保护路基、防止水土流失和利于植物生长。

(2)护坡施工前,其基底应稳定,坡面应平整密实。

(3)铺设固土网垫时,应先适量洒水湿润边坡,固土网垫应与坡面紧贴,不得出现空隙。

(4)铺网垫后及时喷播植草或撒播草籽,植草种类及数量应符合设计要求。

6. 喷射混凝土防护

(1)护坡应安排在适宜时间施工,保护路基和防止水土流失。

(2)喷层应与其基面牢固结合,不得漏喷、脱层。周边与基面之间应无空隙,锚杆锚固材料应无外露现象,周边应封严。

7. 植物防护

(1)边坡植物防护施工质量应符合下列要求,并按《铁路路基边坡绿色防护技术暂行规定》进行验收。

① 坡面应平整、密实、湿润。铺、种植物后,应加强养护管理,直至植物成长覆盖坡面;

② 移植的草皮应与基面钉合牢固,表面平整;有砌石骨架地段,砌石应嵌入坡面与草皮平齐相接;

③ 种草防护的草籽应均匀、全部落入坡面,应及时覆盖表土并适当拍压,做好保护措施;

④ 喷播植草应按设计要求施工,喷播材料与草(灌木)种子应按配比充分搅拌均匀,清理好的坡面应提前湿润,喷洒应自下而上进行,草籽喷洒应均匀,不得流淌;

⑤ 对不利于草类生长的土质,应按设计要求在坡面先铺一层种植土,然后再进行草籽喷洒,及时做好养护直至覆盖坡面。

(八)路基相关工程

1. 电缆槽(沟)

(1)修筑于路基上的电缆槽(沟)应与路基同步修建,不得因其施工而损坏、危及路基的稳固与安全。

(2)电缆槽(沟)应按设计要求与路基施工同步完成,与路基接触面处理措施应符合设计要求,不应破坏侧沟和侧沟平台、堑坡坡脚及路肩边坡。

2. 接触网支柱基础

(1)修筑于路基上的接触网支柱基础应与路基同步修建,不得因其施工而损坏、危及路基的稳固与安全。

(2)电力牵引接触网支柱基础施工应符合下列要求:

① 接触网支柱基础工程应按《客运专线铁路电力牵引供电施工技术指南》及设计文件施工,宜在基床表层施工前完成。

② 接触网支柱基础应按设计要求施工,基坑施工时不得破坏路基及防护工程结构。

③ 接触网支柱基础基坑必须全部用混凝土浇筑;有渗水暗沟地段,应在接触网支柱基础浇筑并达到一定强度后再挖渗水暗沟。

④ 接触网拉线基础与下锚支柱基础平面位置应符合设计要求,下锚拉线的下锚环方向应在支柱基础中心与拉线基础中心连线上。

⑤ 同组硬横跨基础底面标高应相等,控制线路两侧同里程两基础中心连线垂直于线路正线。

3. 声屏障基础

(1)修筑于路基上的声屏障基础应与路基同步修建,不得因其施工而损坏、危及路基的稳固与安全。

(2)声屏障基础应按设计要求位置、形状尺寸、深度施工,基础开挖不得破坏基床表面。

4. 预埋管线、综合接地

修筑于路基上的预埋管线、综合接地等各种设施应与路基同步修建,不得因其施工而损坏、危及路基的稳固与安全。

（九）路基附属设施

1. 检查设备

（1）检查井施工应符合下列要求：

① 检查井基础应与渗水暗沟混凝土基础同时施工。

② 井身混凝土强度等级及井盖形状、强度、拉手安设应符合设计要求，井身混凝土表面平顺光洁，井盖安装平稳、密贴，拉手牢固。

③ 检查井基坑回填应按路基相同部位的材料和压实要求采用人工分层回填，夯击密实。施工时应避免机械损伤检查井井壁。

（2）检查台阶、检查梯、栏杆等检查设备施工应符合下列要求：

① 应按设计位置、范围、构造设置检查设备，连接应牢固，外观应顺直整齐。

② 检查梯等检查设备杆件的涂料品种、涂刷遍数应符合设计要求，并无漏涂、露底、脱皮。涂刷应均匀，色泽一致。

2. 防护栅栏

（1）应按设计要求位置、深度埋设防护栅栏支柱，支柱埋设应稳固。

（2）防护栅栏应按设计要求安装牢固，不松动。

（3）防护栅栏在区间线路应贯通封闭，并按设计位置、形状尺寸设“严禁入内”的标志。

3. 取、弃土场

（1）取土时应保护环境，取土后的裸露面应按设计采取土地整治或防护措施。风景区或有特殊要求的施工地段，应按设计要求及时配套完成环保工程。

（2）弃土应符合以下规定：

① 沿河岸或傍山路堑的弃土不得弃入河道、挤压桥孔或涵口、改变水流方向和加剧对河岸的冲刷。

② 严禁贴近桥墩台或在其他构筑物附近弃土。

③ 严禁在岩溶漏斗处和暗河口弃土。

④ 弃土不得造成水土流失污染环境。

（十）沉降观测

1. 路基施工应按设计要求进行地基沉降、侧向位移的动态观测。观测基桩必须置于不受施工影响的稳定地基内，并进行定期的复核校正。观测装置的埋设位置应符合设计要求，且埋设稳定。观测期间应对观测点采取有效的保护措施。

2. 沉降观测应采用二等水准测量，观测精度不低于 ±1 mm。

3. 在填土过程中，应根据观测结果整理绘制“填土高一时间一沉降量”关系曲线图，分析土体的侧向位移值及其发展趋势，判断地基的稳定性。

4. 边桩及沉降在施工期间一般每一填筑层应进行一次观测，在沉降量突变的情况下，每天应观测 2 ~ 3 次。如果两次填筑间隔时间较长，每 3 d 至少观测一次。路堤经过分层填筑达到预压高程后，在预压期的前 2 ~ 3 个月内，每 5 d 观测一次；三个月后 7 ~ 15 d 观测一次；半年后一个月观测一次，一直观测到设计要求的时间。

5. 路基填筑至设计标高，应在路肩设观测桩，应与边桩和沉降同步进行观测，通过测量路肩观测桩的高程变化，确定路基面的沉降量。

6. 观测资料应齐全、详实、规程符合设计要求，并应及时整理、汇总分析，并提供给相关单位。

7. 铺轨前应由建设、设计、施工和监理单位参加的路基验评小组对路基工后沉降进行评定。

8. 竣工验交时，沉降观测设备和观测资料应与工程同时移交给工程接收单位。

注意事项：

1. 客运专线路基工程部分资料的整理归入原材料；

2. 合格证应折成 A4 大小或贴在 A4 纸上。

3. 各项检验报告，按批组合，按时间先后顺序排列并编号，不得遗漏；

4. 建立分类目录表，目录与资料对应一致；

5. 检验报告必须有明确结论，签章齐全。

5. 钢筋材质要"双控"，各验收批钢筋出厂质量合格和试验报告单缺一不可。材质证明与实物应物证相符。

6. 试验报告单要有编号，便于与试验室的有关资料查证核实，试验报告，要有明确结论，签章齐全。

7. 在查看试验报告中各项目的实测数值是否符合规范规定的标准值。

8. 试验记录是否根据设计要求和规范规定进行试验，记录的原始数据和计算结果（试验单位应向单位提供电子版试验数据），并得出试验结论的资料统称。

9. 路基填筑要分层、分段按步骤取样做试验，查看密度是否符合标准，并做好资料的合格判定、验收存档工作。

10. 试验时间应与其他资料交圈吻合。相关资料有地质堪察报告、地基验槽检查记录及隐蔽工程检查记录、施工记录、预检记录、施工日志、设计变更/洽商记录、检验批质量验收记录等。

11. 砂桩试验必须确认设计参数，如：原材料要求、承载力试验报告等。

12. 领取试验报告时，应看试验报告中是否字迹清晰、无涂改，签章齐全，结论明确，试验日期与要求试验日期是否符合。同组试验的百分数是否符合规范要求合格则存档，否则应通知有关部门和单位进行处理或更正后再归档保存。

第三节　客运专线铁路桥涵工程

本节内容主要是客运专线铁路桥涵工程。在收集这类工程资料过程中，主要有检验报告、试验报告、技术交底记录和技术要求，以及测量和施工记录的对标资料等。

（一）地基处理

1. 地基处理应在正式施工前进行试夯、试桩，以确定施工参数及验证地基处理效果，应由施工单位检测、监理单位见证、勘察设计单位确认，并应具有完整的试夯、试桩记录。

2. 换填地基施工中填料比例应准确、搅拌均匀，分层填筑、分层压实。

3. 从事地基基础工程检测及试验的单位，必须具备省（部）级建设行政主管部门颁发的资质证书和计量行政主管部门颁发的计量认证合格证书。

4. 当施工过程中发现地质情况与设计不符或出现异常情况时，应停止施工，由建设单位组织勘察设计、监理和施工单位共同分析情况，并应形成文件资料。待勘察设计单位根据地质情况重新设计并经有关部门批准后，方可复工。

5. 地基处理的施工必须符合设计要求和施工技术方案的要求。

（二）明挖基础

1. 模板及支架、钢筋和混凝土的施工应符合铁道部现行《铁路混凝土工程施工质量验收补充标准》(铁建设〔2005〕160号)的有关规定及设计要求。

2. 基坑开挖前应按地质、水文资料，环保要求，结合现场情况，制定施工方案，确定开挖范围、开挖坡度、支护方案、弃土位置和防、排水等措施。

3. 基坑土方施工应对支护结构、周围环境进行观察和监测。当发现异常情况时，应及时处理，待恢复正常后方可继续施工。

4. 基底处理应符合下列规定：

(1)基础底面不得置于软硬不均的地层上。

(2)岩层基底应清除岩面松碎石块、淤泥、苔藓，凿出新鲜岩面，表面应清洗干净。应将倾斜岩面凿平或凿成台阶。

(3)碎石类土及砂类土层基底承重面应修理平整，黏性土层基底整修时，应在天然状态下铲平，不得用回填土夯平。

(4)砌筑基础时，应在基础底面先铺一层5～10 cm水泥砂浆。

(5)基础浇筑前的基坑不得泡水。如发生基坑泡水现象，应采取措施进行处理并满足设计要求。

5. 基础应在无水情况下浇筑，混凝土和砌体砂浆终凝前不得浸水。

（三）桩 基 础

1. 模板及支架、钢筋、混凝土和预应力的施工应符合铁道部现行《铁路混凝土工程施工质量验收补充标准》(铁建设〔2005〕160号)的有关规定及设计要求。

2. 水下混凝土的施工应符合铁道部现行《铁路混凝土与砌体工程施工质量验收标准》(TB 10424—2003)第9章的有关规定及设计要求。

3. 桩基础施工应根据环保要求，结合现场情况，编制实施性施工组织设计和施工工艺细则。

4. 混凝土桩(管柱)的起吊、堆放和运输必须符合施工工艺设计要求。

5. 沉入桩、钻孔桩应按有关规定和设计要求进行试桩，以确定施工工艺参数和检验桩的承载力，并应具有完整的试桩资料。

6. 对发生"假极限"、"吸入"、上浮、下沉现象和射水沉桩必须进行复打。

7. 从事桩基工程检测及试验的单位，必须具备省(部)级建设行政主管部门颁发的资质证书。

（四）沉井基础

1. 模板及支架、钢筋和混凝土的施工应符合铁道部现行《铁路混凝土工程施工质量验收补充标准》(铁建设〔2005〕160号)的有关规定及设计要求。

2. 沉井浮运设施必须经过检查试运转并符合施工工艺设计要求。沉井施工前必须根据设计文件提供的地质资料，制订施工方案、技术措施和编制施工组织设计。

3. 沉井施工前应对洪汛、凌汛、潮汐、河床冲刷、通航漂流物、山洪和泥石流等情况作调查研究，制订相应的安全措施。

4. 沉井下沉前应按设计要求，对附近的堤防、建筑物等影响范围，制订防护和环保措施，并在下沉过程中建立观测制度。

(五)墩　　台

1. 模板及支架、钢筋和混凝土的施工应符合铁道部现行《铁路混凝土工程施工质量验收补充标准》(铁建设〔2005〕160 号)的有关规定和设计要求。砌体的施工应符合铁道部现行《铁路混凝土与砌体工程施工质量验收标准》(TB 10424—2003)的有关规定和设计要求。

2. 防水层的施工应符合桥面附属设施有关规定。

3. 墩台施工中应经常检查中线、高程,发现问题及时处理。墩台施工完毕,应对全桥中线、高程、跨度贯通测量,并用墨线标出各墩台中心线、支座十字线、梁端线及锚栓孔位置。

4. 墩台施工完毕应及时对河道进行疏通清理,做好环境保护。

5. 墩台施工时应按设计要求设置永久性高程观测点,并在施工完成、架梁前和竣工验交前进行观测。

6. 台后填土按过渡段设计时,其施工质量验收应按《客运专线铁路路基工程施工质量验收暂行标准》(铁建设〔2005〕160 号)的相关规定办理。

(六)预应力混凝土箱梁

1. 模板及支架、钢筋、混凝土和预应力的施工应符合铁道部现行《铁路混凝土工程施工质量验收补充标准》(铁建设〔2005〕160 号)的有关规定及设计要求。

2. 支座和防水层的施工应符合支座和桥面面附属设施的有关规定。

3. 预应力混凝土简支箱梁制造单位应取得规定的现场制梁生产资质。

4. 预应力混凝土简支箱梁制造和架设,应编制实施性施工组织设计及施工工艺细则。

5. 制梁台座或先张梁张拉台座应有施工工艺设计,其强度、刚度及稳定性,应能满足施工各阶段施工荷载的要求和施工工艺要求。折线配筋的先张梁,预应力筋转辙器的设置应符合设计要求。

6. 预应力混凝土简支箱梁的模板及支架应有施工工艺设计。其反拱和预留压缩量的设置应符合设计要求和施工工艺要求。

7. 预制预应力混凝土简支箱梁梁体应采用泵送混凝土连续灌筑、一次成型,灌筑时间不宜超过 6 h。

8. 预制预应力混凝土简支箱梁混凝土灌筑时,模板温度宜在 5 ℃ ~35 ℃,混凝土拌合物入模温度宜在 5 ℃ ~30 ℃。

9. 梁体混凝土采用蒸汽养护时,分为静停、升温、恒温、降温四个阶段。静停期间应保持棚温不低于 5 ℃,浇筑完 4 h 后方可升温,升温速度不得大于 10 ℃/h,恒温时蒸汽温度不宜超过 45 ℃,梁体芯部混凝土温度不宜超过 60 ℃,降温速度不应大于 10 ℃/h;蒸养期间及撤除保温设施时,梁体混凝土芯部与表层、表层与环境温差不宜超过 15 ℃;蒸汽养护结束后,应立即进入自然养护,时间不少于 7 d。梁体混凝土采用自然养护时,梁体表面应采用草袋或麻袋覆盖,并在其上覆盖塑料薄膜,梁体洒水次数应能保持混凝土表面充分潮湿为度;当环境相对湿度小于 60% 时,自然养护不应少于 28 d;相对湿度在 60% 以上时,自然养护不应少于 14 d。当环境温度低于 5 ℃时,梁体表面应喷涂养护剂,采取保温措施,禁止对混凝土洒水。

10. 先张法预应力混凝土简支箱梁的预应力筋安装宜自下而上,先穿直线预应力筋。预应力筋放张应在梁体混凝土强度和弹性模量符合设计要求,且混凝土龄期不少于 72 h 时进行,并符合设计要求。

11. 后张法预应力混凝土简支箱梁的预应力张拉工艺,除设计有特别规定外,宜按预张拉、初张拉和终张拉三个阶段进行。带模预张拉时,内模应松开,不应对梁体压缩造成阻碍。

张拉数量及张拉力值应符合设计要求。预应力束张拉前，应清除管道内的杂物及积水。终张拉应在梁体混凝土强度及弹性模量达到设计值后、龄期不少于10 d时进行。预施力应采用两端同步张拉，并符合设计要求的张拉顺序。预施力过程中应保持两端的伸长量基本一致。张拉期间应采取措施避免锚具、预应力筋受雨水、养护用水浇淋，防止锚具及预应力筋出现锈蚀。

12. 后张法预应力混凝土简支箱梁管道压浆宜在预应力筋终拉完成后48 h内进行，压浆时及压浆后3 d内，梁体及环境温度不得低于5 ℃。管道压浆应采用真空辅助压浆工艺。压浆泵应采用连续式，同一管道压浆应连续进行，一次完成。

13. 后张法预应力混凝土简支箱梁封端前应对锚垫板之间的交接缝用聚氨酯防水涂料进行防水处理。折线配筋先张法预应力混凝土简支箱梁，转折器切割后外露面涂刷防锈剂，转折器处的凹穴应采用与梁体混凝土色泽相一致的环氧树脂混凝土封堵。封端混凝土养护结束后，应采用聚氨酯防水涂料对封端新老混凝土之间的交接缝进行防水处理。

14. 制梁膺架应有施工工艺设计，其强度、刚度及整体稳定性，应能满足施工各阶段施工荷载的要求和施工工艺要求，并应进行预压，以消除非弹性变形和测出弹性变形值。

15. 架(移)梁设备和吊(顶)具应具有足够的强度、刚度和稳定性，能满足架(移)梁荷载要求。并应在工地进行静动载试验、试运转和验收，做好记录。未经验收合格的架(移)梁设备和吊(顶)具，不得进行架(移)梁作业。

16. 桥梁预施应力使用的预应力筋张拉设备及仪表应符合下列规定：

(1)张拉千斤顶额定吨位宜为张拉力的1.5倍，且不得小于1.2倍。使用前必须进行校正，校正系数不得大于1.05。校正有效期为一个月且不超过200次张拉作业。张拉千斤顶的行程应满足张拉工艺的要求。

(2)压力表应为防振型，最大读数应为张拉力对应压力值的1.5～2.0倍，精度不应低于1.0级。首次使用前必须经计量部门检定。使用时必须定期检定，检定有效期为一周。当使用0.4级时，检定有效期可为一个月。

(3)油泵的额定压力应为张拉力对应压力值的1.5倍。油箱容量宜为张拉千斤顶总输油量的1.5倍。

(4)张拉千斤顶、压力表和油泵等应配套校正、配套使用。当在使用过程中出现异常现象时，应重新校正。

17. 孔道摩阻和锚口(包括喇叭口)摩阻应通过试验确定。

18. 造桥机制架预应力混凝土简支箱梁

(1)支承造桥机的主梁的支架，应具有足够的强度、刚度和稳定性，基础必须坚实稳固。

(2)造桥机每次拼装前，必须对各零部件的完好情况进行检查。每次拼装完毕，均应进行全面检查和试验，符合设计要求方可投入使用。造桥机纵向前移的抗倾覆稳定系数不得小于1.5。用于整孔浇筑时，移动模架前移时应对桥墩及临时墩和主桁梁采取稳定措施。用于节段拼装(干、湿接)时，移动支架上设置的下滑道应具有足够的强度、刚度和长度、宽度。

19. 架桥机架设预应力混凝土简支箱梁

(1)箱梁出厂应具有出厂合格证或技术证明书，产品质量应符合有关技术条件的规定。

(2)架梁前应具有墩台里程、支座中心线、支承垫石高程及预埋件等竣工资料，并由架梁单位复核。

(3)各类架桥机应经过检查、验收和试吊签证，所有运载工具、走行道路、提升吊架、支承托架等，均必须经过重载试验，并有签证记录。所有吊具、扁担梁均应经过检查、重载试验。梁上如开有吊孔，其尺寸、位置、预埋件、钢筋布置、运输支点的位置等，均应满足设计要求。梁上开孔用后应予填满。

(4)简支梁在装运过程中支点应位于同一平面，同一端支点相对高差不得超过 2 mm。

(5)预制梁的架设应符合铁道部颁布的有关客运专线铁路预应力混凝土预制梁技术条件的规定和设计要求。

(七)预应力混凝土 T 梁

1. 模板及支架、钢筋、混凝土和预应力的施工应符合铁道部现行《铁路混凝土工程施工质量验收补充标准》(铁建设〔2005〕160 号)的有关规定和设计要求。

2. 支座和防水层的施工应符合支座和桥面附属工程的有关规定。

3. 预应力混凝土简支 T 梁制造单位应取得规定的现场制梁生产许可证。

4. 预应力混凝土简支 T 梁制造和架设，应编制实施性施工组织设计及施工工艺细则。

5. 制梁台座应有施工工艺设计。其强度应能满足施工各阶段施工荷载的要求和施工工艺要求。

6. 预应力混凝土简支 T 梁的模板及支架应有施工工艺设计。其反拱和预留压缩量的设置应符合设计要求。

7. 预制预应力混凝土简支 T 梁梁体混凝土应连续灌筑、一次成型，每片梁灌筑时间不宜超过 3.5 h。

8. 预制预应力混凝土简支 T 梁梁体混凝土灌筑时，模板温度宜在 5 ℃ ~35 ℃，混凝土拌合物入模温度宜在 5 ℃ ~30 ℃。

9. 梁体混凝土采用蒸汽养护时，分为静停、升温、恒温、降温四个阶段。静停期间应保持棚温不低于 5 ℃，灌注完 4 h 后方可升温，升温速度不得大于 10 ℃/h，恒温时蒸汽温度不宜超过 45 ℃，梁体芯部混凝土温度不宜超过 60 ℃，降温速度不应大于 10 ℃/h；蒸养期间及撤除保温设施时，梁体混凝土芯部与表层、表层与环境温差不宜超过 15 ℃；蒸汽养护结束后，应立即进入自然养护，时间不少于 7 d。

10. 预制预应力混凝土简支 T 梁梁体混凝土采用自然养护时，梁体表面宜采用保温、保湿材料予以覆盖，或采用桥面蓄水保湿、保温。梁体洒水次数应能使混凝土表面保持充分潮湿，保湿养护不应少于 14 d。当环境温度低于 5 ℃或高温露天暴晒时，梁体表面应喷涂养护剂，低温时不应对混凝土洒水，高温时应防晒。

11. 预制后张法预应力混凝土简支 T 梁的预应力筋张拉工艺，除设计有特别规定外，宜按预张拉、初张拉和终张拉三个阶段进行。张拉数量及张拉力值应符合设计要求。预应力束张拉前，应清除管道内的杂物及积水。终张拉应在梁体混凝土强度及弹性模量达到设计值后、龄期不少于 14 d 时进行。预施力应采用两端同步张拉，并符合设计要求的张拉顺序。预施力过程中应保持两端的伸长量基本一致。张拉期间应采取措施避免锚具、预应力筋受雨水、养护用水浇淋，防止锚具及预应力筋出现锈蚀。

12. 预制后张法预应力混凝土简支 T 梁孔道压浆宜在预应力筋终拉完成后 48 h 内进行，压浆时及压浆后 48 h 内，梁体及环境温度不得低于 5 ℃。

13. 预应力锚圈与锚垫板之间的交接缝应用聚氨酯防水涂料进行防水处理。封锚前应将封锚处的混凝土凿毛，并对锚具进行防水处理。封锚混凝土养护结束后，应采用聚氨酯防水涂料对新老混凝土之间的交接缝进行防水处理。

14. 架(移)梁设备和吊(顶)具应具有足够的强度、刚度和稳定性，能满足架(移)梁荷载要求，并应在工地进行静动载试验、试运转和验收，做好记录。未经验收合格的架（移）梁设备和吊（顶）具，不得进行架（移）梁作业。

15. 预应力筋张拉设备及仪表应符合下列规定：

（1）张拉千斤顶额定吨位宜为张拉力的1.5倍，且不得小于1.2倍。使用前必须进行校正，校正系数不得大于1.05。校正有效期为一个月且不超过200次张拉作业。张拉千斤顶的行程应满足张拉工艺的要求。

（2）压力表应为防振型，最大读数应为张拉力对应压力值的1.5～2.0倍，精度不应低于1.0级。首次使用前必须经计量部门检定。使用时必须定期检定，检定有效期为一周。当使用0.4级时，检定有效期可为一个月。

（3）油泵的额定压力应为张拉力对应压力值的1.5倍。油箱容量宜为张拉千斤顶总输油量的1.5倍。

（4）张拉千斤顶、压力表和油泵等应配套校正、配套使用。当在使用过程中出现异常现象时，应重新校正。

16. T梁架设

（1）T梁出厂应具有出厂合格证或技术证明书，产品质量应符合有关技术条件的规定。

（2）架梁前应具有墩台里程、支座中心线、支承垫石高程及预埋件等竣工资料，并由架梁单位复核。

（3）各类架桥机应经过检查、验收、试吊签证，并应符合《铁路架桥机架梁规程》（TB 10213—99）中相应规定。所有运载工具、走行道路、提升吊架、支承托架等，均必须经过重载试验，并有签证记录。

（4）所有吊具、扁担梁均应经过检查、重载试验。吊梁时的梁体强度、起吊点及跨装的运输支点均应满足设计要求。

（5）顶梁部位及横移梁滑道位置均应在允许悬臂长度范围内，以防梁体开裂、折断。

（6）移运简支梁时，其移运线路、移运走行速度等应符合相关架桥机操作手册的要求。

（7）一孔梁由多片T梁组成，多片梁每片梁施加预应力日期之差不应超过6 d，成品梁应按照架梁计划，分批并成孔地组织装车发运。

（八）预应力混凝土连续梁（刚构）

1. 悬臂浇筑预应力混凝土连续梁（刚构）

（1）模板及支架、钢筋、预应力的施工应符合铁道部现行《铁路混凝土工程施工质量验收补充标准》（铁建设〔2005〕160号）的有关规定和设计要求。

（2）混凝土施工应符合铁道部现行《铁路混凝土工程施工质量验收补充标准》（铁建设〔2005〕160号）的有关规定和设计要求。

（3）边跨现浇梁段采用膺架施工时，应符合膺架法预应力混凝土简支梁的规定。

（4）支座安装施工应符合支座的规定。

（5）防水层施工应符合桥面附属设施的有关规定。

（6）悬臂浇筑预应力混凝土连续梁（刚构），应编制实施性施工组织设计及施工工艺设计。

（7）墩顶及安装挂篮前梁段的托架或支架，应经过设计计算和加载预压。

（8）预应力混凝土连续梁悬臂浇筑施工前，应将墩顶梁段与桥墩临时固结牢固。

（9）连续刚构的墩顶梁段，应与桥墩整体浇筑。

（10）悬臂浇筑所用挂篮，必须具有足够的强度、刚度和稳定性，结构形式、几何尺寸应适应梁段高度变化及与已浇筑梁段搭接需要和走行要求。挂篮走行和浇筑混凝土时的抗倾覆稳定系数不得小于2,挂篮使用前应进行安装、走行性能工艺试验和按设计要求进行载重试验。

(11)桥墩两侧悬臂浇筑梁段应对称、平衡施工,实际不平衡偏差不得大于设计允许数值。施工时挂篮应在梁段预应力张拉、压浆完成后对称移动。

(12)预应力混凝土连续梁合龙口临时锁定前,桥梁跨距应符合设计要求;合龙口两端悬臂的施工荷载应对称、相等;预应力混凝土连续梁的合龙段长度、合龙施工顺序、合龙口临时锁定方法均应符合设计要求,合龙口临时锁定力应大于解除任何一侧梁墩临.时固结后各墩全部活动支座的摩擦力。

预应力混凝土连续刚构的合龙段长度和合龙口临时锁定方法应符合设计要求。

(13)预应力混凝土连续刚构采用挂孔施工时,预制挂梁通过悬臂梁段架设应检算悬臂梁段的强度和稳定性。

(14)悬臂浇筑梁段施工过程中,应进行线型监测,发现超出允许偏差应及时调整纠正。

(15)悬臂梁段的混凝土浇筑,应从前端开始在根部与已完工梁段连接,已完工梁段接茬混凝土应充分润湿;边跨现浇梁段施工时,混凝土浇筑应向合龙口靠拢,并应对梁段高程进行监测,使合龙口高差控制在允许偏差范围内;合龙梁段混凝土施工除必须符合设计要求外,尚应符合下列规定:

① 混凝土浇筑前,合龙口两端悬臂预加压重应符合设计要求并于混凝土浇筑过程中逐步撤除;

② 合龙梁段应采用微膨胀混凝土浇筑,混凝土强度宜提高一级;

③ 合龙梁段混凝土应在一天中气温最低时间快速、连续浇筑;

④ 合龙梁段混凝土浇筑完成后应加强保湿养护,并应将合龙梁段及两悬臂端部进行覆盖降低日照温差影响;

⑤ 混凝土浇筑前应将合龙口单侧梁墩的临时固结约束解除,合龙梁段混凝土强度达到设计要求时应及时进行预应力筋张拉。

2. 悬臂拼装预应力混凝土连续梁

(1)模板及支架、钢筋、混凝土和预应力施工应符合铁道部现行《铁路混凝土工程施工质量验收补充标准》160号)的有关规定和设计要求。

(2)支座安装施工应符合支座的规定。

(3)防水层施工应符合桥面附属设施的规定。

(4)合龙梁段施工应符合本悬臂浇筑预应力混凝土连续梁(刚构)的规定。

(5)采用预制梁段悬臂拼装预应力混凝土连续梁,应编制实施性施工组织设计和梁段拼装工艺设计。

(6)墩顶及安装吊机前梁段的托架或支架,应经过设计计算和加载预压。

(7)悬臂拼装的起吊设备,必须具有足够的强度、刚度和稳定性,吊机重量应符合设计要求,悬臂吊梁及走行时的抗倾覆稳定系数不得小于2,使用前应进行起吊试验。

(8)制梁台座必须坚固、稳定,台座顶面压线型相一致。

(9)预应力混凝土连续梁悬臂拼装施工前,应按设计先将墩顶梁段与桥墩临时固结牢固。

(10)拼装梁段的胶接材料进场时,施工单位应按批进行检验,符合设计要求方可使用。

(11)预制梁段在拼装前应进行全面检查,梁段的外形尺寸、接缝面平整度必须符合设计要求,控制梁段拼装中线、高程的标线及标点数据必须符合工艺设计要求。

(12)悬拼装梁段应对称、平衡进行施工,不平衡偏差不得大于设计允许数值。悬拼过程中应随时测量检查桥梁中线、高程变化情况,发现超出允许偏差应及时调整。

3. 顶推法制架预应力混凝土连续梁

(1)模板及支架、钢筋、混凝土和预应力施工应符合铁道部现行《铁路混凝土工程施工质量验收补充标准》(铁建设〔2005〕160 号)的有关规定和设计要求。

(2)支座安装施工应符合支座的有关规定。

(3)防水层施工应符合桥面附属设施的有关规定。

(4)采用顶推法制架预应力混凝土连续梁,应编制实施性施工组织设计和顶推工艺设计。

(5)制梁台座必须坚固、稳定,位于顶推线上的制梁台座,中线及纵坡应与桥梁设计中线及纵坡相一致。

(6)临时墩必须具有足够的强度、刚度和稳定性,需加设顶推装置时应经过计算。

(7)顶推设备必须进行检验,顶推设备、滑道、导向及纠偏装置应符合顶推工艺设计的要求。

(8)多点顶推时,同一墩台及各墩的顶推设同步纵向运行。

4. 造桥机制架预应力混凝土连续梁

(1)模板及支架、钢筋、混凝土和预应力施工应符合铁道部现行《铁路混凝土工程施工质量验收补充标准》(铁建设〔2005〕160 号)的有关规定和设计要求。

(2)支座安装施工应符合支座的有关规定。

(3)防水层施工应符合桥面附属设施的有关规定。

(4)造桥机制、架预应力混凝土梁,应根据制架方式的不同(整孔制架,节段干、湿接缝拼架)分别编制实施性施工组织设计、施工辅助结构工艺设计和施工工艺设计。

(5)造桥机的墩旁托架及落地支架,应具有足够的强度、刚度和稳定性,基础必须坚实稳固。

(6)用于整孔制架的造桥机和用于节段拼装的移动支架每次拼装前,必须对各零部件的完好情况进行检查。拼装完毕,均应进行全面检查和试验,符合设计要求后方可投入使用。造桥机移动支架纵向前移的抗倾覆稳定系数不得小于 1.5。移动模架和用于节段拼装的移动支架,(湿接缝和干接缝)前移时应对桥墩及临时墩和主桁梁采取稳定措施,其滑道应具有足够的强度、刚度和长度、宽度。

5. 先简支后连续预应力混凝土连续梁

(1)模板及支架、钢筋、混凝土和预应力施工应符合铁道部现行《铁路混凝土工程施工质量验收补充标准》(铁建设〔2005〕160 号)的有关规定和设计要求。

(2)支座安装施工应符合支座的有关规定。

(3)防水层施工应符合桥面附属设施的有关规定。

(4)墩顶现浇湿接缝的施工,应符合设计要求,并编制实施性施工组织设计和体系转换的工艺设计。

(5)湿接缝浇筑前应检查简支梁的施工记录,并对简支梁的安装进行全面检查,简支梁的安装应符合工艺设计的要求。

(6)临时支座转换成永久支座的各项条件应符合设计规定的要求。

(7)预应力混凝土简支箱梁施工质量的各项要求应符合预应力混凝土箱梁。

（九）结 合 梁

1. 钢筋混凝土桥面板的模板及支架、钢筋、混凝土和预应力施工，应符合铁道部现行《铁路混凝土工程施工质量验收补充标准》（铁建设〔2005〕160 号）的有关规定和设计要求。

2. 钢梁支座检验应符合支座的有关规定。

3. 防水层施工应符合桥面附属设施的有关规定。

4. 结合梁施工应编制实施性施工组织设计和施工工艺设计。

5. 钢梁存放及预拼场地应坚实平整，排水良好，支承点应设在不因自重而产生永久变形的地方，防止部件积水锈蚀和栓接板面磨损、污梁。带有剪力联结器的部件存放和运送时，不应损伤剪力联结器的质量。

（十）钢筋混凝土刚构连续梁

1. 模板及支架、钢筋和混凝土的施工应符合铁道部现行《铁路混凝土工程施工质量验收补充标准》（铁建设〔2005〕160 号）的有关规定和设计要求。

2. 支座和防水层的施工应符合和桥面附属设施的有关规定。

3. 钢筋混凝土刚构连续梁的制造，应编制实施性的施工组织设计及施工工艺细则。

4. 模板及支架应进行施工工艺设计。其强度、刚度及整体稳定性，应能满足施工各阶段施工荷载的要求和施工工艺的要求，并应进行预压，以消除变形，预压荷载与最大施工荷载之比不得小于 1.1 倍。

5. 架（移）梁设备和吊（顶）梁应具有足够的强度、刚度和稳定性，能满足架（移）梁荷载要求。应在工地进行静（动）试验，试运转和验收，并做好相关记录，未经验收合格的架（移）梁设备和吊（顶）梁设备，不得进行架（顶）梁作业。

（十一）支　　座

1. 支座进入工地后，施工单位应根据铁道部现行《铁路桥梁板式橡胶支座技术条件》（TB 1893）、《铁路桥梁盆式橡胶支座》（TB/T 2331）、《铁路钢桥铸钢支座》（TB/T 1853）以及铁道部颁布的有关客运专线铁路桥梁盆式橡胶支座技术条件的有关规定，对支座的外观尺寸和组装质量进行检查，符合设计要求才能进行安装。

2. 支座安装前，应检查桥梁跨距、支座位置及预留锚栓孔位置、尺寸和支座垫石顶面高程、平整度，并均应符合设计要求。支座安装前应组装好，并消除非弹性变形和空隙。

3. 预制梁架设完成后应保证每个支座反力与四个支座反力的平均值相差不得超过 ±5%。

4. 预留锚栓孔、支承垫石顶面与支座底面间隙应采用压力注浆填实，注浆压力不得小于 1.0 MPa。

（十二）桥面附属设施

1. 模板及支架、钢筋、混凝土的施工应符合铁道部现行《铁路混凝土工程施工质量验收补充标准》（铁建设〔2005〕160 号）的有关规定和设计要求。

2. 施工单位应对防水层所用原材料按批次进行进场验收，并按现行国家标准做性能检验，其质量必须符合有关标准的规定。

3. 防水层施工前，施工单位应按设计要求，编制施工方案，进行技术交底。

4. 防水层严禁在雨、雪天和五级风及其以上时施工，其施工材料和施工环境应符合设计要求。

5. 防水层铺设前应采用高压风枪清除基层面灰尘。

6. 防水卷材应在桥面铺设至挡砟墙、竖墙根部，并顺上坡方向逐幅铺设。

7. 防水卷材纵向宜整幅铺设，当防水卷材进行搭接时，先行纵向搭接，再进行横向搭接，纵向搭接接头应错开。

8. 聚合物防水涂料应均匀涂刷于基层表面。不得使用风扇或类似工具来缩短干燥时间。涂刷后 24 h 内须防止霜冻、雨淋及暴晒。防水层完全干固后，方可作保护层。

9. 混凝土保护层施工时，其施工用具、材料必须轻吊轻放，严禁碰伤已铺设好的防水层。

10. 混凝土保护层浇注完成后，应保水养护，以免失水过快。冬季施工应加入防冻剂。自然养护时，桥面应采用草袋或麻袋覆盖，并在其上覆盖塑料薄膜，桥面混凝土洒水次数应能保持表面充分潮湿。当环境相对湿度小于 60% 时，自然养护应不少于 28 d；相对湿度在 60% 以上时，自然养护应 14 d。

（十三）涵　　洞

1. 模板及支架、钢筋和混凝土的施工应符合铁道部现行《铁路混凝土工程施工质量验收补充标准》（铁建设〔2005〕160 号）的有关规定及设计要求。

2. 涵洞地基处理和明挖基础的验收应符合地基处理和明挖基础有关规定。

3. 防水层的验收应符合桥面附属设施的有关规定。

4. 涵洞进出口的沟床应整理顺直，铺砌工程与排水设施、道路的连接应顺直。

5. 涵洞处路堤缺口填筑，应在涵身结构达到设计强度后进行。填筑除符合铁道部颁布的客运专线铁路路基工程施工质量验收标准中关于桥涵缺口路基填筑有关规定外，必须从涵身两侧同时对称、水平、分层填筑，并碾压密实。当涵顶填土厚度超过 1.0 m，方可通行大型机械。涵身两侧 1 m 范围内的填土不得用大型机械施工，应采用人工配合小型机械的方法夯填密实。

6. 混凝土或钢筋混凝土预制构件，在装卸、运输过程中应防止碰撞，使用前应对质量进行检查验收。

7. 渡槽、倒虹吸的连接处必须按工艺要求施工，做到密封，不漏水。

注意事项：

1. 桥涵工程部分资料的整理归入原材料；

2. 合格证应折成 A4 大小或贴在 A4 纸上。

3. 各项检验报告，按批组合，按时间先后顺序排列并编号，不得遗漏；

4. 建立分类目录表，目录与资料对应一致；

5. 检验报告必须有明确结论，签章齐全。

6. 试验报告单要有编号，便于与试验室的有关资料查证核实，试验报告，要有明确结论，签章齐全。

7. 在查看试验报告中各项目的实测数值是否符合规范规定的标准值。

8. 试验记录是否根据设计要求和规范规定进行试验，记录的原始数据和计算结果（试验单位应向单位提供电子版试验数据），并得出试验结论的资料统称。

9. 试验时间应与其他资料交圈吻合。相关资料有地质堪察报告、地基验槽检查记录及隐蔽工程检查记录、施工记录、预检记录、施工日志、设计变更/洽商记录、检验批质量验收记录等。

10. 领取试验报告时，应看试验报告中是否字迹清晰、无涂改，签章齐全，结论明确，试验日期与要求试验日期是否符合。同组试验的百分数是否符合规范要求合格则存档，否则应通知有关部门和单位进行处理或更正后再归档保存。

11. “主要材料或设备规格/型号”应填写详细具体，与工程实际相符，如钢模板、支架、钢筋、混凝土等，预验记录时按实际检查时间填写，以能反映工程实际情况，可作为今后合理使用、维护、改造、扩建的资料查找为准。

第四节　客运专线铁路隧道工程

本节主要内容是客运专线铁路隧道工程。在收集这类工程资料过程中，主要有水泥出厂合格证、检验报告、试验报告、抗压报告、抗渗试验报告和原材料有害检测报告、配合比通知单、技术交底记录和技术要求，以及测量和施工记录的对标资料等。

（一）洞口工程

1. 隧道洞口边、仰坡土石方开挖及防护工程施工，应符合设计要求和环境保护、水土保持的有关规定。

2. 边、仰坡应自上往下开挖，不得采用洞室爆破，开挖后应及时进行防护工程施工。

3. 边、仰坡地质条件不良时，开挖前应采取稳定措施。当采用抗滑桩、钢管桩、地表注浆等方法对洞口地表进行加固处理时，其施工质量应符合国家现行有关标准的规定和设计要求。边、仰坡施工过程中应随时检查地表及坡面情况，发现开裂、滑动等现象时应立即采取加固措施保证边、仰坡稳定和施工安全。

4. 边、仰坡周围的排水沟、截水沟应在边、仰坡开挖前修建完成；隧道洞门的排、截水设施应与洞门工程同步施工，当端墙顶部水沟置于填土上时，必须将填土夯填密实。隧道洞口及缓冲结构物的排、截水工程应与路基排水系统合理连通。

5. 隧道门端墙和缓冲结构物土石方的开挖应避开雨季和雪融期，开挖后应及时施作端墙、翼墙、缓冲结构和挡护工程。

6. 隧道门及洞口段衬砌应尽早施工以保证洞口边、仰坡稳定。隧道门和缓冲结构的基础必须置于稳固的地基上，基坑超挖部分应用与基础同级混凝土和基础同步浇筑。

7. 隧道门端墙和翼墙、挡土墙的反滤层、泄水孔、变形缝设置应符合设计要求，确保泄水孔排水通畅。当设计对泄水孔无要求时，施工应符合下列规定：

(1)泄水孔应均匀设置，在每米高度上间隔 2 m 左右按梅花状各设置一个泄水孔；

(2)泄水孔与土体间铺设长宽各为 300 mm、厚 200 mm 的卵石或碎石作反滤层。

8. 模板及支(拱)架应根据结构形式、荷载大小、地基土类别、施工设备和材料供应等条件进行设计。模板及支(拱)架应具有足够的强度、刚度和稳定性，能承受所浇筑混凝土的重力、侧压力及施工荷载。

9. 模板及支(拱)架与脚手架之间不得相互连接。

10. 隧道门端墙两侧的混凝土浇筑与墙背后回填应对称进行，不得对拱、墙衬砌产生偏压。端墙和翼墙、挡土墙背后应按设计要求分层回填密实。

（二）洞身开挖

1. 隧道洞身开挖方式和开挖方法应根据地质条件、覆盖层厚度、衬砌断面、隧道长度及工期要求等，经过经济、技术比较后确定。洞身开挖进度应与支护、衬砌等后续工序协调。

2. 隧道开挖轮廓线应以衬砌设计轮廓线为基准，考虑围岩变形量、施工误差和测量贯通误差等因素适当加大。施工中应严格控制超挖。

3. 洞身开挖轮廓线预留围岩变形量，应根据围岩级别、隧道宽度、隧道埋深、施工方法和支护情况采用工程类比法确定。

4. 开挖前应按设计要求进行超前地质预报，开挖后应按设计要求的量测项目及频率进行围岩量测，及时反馈量测信息，做好施工方法的调整以指导施工。

5. 隧道施工采用钻爆法开挖时，应采用光面爆破或预裂爆破。爆破前应根据地质条件、断面尺寸、开挖方法、循环进尺、钻眼机具和爆破材料等进行钻爆设计，施工中应根据爆破效果调整爆破参数。

6. 在浅埋条件下有邻近建筑物、既有线隧道等特殊情况地段爆破时，应采用仪器检测围岩爆破扰动范围和振速，并采取措施控制爆破对围岩和邻近建筑物的扰动程度。

7. 边墙、仰拱或底板等的地基承载力必须符合设计要求。软弱地基处理方法和施工质量应符合设计要求。隧底开挖前应进行施工工艺设计。

8. 隧道开挖后应及时进行初期支护。采用分部开挖时，应在初期支护喷射混凝土强度达到设计强度的70%及以上时进行下一部分的开挖。隧道通过膨胀性围岩时，支护应紧跟开挖，尽快封闭，对围岩施加约束。分部开挖施工过程中应加强对临时支护的保护。

9. 洞内开挖土石方的弃置，应符合设计要求和环境保护、水土保持的有关规定，不得影响既有建筑物的安全，并应采取挡护措施防止弃砟流失对环境造成不良影响。所采取的挡护措施和坡面绿化措施等应报地方有关行政主管部门审批。

10. 施工过程中应根据不同岩性和不同地下水环境单元取水化验，并应将化验结果及时反馈给设计单位。

11. 不良地质地段隧道开挖应根据实际情况采取短进尺、弱爆破、强支护、勤量测的施工方法。

（三）支　护

1. 隧道支护必须紧跟开挖及时施作，同时应按设计要求进行监控量测的相关作业，对位于不良地质地段的隧道，支护应及时封闭。

2. 喷射混凝土应采用湿喷工艺。拌制喷射混凝土时，原材料称量应采用自动计量装置，衡器应定期检定，每次使用前应进行零点校核，保证计量准确。

3. 喷射混凝土前，应检查开挖断面尺寸，清除开挖面和待喷面的松动岩块及拱脚、墙脚处的岩屑等杂物，并应设置控制喷层厚度的标志。

4. 基面有滴水、淌水、集中出水的地点，应采用凿槽、埋管等方法进行引导疏干。

5. 分层喷射混凝土时，后一层喷射应在前一层混凝土终凝后进行，一次喷射的最大厚度：拱部不得超过10 cm，边墙不得超过15 cm。喷射作业紧跟开挖作业面时，混凝土终凝到下一循环爆破作业间隔不得小于3 h。

6. 锚杆类型应根据地质条件、使用要求及锚固特点进行选择并符合设计要求，锚杆宜采用商品锚杆且必须设置垫板，垫板应与基面密贴。在有水地段安装普通砂浆锚杆时，应先将孔内水引出或在附近另行钻孔后，再安装锚杆。喷射混凝土回弹料严禁重复使用。

7. 钢架应在隧道开挖后或初喷射混凝土后及时进行架设，安装前应清除钢架底部虚砟及杂物。

8. 初期支护采用钢筋网、钢架喷射混凝土结构时，应保证钢筋网和钢架与围岩之间的空隙用喷射混凝土回填密实。

9. 作业区应有良好的通风和照明装置，粉尘浓度不大于2 mg/m^3。

（四）衬　　砌

1. 隧道竣工后的衬砌轮廓线严禁侵入设计轮廓线。

2. 衬砌混凝土的强度、耐久性、耐腐蚀性、抗渗性及抗冻性必须符合设计要求。防水混凝土所使用的粗、细骨料必须是现行国家标准《建筑用卵石、碎石》（GB/T 14685）和《建筑用砂》（GB/T 14684）规定的优等品或一等品。

3. 衬砌混凝土使用水泥宜选用硅酸盐水泥、普通硅酸盐水泥，混合材宜为矿渣或粉煤灰。有耐硫酸盐侵蚀要求的混凝土也可选用中抗硫酸盐硅酸盐水泥或高抗硫酸盐硅酸盐水泥。不宜使用早强水泥。

（1）使用的细骨料应选用级配合理、质地均匀坚固、吸水率低、空隙率小的洁净天然河砂，也可选用专门机组生产的人工砂，不宜使用山砂，不得使用海砂。

（2）使用的粗骨料应选用级配合理、粒形良好、质地均匀坚固、线胀系数小的洁净碎石，也可采用碎卵石或卵石，不宜采用砂岩碎石。混凝土应采用二级或三级级配粗骨料，粗骨料应分级采购、分级运输、分级堆放、分级计量。

（3）当使用的粗、细骨料更换产地或同一产地连续使用 2 年以上时，应做选料源检验，其检验内容应包括颗粒级配、坚固性、有害物质含量和碱活性。

4. 外加剂应采用减水率高、坍落度损失小、适量引气、质量稳定、能满足混凝土耐久性能的产品。当将不同功能的多种外加剂复合使用时，外加剂之间以及外加剂与水泥之间应有良好的适应性。宜优先选用多功能复合外加剂。矿物掺和料应选用品质稳定的产品。在运输和存贮过程中应有明显标志，严禁与水泥等其他粉状材料混淆。

5. 衬砌混凝土必须采用强制式搅拌机搅拌，高频机械振捣，搅拌时间不应小于 3 min，振捣时间宜为 10 ~ 30 s，避免漏振、欠振、超振。掺外加剂时，应根据外加剂的技术要求确定搅拌时间。掺引气剂或引气型减水剂时，应采用高频插入式振捣器振捣。

6. 拌制混凝土时，原材料称量应采用自动计量装置，衡器应定期检定，每次使用前应进行零点校核，保证计量准确。

7. 混凝土应采用运输搅拌车（轮式或轨式）运送，其运输能力应与搅拌设备的搅拌能力配合适宜。应确保运输设备不漏浆和不吸水，装料前要清除容器内粘着的残渣，装料要适当。运输设备使用前须湿润。

8. 混凝土衬砌应采用全断面一次成型法施工，特殊情况下可按设计要求进行分部施工。有仰拱的衬砌应先施作仰拱。

9. 二次衬砌应在围岩和初期支护变形基本稳定后施作，特殊条件下（如松散堆积体、浅埋地段）的二次衬砌应在初期支护完成后及时施作。围岩变形过大或初期支护变形不收敛，又难以及时补强时，可提前施作二次衬砌，但二次衬砌应加强。变形基本稳定应符合下列条件：

（1）隧道周边变形速率明显趋于减缓；

（2）拱脚水平收敛小于 0.2 mm/d，拱顶下沉收敛速度小于 0.15 mm/d；

（3）施作二次衬砌前的累计位移值，已达极限相对位移值的 80% 以上；

（4）初期支护表面裂隙不再继续发展。

10. 有仰拱的衬砌，应先浇筑仰拱后再进行仰拱回填，仰拱与回填应分开灌筑。

11. 隧底混凝土施工前应清除基底虚砟、淤泥、积水和杂物。

12. 仰拱和底板混凝土强度达到 5 MPa 后行人方可通行，达到设计强度的 100% 后车辆方可通行。

13. 混凝土运输、浇筑及间歇的全部用时不应超过混凝土的初凝时间。底层混凝土初凝后浇筑上一层混凝土时，应按施工缝处理。

14. 初期支护与二次衬砌应密贴，空隙应通过回填注浆填满。

15. 当工地昼夜平均气温连续3 d低于5 ℃或最低气温低于 -3 ℃时，应采取冬期施工措施；当工地昼夜平均气温高于30 ℃时．应采取夏期施工措施。

16. 模板、钢筋、混凝土的检验除应本暂行标准的规定外，尚应符合铁道部《铁路混凝土工程施工质量验收补充标准》（铁建设〔2005〕160号）的有关规定。

（五）辅助坑道及附属洞室

1. 坑道口边、仰坡开挖及地表恢复应符合环境保护和水土保持的有关规定及设计要求。

2. 坑道口边、仰坡开挖不得采用大爆破，开挖坡面应按设计要求及时进行防护和支护，山坡危石应全部清除。

3. 辅助坑道结构使用寿命可按小于100年考虑。

4. 隧道设置横洞、斜井、竖井、平行导坑等辅助坑：应符合铁道部现行《铁路隧道设计规范》（TB 10003）、《铁路隧道辅助导坑技术规范》（TB 10109）的规定和设计要求。

5. 辅助坑道口的截水、排水系统和防冲刷设施应在隧道施工前按设计要求完成。

6. 辅助坑道和附属洞室的开挖和支护方式应符合设计要求，辅助坑道与正洞的连接处应加强支护。

7. 辅助坑道废弃时应按设计要求进行处理，设计无要求时应符合下列规定：

（1）辅助坑道的洞口及与正洞的连接处宜用M10浆砌片石封闭，封闭长度不小于1倍正洞洞径；

② 辅助坑道封闭前应作好排水设施，并应与隧道的排水设施相结合形成完整、畅通的排水系统。

（六）明洞工程

（1）明洞施工应根据不同的地形、地质条件及结构类型选择施工方案并符合设计要求。

（2）明洞地段的土石方开挖时，应采取控制爆破措施，但不得采用大爆破。开挖坡面应按设计要求及时进行防护和支护。

（3）明洞开挖土石方的弃置不得影响既有建筑物的安全，并应符合环境保护和水土保持的有关规定。

（4）明洞衬砌完成后应及时施作防水层、回填、铺砌和排水设施。

（5）明洞施工应根据实际地质条件制定专门的施工方案及技术措施。

（6）明洞混凝土的施工应符合衬砌的有关规定。

（7）明洞防排水的结构形式应符合设计要求，防排水的施工应符合防水和排水的有关规定。

（七）缓冲结构

（1）缓冲结构基础开挖时应与洞口工程配合施工，采取临时支护措施保持基础与边坡稳定。

（2）缓冲结构基础开挖过程中应避免对墙趾处持力岩土层的扰动，并应避免雨水浸泡基坑。

（3）缓冲结构竣工后，应进行竣工测量，净空满足设计要求。

（4）缓冲结构混凝土强度应按现行铁道部现行《铁路混凝土强度检验评定标准》

(TB 10425)的规定检验评定。

(5)缓冲结构所用的原材料应按品种、规格和检验状态分别标识存放。

(6)混凝土运输、浇筑及间歇的全部用时以及冬、夏应符合衬砌的有关规定。

(八)防水和排水

1. 隧道衬砌和设备洞室的衬砌防水等级应达到现行国家标准《地下工程防水技术规范》(GB 50108)规定的一级防水标准,衬砌表面无湿渍。

2. 隧道工程使用的防水材料应有产品合格证书和性能检测报告,材料的品种、规格、性能等应符合现行国家产品标准和设计要求。不合格的产品不得在工程中使用。

3. 水库、池沼、溪流、井泉附近的隧道衬砌应按设计要求进行防渗处理,防止地下水渗入隧道。

4. 衬砌背后设置排水盲管或暗沟时,应根据坑道的渗水情况,配合衬砌一次施工。暗沟、泄水槽及其中配置的集水钻孔、排水孔(槽)和水管应组成完整的排水系统并应符合设计要求。隧遭防水分段隔离设置应符合设计要求。

5. 隧道防水应充分利用混凝土衬砌结构的自防水能力,衬砌混凝土抗渗等级不得低于P8。

6. 隧道衬砌背后采用防水板防水时,应对铺设防水板的基面进行检查,基面外露的锚杆头、钢筋头等尖硬物应割除,凹凸不平处应补喷、抹平;喷射钢纤维混凝土的表面铺设防水板前应补喷砂浆保护层,保证钢纤维不外露;局部渗水处需先进行处埋。

7. 拱部、边墙、洞门墙背及明洞顶部防水层结构形式应符合设计要求。

8. 隧道、明洞、辅助坑道和缓冲结构宜采用自流排水,并应防止由于排水危及建筑物及农田水利设施等。

通向江、河、湖、海的排水出口高程低于洪(潮)水位时,应采取防倒灌措施。

9. 寒冷地区隧道内保温水沟、深埋渗水沟和防寒泄水洞,其结构形式与设置范围、位置、坡度,以及抗冻性建筑和回填材料,均应符合设计及保温技术要求。

(九)附属设施

1. 附属设施适用于铁路隧道运营通风、防灾救援、洞内附属构筑物的土建工程和消防工程的施工质量验收;有关机械和设备安装的工程质量验收,应符合现行国家、铁道部有关标准的规定。

2. 安装工程中所使用的紧固件应采用镀锌件。管道支架和吊架的紧固件应有防松动措施。

3. 穿越隧道衬砌的管道应设套管,套管宜与钢筋绝缘。

4. 设备、部件及管材运入现场后,应有防潮及保护措施。

注意事项:

1. 隧道工程部分资料的整理归入原材料;

2. 合格证应折成 A4 大小或贴在 A4 纸上。

3. 各项检验报告,按批组合,按时间先后顺序排列并编号,不得遗漏;

4. 建立分类目录表,目录与资料对应一致;

5. 检验报告必须有明确结论,签章齐全。

6. 试验报告单要有编号,便于与试验室的有关资料查证核实,试验报告,要有明确结论,签章齐全。

7. 在查看试验报告中各项目的实测数值是否符合规范规定的标准值。

8. 试验记录是否根据设计要求和规范规定进行试验,记录的原始数据和计算结果(试验单位应向单位提供电子版试验数据),并得出试验结论的资料统称。

9. 试验时间应与其他资料交圈吻合。相关资料有地质堪察报告、地基验槽检查记录及隐蔽工程检查记录、施工记录、预检记录、施工日志、设计变更/洽商记录、检验批质量验收记录等。

10. 领取试验报告时,应看试验报告中是否字迹清晰、无涂改,签章齐全,结论明确,试验日期与要求试验日期是否符合。同组试验的百分数是否符合规范要求合格则存档,否则应通知有关部门和单位进行处理或更正后再归档保存。

11. 外加剂、防水材质的使用必须要有质量合格证和生产厂家质量部门的盖章。外加剂和防水的试验报告中要查看各项目中的实测数值是否符合规范的技术要求,如不合格应附双倍试样复试,不合格报告不允许抽撤。

第五节　铁路站场工程

本节的站场工程资料主要是收集水泥、钢筋检验和试验报告,以及技术交底记录、施工等对标资料。

一、站场路基工程

1. 站场路基工程施工前,应制订相应的取、弃土方案和防止水土流失、控制噪声和尘土污染的措施。

2. 站场路基工程质量验收除路基排水分部工程按本标准执行外,其余分部、分项工程的验收应按《铁路路基工程施工质量验收标准》(TB 10414—2003)的规定执行。

3. 路堑施工前,应先作好堑顶地面截、排水设施,防止路基外地表水流向路基。

4. 站场路基施工过程中要作好临时排水工作,防止基底、坡脚、填层面积水。

5. 填土施工前,施工单位应测定填料的含水率,根据天气、设备情况初步确定探铺、碾压工艺,并进行工艺评估,以确定合适的施工工艺。

6. 站场路基移挖作填施工时,填筑部分应水平分层填筑碾压密实,严禁采用竖直填筑方式。

二、站场道路工程

第一期站场道路路基

1. 站场道路路基

(1)站场道路路基宜和站场路基一起施工,其施工要求按站场路基的施工要求进行控制。

(2)站场道路路基的地基处理、路堤及基床填筑、路堑、路基支挡和路基防护应符合设计要求,并按铁道部现行《铁路路基工程施工质量验收标准》(TB 10414)的要求进行检验。

(3)站场道路路基、路面工程以双车道 200 m 为一个检验批。若道路不是双车道时,可按车道数折算长度。

第二期站场道路路面

2. 底基层

(1)站场道路路面工程的施工应在站场路基施工完成并验收合格后进行,并应具备工程施工设计图纸、设计要求及需达到的标准等技术资料和相应的试验检验手段。

(2)总长度超过 1 km 的站场道路路面施工,应在正式施工前进行试验段施工,论证设定的施工参数。

(3)路面底基层施工前,应测定原材料的含水量、级配和液、塑限,并通过工艺试验确定合适的工艺参数,施工过程中要随时观察,发现异常及时测定上述指标、调整参数。

(4)路面垫层的质量要求和验收,应与同类材料的底基层相同。

3. 基层

(1)站场道路路面基层的施工应遵循第第二期站场道路路面第③条的规定。

(2)水泥稳定土基层分两层施工时,在铺筑上层前,应在下层顶面先撒薄层水泥或水泥净浆。

(3)石灰(或石灰工业废渣)稳定土基层施工时,严禁用薄层贴补的办法进行找平。

4. 水泥混凝土路面面层

(1)混凝土生产、运输、浇筑等过程中的质量控制,应符合铁道部现行《铁路混凝土与砌体工程施工质量验收标准》(TB 10424)的要求。

(2)水泥混凝土路面面层的施工配合比应根据现场水泥的实际强度等级进行设计。

5. 沥青混凝土面层和沥青碎(砾)石面层

(1)沥青面层不得在雨天施工,当施工中遇雨时,应停止施工。雨季施工时应采取路面排水措施。

(2)沥青混合料的松铺系数应根据实际混合料的类型、施工机械和施工工艺选择,并经试铺试压确定。

(3)对集装箱货场或货区道路,沥青混合料的出厂温度超过正常温度高限 30 ℃时,混合料应予废弃。

(4)施工中应随时检测沥青混合料的温度,施工温度应根据沥青品种、标号、黏度、气候条件及铺筑层厚度确定。

6. 沥青贯入式路面

(1)沥青贯入式路面宜在干燥和较热的季节施工,并宜在雨季及日最高温度低于 15 ℃到来前半个月结束,使贯入式结构层通过开放交通碾压成型。

(2)乳化沥青贯入式路面必须浇撒透层或粘层沥青。当沥青贯入式路面厚度小于或等于 5 cm 时,也应浇撒透层或粘层沥青。

(3)沥青贯入式路面施工前,基层应清扫干净,当需安装路缘石时,应在路缘石安装完成后施工。

7. 沥青表面处治路面

(1)沥青表面处治宜在干燥和较热的季节施工,并宜在雨季及日最高温度低于 15 ℃到来前半个月结束,使表面处治层通过开放交通碾压成型。

(2)沥青表面处治施工的工序应紧密衔接,每个作业段长度应根据压路机数量、洒油设备及集料撒布机能力等确定。当天施工的路段应当天完成。

(3)沥青表面处治施工应在路缘石安装完成后进行,施工前基层必须清扫干净。

(4)沥青浇撒的长度应与集料撒布的能力配合,避免沥青浇洒后等待较长时间才撒布集料。

(5)除阳离子乳化沥青外,不得在潮湿的集料、基层或旧路面上浇洒沥青。

8. 路缘石

埋置式路缘石必须在路面结构层施工前安装完毕,严禁在路面结构层铺筑后开挖面层铺设路缘石。路缘石埋置后应将回填材料压实或采取防止路面施工时变形的保护措施。

第三期 道路设施

9. 道路标志

(1)道路设施施工质量的验收,除应符合本标准的有关规定外,尚应符合现行公路质量验收的标准要求。

(2)本标准未包括的道路设施工程其他项目,可根据设计文件和其他相关规范另行制定验收标准。

(3)用于道路设施的产品必须符合相关产品标准的要求,具有产品合格证,并经现场检验确认满足设计要求后方可使用。

三、人行地道

1. 人行地道工程地基与基础以及主体工程,必须按铁道部现行《铁路桥涵工程施工质量验收标准》(TB 10415)涵洞部分的要求进行质量控制和验收。

2. 人行地道工程的装饰装修,除应符合本标准规定外,尚应符合现行国家标准《建筑装饰装修工程质量验收规范》(GB 50210)的要求。

3. 人行地道装饰装修工程所用的建筑材料的有毒有害物质和放射性等必须符合国家的有关规定。

四、人行天桥

1. 人行天桥施工前,应制定详细的施工方案和质量计划,并做好技术交底。

2. 施工单位对其在同一建设项目中首次采用的钢材、焊接材料、焊接方法、焊后热处理等,应进行焊接工艺评定,并将确定的焊接工艺报监理单位批复。监理单位应对焊接工艺评定全程旁站。

3. 人行天桥的梁底及柱面不得侵入建筑接近限界。

4. 人行天桥混凝土结构的模板、钢筋和混凝土施工。应符合铁道部现行《铁路混凝土与砌体工程施工质量验收标准》(TB 10424)的有关规定。

五、站　　台

(1)站台施工前,应作好临时排水设施,确保站台施工过程中排水通畅,施工作业面不积水。

(2)站台的填筑应分层进行,并采用机械压实,对靠近台墙边不宜用机械碾压的部分,应进行夯实。

六、雨　　棚

1. 雨棚的基础施工宜在站台填筑完成后,站台铺面之前进行。

2. 雨棚棚盖、支柱位置应满足建筑接近限界的要求,严禁侵限。

3. 雨棚混凝土结构的模板、钢筋和混凝土施工,应符合铁道部现行《铁路混凝土与砌体工程施工质量验收标准》(TB 10424)的有关规定。

七、站场其他构筑物

第一期 栅栏和围墙

栅栏所用材料的规格、质量应符合要求，其检验应符合铁道部现行《铁路混凝土与砌体施工质量验收标准》(TB 10424)的有关规定。

第二期 灯桥

1. 灯桥的任何部位不得侵入建筑接近限界。

2. 灯桥钢结构的施工，应符合《人行天桥》第②条的规定。

3. 灯桥混凝土结构的施工，应符合现行铁道部现行《铁路混凝土与砌体工程施工质量验收标准》(TB 10424)的有关要求。

注意事项：

1. 站场工程资料的收集部分归入原材料；

2. 合格证应折成 A4 大小或贴在 A4 纸上。

3. 各项检验报告，按批组合，按时间先后顺序排列并编号，不得遗漏；

4. 建立分类目录表，目录与资料对应一致；

5. 在查看试验报告中各项目的实测数值是否符合规范规定的标准值。

6. 试验记录是否根据设计要求和规范规定进行试验，记录的原始数据和计算结果(试验单位应向单位提供电子版试验数据)，并得出试验结论的资料统称。

7. 领取水泥、钢筋试验报告时，应看试验报告中是否字迹清晰、无涂改，签章齐全，结论明确，试验日期与要求试验日期是否符合。

8. 水泥出厂质量合格证应有生产厂家质量部门的盖章。

9. 生产厂家的水泥强度补报单不能缺少。

10. 注意水泥的有效期(一般为三个月，快硬硅酸盐水泥为一个月)，过期必须做复试。连续施工的工程相邻两次水泥试验的时间不应超过其有效期。

11. 水泥出厂合格证和试验报告按规定不能缺少并能与实际使用的水泥批次相符合。

12. 水泥要与其他工程资料对应一致，交圈吻合，也就是水泥厂别、牌号、品种、标号一致、进出厂日期要吻合。

第六节 铁路给水排水工程

本节给水排水工程中的资料收集主要是施工记录、试验报告、变更设计通知、水文地质情况、设备安装等原始资料，以及对标资料。

(一)供水管井

1. 管井井壁管、过滤管及沉淀管，严禁使用旧管和有明显锈蚀的管材。

2. 管井安装完毕，必须及时洗井。

3. 施工中应随时记录和分析水文地质、抽水试验和水质化验等资料；在附近有其他管井时，应观察互相干扰。当发现水文地质情况与设计不符或产水量、水质达不到设计要求时，应按规定程序，处理变更设计的有关问题。

4. 有完整水文地质资料的开采井，其井壁管、滤水管、沉淀管、填入的砾石和黏土等，应在开工前准备齐全，井孔完成后立即安装。勘探开采井或含水层与设计变化较大时，应及时通知设计单位,并根据变更设计文件配备过滤管和滤料。

5. 管井施工完毕,应将泥浆废液、剩余黏土和砾石、地层碎屑和泄漏油料及施工垃圾清除干净,泥浆池及排水沟等应恢复地面原貌,管井周围场地应干净平整。

6. 水源防护带的形式、范围应符合设计要求。

(二)大口井、结合井、辐射井

1. 大口井、结合井和辐射井的大口井部分,应根据水文地质条件、水量、井深及施工设备等情况,确定开挖、下沉方式。施工前应将电源及各类施工机械准备齐全,状态良好,开工后连续建成。

2. 大口井、结合井和辐射井施工时,应记录地质情况,当发现地质情况与设计不符时,应按规定程序,处理变更设计的有关问题。

3. 井筒下沉接近设计高程时,应减缓下沉速度,并随时探测井底状态,严禁超挖,必要时井底可经人工处理。

4. 施工中挖出的泥土,应按预定地点集中堆放,并应合理选择排水方案。竣工后应将弃土运到指定地点堆放整齐,并将施工中所建的临时设施清理干净,井场周围地面应平整,需设临时防护的位置应及时采取防护措施。

5. 水源防护带的形式、范围应符合设计要求。

(三)水平集水管(渗渠)

1. 铺设水平集水管宜在枯水期施工,施工时应做好改流截措施,当地表水量较大时,可修筑临时围堰分段开挖铺设。

2. 水平集水管施工时,当地质情况与设计不符,应按规定程序处理变更设计的有关问题。

3. 水平集水管施工完毕,应清除现场遗留的土方及其他杂物,恢复施工前的地形。

4. 施工期间,应随时与当地水文、气象部门联系,做好防洪防灾的预防工作。

5. 水源防护带的形式、范围应符合设计要求。

(四)地表水取水构筑物

1. 施工前应对取水地点的水文情况、河床情况、工程地质及其他有关情况进行调查。

2. 施工场地布置、土石方堆弃及排泥等,均不得影响航运安全;施工船舶的停靠、锚泊、作业等,应事先征得航道管理部门的同意。

3. 采用围堰防护施工取水头部工程时,应符合下列要求:

(1)堰顶应高出施工期间可能出现的最高水位 0.7 m 以上,围堰内侧坡脚距基坑边缘的距离,不应小于基坑深度,且不得小于 1 m。

(2)修筑围堰时,应防止河流断面被围堰挤缩使流速增大,引起河床的局部冲刷。

(3)水深在 2 m 以内,流速缓慢,且河床不透水时,可用土围堰。土围堰顶宽度不应小于 1.5 m,外侧坡度不应小于 1:2,内侧坡度不应小于 1:1,修筑时应分层夯实。在河水涨落较频繁的河道,围堰迎水面的边坡应加护面,护面材料或就地取材。

(4)水深 2.5 m 以内,流速 1.5 m/s 以内,且河床不透水时,可采用草袋围堰。草袋内装土量不应超过草袋容量的 60%,并缝口,堆码草袋时,上下左右均应错缝。围堰顶宽不应小于 2 m,外侧坡度应为 1:1 ~1:0.5,内侧坡度应为 1:0.5 内外圈堆码的,围堰,中间应填黏土并夯实。

(5)围堰所用的土,不得采用易被水分解和流动性土壤,宜采用砂黏土、黏砂土或含有砂土或黏土的砾石等,得夹有木块、杂草及树叶等有机废物和大块冰雪等。

(6)围堰应待进水口的结构强度达到设计强度的70%以上，受水流冲刷时，应达到设计强度的100%方可拆除，拆除应干净彻底，弃土地点应符合当地有关部门的要求。

4. 取水头部定位后，应及时进行固定，并按河道航行规定设立永久性航行标识及安全保护设施。

5. 施工期间，应有专人负责与当地水文、气象部门取得联系，及时采取适当措施，预防自然灾害。

6. 地表水取水构筑物竣工后，应及时清理施工场地，修复原有护坡、护岸等工程。

7. 水源防护带的形式、范围应符合设计要求。

（五）机械设备安装

1. 设备安装前应核对设备基础的坐标、高程、几何尺寸和地脚螺栓孔的位置。

2. 设备安装前应根据说明书对其主体、部件、附件和零件的组装及完备状况进行检查，并作出记录。对于出已厂密封、铅封、绝缘和组装完善的部位，检查时不得随意拆卸、换装。

3. 计量仪表在交付时必须在规定的有效期内。

4. 起重设备的安装单位必须具备相应的资质。

（六）管　　沟

1. 在下列场地开挖沟槽应采用支护法施工，并应采取安全监控措施：

(1)当施工现场狭窄沟槽无法放坡时；

(2)管沟距建筑物较近影响建筑物基础安全时；

(3)在铁路路基或既有线股道间开挖管沟；

(4)在软土或其他不稳定土层中开挖管沟。

2. 管沟开挖前应作好地面排水，在管沟位于地下水位以下时，应采取降低地下水位措施。

3. 管沟开挖，当无法及时铺管时，管沟底应预留0.2 m厚的原状土层，铺管前进行人工清理。

4. 开挖管沟发现地下设施或文物时，应采取保护措施，并及时通知有关单位。

5. 开挖排水管道管沟采用坡度板控制管沟底高程和坡度时，应符合下列规定：

(1)坡度板应选用有一定刚度且不易变形的材料，其设置应牢固；

(2)平面上呈直线的管道，坡度板设置间距不宜大于20 m，井室位置、折点和变坡点处应增设坡度板；

(3)坡度板距沟底的高度不宜大于3 m。

6. 砂和砂砾基础、灰土基础铺筑前，应先验槽，清除浮土，边坡必须稳定。

7. 管道沟槽回填土后，应恢复原有地貌。

（七）管道铺设

1. 靠近铁路股道施工时，应设专人防护；堆放的材料、设备和工具应放置稳固，并严禁侵入铁路建筑接近限界。

2. 站区管道施工前应核对给水排水接管点、污水排出口、既有建筑物的管道预留洞位置和高程。当与设计不符时，应按规定程序办理变更设计有关问题。

3. 膨胀水泥接口应严格控制接口材料的性能和配合比，其配合比应符合下列规定：

(1)配合比应经试验选定，其膨胀应力应小于管材的允许应力；

(2)确定膨胀水泥接口材料的后期线膨胀率的增长对管道安全运营的影响。

4. 预应力、自应力混凝土管不得截断使用。

5. 管沟土壤或地下水对管道接口有侵蚀危害时，应在接口表面采取防腐措施。

6. 管沟内管道接口处外防腐层的施工，应在焊接、试压合格后进行，接茬处应粘接牢固、严密。

7. 管道接口不得放置在建筑物墙体内，且距建筑物墙体距离刚性接口不宜小于600 mm（不包括距检查井墙体），法兰接口不宜小于200 mm，法兰接口不得埋入土中。

8. 铺设管道与其他管线、构筑物的最小净距应符合设计要求。

9. 在既有铁路线进行顶管穿越铁路施工时，应有确保线路稳定和行车安全的技术和工程措施。

10. 管道铺设穿越河道时，应对水文、气象、附近水库、堤岸等建筑物进行调查，对可能危及施工的泄、蓄水进行防范；对施工可能危及的堤岸和建筑物采取保护措施。施工过程中的弃土、排泥应运送至指定地点。倒虹吸管竣工后，应清除临时构筑物。

11. 与法兰接口两侧相邻的第一至第二个刚性接口或焊接接口，应待法兰螺栓紧固后，方可施工。

12. 工程中所用的各种塑料管，其所用管件、橡胶圈、密封圈等应由管材供应厂家随管材配套提供。

13. 管道石油沥青涂料及环氧煤沥青涂料外防腐层，雨期、冬期施工应符合下列规定：

（1）当环境温度低于5 ℃时，不宜采用环氧煤沥青涂料，当采用石油沥青涂料时，应采取冬期施工措施；当环境温度低于－15 ℃或相对湿度大于85%时，未采取措施不得施工。

（2）不得在雨、雾、雪或5级以上大风中露天施工。已涂石油沥青防腐层的管道，炎热天气下，不宜直接受阳光照射；冬期当气温等于或低于沥青涂料脆化温度时，不得起吊、运输和铺设，脆化温度试验应符合国家现行标准《石油沥青脆化点测定法》（GB 4510）的规定。

（八）管道压力试验及冲洗消毒

1. 当管道工作压力等于或大于0.1 MPa时，应对管道进行水压试验或气压试验；当管道工作压力小于0.1 MPa时，应对管道进行闭水试验。

2. 管道压力试验应在管道支墩强度、管基强度达到设计规定后以及沟槽全部回填土前进行。

3. 管道压力试验的压力表使用前应校准，其最大量值宜为试验压力的1.3～1.5倍。

4. 冬期进行水压及闭水试验时，应有防冻措施，试验完毕，应及时排除管内积水。

5. 水压试验灌水应从试验管的下游注入，上游管顶及管段中可能存气点应设排气阀。

6. 水压试验、闭水试验前，宜在不大于工作压力的条件下，对试验管段充分浸泡。无水泥砂浆衬里的铸铁管、球墨铸铁管、钢管浸泡时间不应小于24 h，管径小于或等于1 000 mm的自应力、预应力钢筋混凝土管及有水泥砂浆衬里的管材浸泡时间不应小于48 h，管径大于1 000 mm的自应力、预应力钢筋混凝土管材浸泡时间不应小于72 h，各种塑料管及复合型管材浸泡时间不应小于12 h。

7. 管道压力试验分段长度不宜大于1 km。试验管段不得采用阀门分隔。试验前，应将试验管段内阀门开启，并不得有消火栓、水锤消除器、安全阀等附件。

8. 管道水压试验后，进行管道冲洗时，应对管道上的仪表采取保护措施，并合理选择排水方案。

（九）管道附属设备

1. 各种阀、栓、表等外观应平整整洁、几何尺寸准确、标识清楚。

2. 在铁路站场内，管道附属设备安装应符合铁路接近建筑限界的规定。

（十）管道附属设施

1. 给水检查井应在管道试压后砌筑。砌体不得直接座压在管道上，预留孔应大于管径 50 mm。直径 500 mm 以上的管洞应砌砖碹。管与预留洞之间的间隙应用油麻等不透水材料填塞密实，井壁内外表面用水泥砂浆抹压平整。

2. 管道接口不得砌筑在井墙内。

3. 寒冷地区的排污口、检查井砌体用砖应符合设计要求，并应经冻融试验合格。

4. 地下水位高于井底时，砌筑检查井时应有降低地下水的措施。

5. 检查井钢筋混凝土底板、现浇及预制的井室圈座、盖板等质量标准、检验方法及检验数量应符合铁道部现行《铁路混凝土与砌体工程施工质量验收标准》（TB 10424—2003）的有关规定。

（十一）构筑物基础

1. 基础工程轴线定位点、水准基点经复测后，应采取保护措施。

2. 当基坑底在地下水位以下，开挖时应采取降水措施，地下水位应降至基坑底 0.5 m 以下。雨期施工时，应在基坑周围设置排水通道。

3. 基坑开挖边坡应符合国家现行有关标准的规定。当现场不宜进行放坡开挖。可能对邻近建（构）筑物、地下管线、道路产生危害时，应对基坑进行支护。施工过程中，应对支护结构、周围环境进行观察和监测，出现异常情况，应及时处理。

4. 基坑开挖至设计高程后应对基坑底进行保护，并与设计文件提供的地质资料相核对，经验槽合格后，方可进行垫层施工。

5. 基坑回填应在构筑物地下部分验收合格后及时进行。水池在回填前应做完满水试验，并应制定抗浮措施。

6. 构筑物基础模板、钢筋、混凝土的施工应符合铁道部现行《铁路混凝土与砌体工程施工质量验收标准》（TB 10424—2003）第 4.1 节、第 5.1 节和第 6.1 节的有关规定。

（十二）钢筋混凝土水塔塔身

1. 水塔塔身采用滑升模板施工时，滑模设备必须满足施工和安全需要。滑模架、输送系统、电器设施、安全保障系统及附属设备安装完毕后，必须进行试运转，并应符合国家现行有关技术安全法规的规定。

2. 塔身滑模前应先完成水塔避雷设施的地下部分，接地电阻应符合设计要求。滑模施工时利用塔身内两根焊接相连的竖向钢筋作避雷线时，应在地面上 1 m 处焊接测试线板。

3. 用于滑模施工的混凝土，除应满足设计所规定的强度、抗渗性、耐久性等要求外，对混凝土早期强度的增长速度，必须满足模板滑升速度的要求，模板的滑升速度控制以出模混凝土不塌陷，不拉裂为原则。混凝土脱模强度宜为 0.2 ~ 0.4 MPa。

4. 模板滑升应连续作业，因故停滑 1 h 以上时，仍应每隔 0.5 ~ 1 h 提升一次，每次提升高度宜为 3 ~ 5 cm，直到混凝土与模板不粘结为止。

5. 滑模工程不宜在冬期施工。如必须在冬期施工时，应制定相应的安全技术措施。

6. 滑模滑升过程中应严格控制结构的偏移和扭转，采用倾斜操作平台的方法纠偏时，操作平台的倾斜应控制在 1% 以内。圆形筒壁结构发生扭转时，任意 3 m 高度上的相对扭转值不得大于 30 mm。

7. 采用滑升模板施工水塔塔身时，在安装塔身钢筋的同时，应按顺、逆两个方向设置滑升抗扭钢筋，抗扭钢筋直径不得小于 10 mm，抗扭钢筋应呈螺旋形绑扎，与水平夹角为 45°，间距为 12 m。

8. 塔身采用“三节模板倒用”方法整体现浇时，应符合下列规定：

(1)垂直运输架不得和塔身、内外脚手架、模板支撑架作任何形式的连接、依靠。

(2)垂直运输架搭设前，必须认真检查搭设处地基的稳固。

9. 垂直运输设备和机具，必须经试运转检查合格。

10. 拆除滑模装置利用施工的结构作为支承点时，结构混凝土强度应经结构验算确定，混凝土强度不得小于 15 MPa。

11. 水塔塔身钢筋混凝土的模板及支架、钢筋、混凝土的施工应符合铁道部现行《铁路混凝土与砌体工程施工质量验收标准》(TB 10424—2003)第 4.1 节、第 5.1 节、第 6.1 节的有关规定。

(十三)钢筋混凝土水柜、水池

1. 钢筋混凝土水柜、水池的模板及支架、钢筋、混凝土的施工应符合铁道部现行《铁路混凝土与砌体工程施工质量验收标准》(TB 10424—2003)第 4.1 节、第 5.1 节、第 6.1 节的有关规定。

2. 水柜、水池混凝土除应符合设计规定的强度等级和抗渗、抗冻性能要求外，应符合以下规定：

(1)混凝土的配合比应通过试验确定。

(2)主体结构的混凝土应使用同品种、同强度等级的水泥，水泥强度等级不应小于 32.5。

(3)混凝土中水泥用量宜为 320 ~ 360 kg/m^3。水灰比不应大于 0.55。

(4)混凝土中添加剂应符合现行国家标准的规定，但不得掺入氯盐类添加剂。

(5)混凝土拆模时，结构表面温度与环境气温之差不得大于 15 ℃。

3. 水池与水塔水柜池壁宜一次浇筑完毕，不宜留施工缝。中途需立模时，间歇时间不应超过 2.5 h，超过时应按施工缝处理。水柜的混凝土施工缝宜留在中环梁内。

4. 水池顶盖及无内模的倒锥壳水柜、球形水柜的下半球在混凝土浇筑时，应保证已浇筑的混凝土质量。钢筋保护层应符合设计要求，当为双层秭筋时，则应采取措施保证层间距离。

5. 水池底板位于地下水位以下时，施工前应验算施工阶段的抗浮性。当不能满足要求时，必须采取抗浮措施。

6. 防水层水泥砂浆的操作环境温度不应低于 5 ℃，且基层表面应保持在 0 ℃以上。

7. 水泥砂浆防水层应在水柜、水池满水试验后进行。

8. 钢模及辐射梁的支撑架与施工用脚手架应分别架设，不得相互连接。

(十四)整体式钢丝网水泥水柜

1. 水泥砂浆应拌合均匀。机械搅拌时间不得小于 3 mm。沙浆应随拌随用，从搅拌好到用完不宜超过 1 h。初凝后水泥砂浆不得使用。

2. 水泥砂浆的抹压应连续进行，当不能一次完成时，接头处应在砂浆终凝前拉毛，接茬前应把该处浮渣清除，用水冲净。

3. 严禁在锥壳内堆放拆除的模板、支架及其他施工机具，并不得碰撞锥壳。

4. 整体式钢丝网水泥水柜的模板及支架、钢筋、混凝土的施工应符合铁道部现行《铁路混凝土与砌体工程施工质量验收》(TB 10424—2003)第4.1节、第5.1节、第6.1节的有关规定。

(十五)装配式水柜、水池

1. 堆放构件的场地必须平整坚实。构件的放置应符合设计与强度的要求。

2. 预制构件应在明显部位标明生产单位、编号及构件型号、构件数量、生产日期和质量验收标志。

3. 预制构件吊装或运输时的强度等级应符合设计规定,当设计无规定时,不应低于设计强度等级的70%。

4. 预制构件安装前应做好下列准备工作:

(1)吊装前应制定合理的吊装方案,并应检查构件的型号、质量,有裂缝的构件应进行技术鉴定。

(2)水池底板与壁板采用杯槽连接时,应复测杯槽中心线位置和高程。水塔水柜壁板安装前应测定下环梁企口高程和每块板安装的中心位置。

(3)应根据水塔中心位置设置每块构件装配的控制桩。

5. 倒锥壳水柜接缝浇筑宜在中环梁混凝土浇筑后进行。球形水柜下球壳经向缝全部浇筑后,应立即浇筑纬向中缝。中缝和经向缝接茬浇筑时间不应超过2 h。为在规定时间完成浇筑,几条经向缝可同时浇筑。

6. 预制构件安装后,应采取保证构件稳定的临时固定措施,并根据水准点和轴线校正位置。

7. 水塔水柜提升前应对吊装设备进行全面检查并经试运转合格。

8. 装配式水柜、水池的模板及支架、钢筋、混凝土的施工应符合铁道部现行《铁路混凝土与砌体工程施工质量验收标准》(TB 10424—2003)第4.1节、第5.1节、第6.1节的有关规定。

(十六)附属设施

1. 附属设施安装前,应核对各预埋孔、洞、预埋件的位置、高程、数量。

2. 避雷针安装前应先将接地装置敷设好,避雷针组立后应立即用引下线与接地装置焊接牢固。

3. 水柜的保温层施工应在水柜满水试验合格后进行。

4. 钢平台、钢梯和防护栏杆的焊接必须牢固可靠,焊缝饱满。

(十七)水柜、水池满水试验

(1)水柜、水池的满水试验应在水泥砂浆防水层、保温层施工前完成。

(2)水柜、水池的满水试验应符合下列规定:

① 水柜强度应达到设计规定。

② 充水分3次,每次充水宜为设计水深的1/3,且静置时间不小于3 h。

③ 水充至设计水深后观测时间为:钢丝网水泥水柜不应小于72 h;钢筋混凝土水柜、水池不应小于48 h。

④ 水柜、水池及其配管穿越部位不得有渗水、滴漏现象。

⑤ 满水试验结果应作记录。

(3)水池充水应测读24 h的水位下降值,计算渗水量,在充水过程和充水以后,应对水池作外观检查。当发现渗水量过大时,应停止充水,待作出处理后方可继续充水。

(十八)构筑物外部装饰

1. 所有材料进场时应对品种、规格、外观质量进行验收。材料包装应完好,并应有产品合

格证书、说明书及相关性能的检测报告

2. 现场配制的材料应符合设计或产品说明书的技术要求。

3. 饰面砖工程应对下列材料及其性能指标进行复验：

（1）粘贴用水泥的凝结时间、安定性和抗压强度；

（2）外墙陶瓷面砖的吸水率；

（3）寒冷地区外墙陶瓷面砖的抗冻性。

4. 室内外装饰装修工程施工的环境条件应满足施工工艺的要求。施工环境温度不应低于5 ℃。当必须在低于5 ℃气温下施工时，应采取保证工程质量的有效措施。

（十九）水处理设备制作及安装

1. 箱、槽安装时连接螺栓、螺母应拧紧，垫铁应放置正确，接触紧密，焊接应牢固。

2. 配件的安装应正确、牢固，操作应灵活、指示准确。

3. 压力容器的安装单位必须具备相应的资质。

（二十）防腐工程

1. 防腐层施工前应对基底进行处理，表面不得有锈斑、氧化皮、油污等。

2. 施工现场必须有良好的通风和严格的防火、防毒措施。

3. 玻璃钢衬里当有直径大于0.5 mm的气泡或有起鼓脱层时，应将气泡和脱层铲除，并进行修补。

（二十一）水处理系统试运转及调试

水处理工程完工后，应会同设计单位和其他有关单位共同对水处理系统进行试运转及调试。

注意事项：

1. 以上工程资料的收集部分归入原材料；

2. 各类给水排水系统设备应有产品质量合格证及相关检验报告，按批组合，按时间先后顺序排列并编号，不得遗漏；

3. 建立分类目录表，目录与资料对应一致；

4. 主要设备应有安装说明书；

5. 试验记录是否根据设计要求和规范规定进行试验，记录的原始数据和计算结果（试验单位应向单位提供电子版试验数据，并得出试验结论的资料统称）。

第七节　运输通信工程

本节内容主要是客运专线铁路运输通信工程。在这两项工程过程中的收集主要是设备安装，设备调试记录、检验报告等资料。

（一）通信线路

（1）通信线路包含光电缆线路建筑、电缆接续及引入、光缆接续及引入、电缆线路电特性检测和光缆线路性能检测以及光电缆线路防雷接地。

（2）通信线路施工前应对光电缆径路进行复测，对光电缆槽道进行核查，确定人（手）孔位置及防护措施，并建立施工台账。

（3）光电缆敷设前应按长度及特性进行配盘。

（4）施工前，应对光电缆的接续、检测人员进行培训，取得合格证方准上岗。

（二）设备安装与配线

1. 设备安装与配线的验收包括室内各种通信设备和室外视频终端设备等安装与配线检验以及设备防雷与接地的检验。

2. 施工前应做好施工调查，调查内容包括：

① 检查室、内外环境是否满足设备安装条件，预埋件、沟、槽、孔位置应准确无误、无遗漏，照明、施工用电源、地线及室内、外温度是否符合设备及设计要求，消防器材应齐全有效。

② 电源系统的供电性能是否满足设计要求。

3. 室内安装防静电电路板时，应按产品安装要求戴防静电手腕，施工中不得带电插、拔设备电路板。

4. 设备上电前应对硬件设备进行全面检查，并对电源输出电压进行测量，检查正常后方可通电。

（三）传输系统检验

1. 传输系统检验主要包括 SDH 设备性能检测、SDH 系统性能检测、SDH 系统功能检验和 SDH 系统网管检验。

2. 单项设备上电检验之前，应确认设备配线正确、供电正常、接地良好。

3. 系统检验前，设备单机检验应完成并合格。系统检验前应确认相关的光电缆线路良好。

4. 检验所用仪器、仪表应经计量检验，并在计量检验有效期内。

（四）同步及时钟分配系统检验

1. 同步及时钟分配系统检验主要包括数字同步网时钟设备性能检测，数字同步网时钟设备功能检验和时间同步系统检验。

2. 单项设备上电检验之前，应确认设备配线正确、供电正常、接地良好。

3. 系统检验前，设备单机检验应完成并合格。系统检验前应确认相关的传输通道良好。

4. 检验所用仪器、仪表应经计量检验，并在计量检验有效期内。

（五）用户接入网检验

1. 接入网系统检验主要包括业务节点接口性能检测、用户网络接口性能检测、系统性能检测、系统功能检验、网管检验。

2. 单项设备上电检验之前，应确认设备配线正确、供电正常、接地良好。

3. 系统检验前，设备单机检验应完成并合格。系统检验前应确认相关的传输通道良好。

4. 检验所用仪器、仪表应经计量检验，并在计量检验有效期内。

（六）数字调度通信系统检验

1. 数字调度通信系统检验主要包括设备性能检测、系统性能检测、系统功能检验和网管检验。

2. 单项设备上电检验之前，应确认设备配线正确、供电正常、接地良好。

3. 系统检验前，设备单机检验应完成并合格。系统检验前应确认应确认相关的传输通道良好。

4. 检验所用仪器、仪表应经计量检验，并在计量检验有效期内。

（七）数据通信系统检验

1. 数据通信系统检验包括路由器、以太网交换机性能检测与功能检验、系统检验和网管检验。

2. 单项设备上电检验之前，应确认设备配线正确、供电正常、接地良好。

3. 系统检验前，设备单机检验应完成并合格。系统检验前应确认相关的传输通道良好。

4. 检验所用仪器、仪表应经计量检验，并在计量检验有效期内。

（八）GSM－R 数字移动通信系统检验

1. GSM－R 移动通信系统验收包括天线杆（塔）验收，天线、馈线验收，线路建筑验收，电源、防雷及接地验收，用户终端检测，无线子系统检测，交换子系统检测，通用分组无线业务子系统检测，智能网子系统检测和系统质量检验。

2. GSM－R 移动通信系统分部工程、分项工程、检验批的划分，检验项目及质量要求、检验数量和检验方法应执行铁道部《铁路 GSM－R 数字移动通信工程施工质量验收暂行标准》（铁建设〔2007〕163 号）。

（九）电源和环境监控系统检验

1. 电源和环境监控系统检验主要包括监控性能检测和功能检验。

2. 电源和环境监控系统的接入不应影响被监控设备的功能、降低性能；监测系统的故障不应影响被监控设备的正常工作。

3. 系统检验前，设备单机检验应完成并合格。系统检验前应确认监控信息的传输通道良好。

4. 检验所用仪器、仪表应经计量检验，并在计量检验有效期内。

（十）综合视频监控系统检验

1. 综合视频监控系统检验主要包括性能检测和功能检验。

2. 系统检验前，监控中心以及现场设备单机检验应完成并合格。系统检验前应确认相关的传输通道良好。

3. 检验所用仪器、仪表应经计量检验，并在计量检验有效期内。

（十一）光纤监测系统检验

（1）光纤监测系统检验主要包括性能检测和功能检验。

（2）光纤监测系统的接入不应影响被监控设备的功能，降低性能；监测系统的故障不应影响被监控设备的正常工作。

（3）检验所用仪器、仪表应经计量检验，并在计量检验有效期内。

（十二）会议电视系统检验

（1）会议电视系统检验主要包括系统性能检测和系统功能检验。

（2）单项设备上电检验之前，应确认设备配线正确、供电正常、接地良好。

（3）系统检验前，设备单机检验应完成并合格。系统检验前应确认相关的传输通道良好。

（4）检验所用仪器、仪表应经计量检验，并在计量检验有效期内。

（十三）应急通信系统检验

1. 应急通信系统主要包括救援指挥中心设备和救援现场设备。应急通信系统检验包括系统设备性能检测和系统功能检验。

2. 单项设备上电检验之前，应确认设备配线正确、供电正常、接地良好。

3. 系统检验前，设备单机检验应完成并合格。系统检验前应确认相关的传输通道良好。

4. 救援指挥中心设备检验之前，应模拟组成一套可支持相关功能的救援现场设备。

5. 检验所用仪器、仪表应经计量检验，并在计量检验有效期内。

（十四）综合网管系统检验

1. 综合网管系统检验包括综合网管性能检测和功能检验。

2. 单项设备上电检验之前，应确认设备配线正确、供电正常、接地良好。

3. 综合网管系统检验前，相关的子系统及其网管单项检验应完成并合格。系统检验前应确认相关的传输通道良好。

4. 检验所用仪器、仪表应经计量检验，并在计量检验有效期内。

（十五）综合布线系统

1. 综合布线系统检验包括布线安装检验和线缆特性检验。

2. 施工前应做好施工调查，工作间、设备间应具备下列条件：

（1）土建工程竣工，房屋地面平整、光洁，门的高度、宽度符合设计要求；

（2）房屋预埋线槽、暗管、孔洞和竖井的位置、数量、尺寸符合设计要求；

（3）铺设防静电地板的场所，地板防静电措施和接地符合设计要求；

（4）提供220 V带保护接地的单相电源插座；

（5）提供可靠的接地装置，接地电阻值及接地装置的设置符合设计要求；

（6）面积、高度、通风、防火及环境温、湿度符合设计要求。

3. 电缆长度应逐盘核对，并根据设计图上各段线路的长度来选配电缆。

4. 检验所用仪器、仪表应经计量检验，并在计量检验有效期内。

（十六）电源检验

1. 电源与防雷接地系统检验包括电源检验和防雷接地系统检验。

2. 电源单项设备上电检验之前，应确认设备配线正确、外部电源正常、接地良好。

3. 检验所用仪器、仪表应经计量检验，并在计量检验有效期内。

4. 电源检验合格之前，不得对负载供电。

注意事项：

1. 通信工程部分以上资料归入原材料；

2. 各项检验报告，按批组合，按时间先后顺序排列并编号，不得遗漏；

3. 建立分类目录表，目录与资料对应一致；

4. 调试记录要及时、准确、真实，全面记载，要有建设单位和监理单位代表签字认。

5. 对电缆的使用应符合设计要求，并附有出厂质量检验合格证，同时附有批量电缆技术指标。

6. 电缆要有抽样测试记录。

7. 做好电缆、光纤技术资料的对标情况的记录。

第八节　客运专线铁路信号工程

本节内容主要是客运专线铁路信号工程。这两项工程形成的主要资料有检验报告、测试记录、技术交底记录、设备安装和系统检验资料等。

（一）电、光缆线路

1. 电、光缆线路的施工质量验收包括电缆敷设、电缆防护、电缆接续、箱盒安装及电缆引入等。

2. 工程开工前,应由工程建设单位组织设计单位、施工单位、交叉施工的相关单位、监理单位,对预留的沟、槽、管、孔进行确认。

3. 用于传输音频信号的电缆芯线,应采用综合扭绞电缆中的星绞组或对绞组芯线。

4. 室外余留电缆应成"∽"形布放,室内余留电缆应"U"或"Ω"形布放,并排列整齐。

5. 铁路内屏蔽数字信号电缆有 2 对以上的备用芯线时,应有一个完整的内屏蔽四芯组。

(二)地面固定信号机及标志牌

1. 地面固定信号机及标志牌的施工质量验收包括高柱信号机、矮型信号机、带灯标志牌及信号标志牌等。

2. 工程开工前,应由工程建设单位组织设计单位、本工程施工单位、交叉施工的相关单位、监理单位对信号机位置、交叉施工的项目等进行现场定测。该定测结果作为施工单位施工的依据。

3. 信号机的安装,应能使接近的列车容易看清其信号显示,并保证不被误认为邻线的信号机。

(三)转辙装置

1. 转辙装置的施工质量验收包括安装装置及外锁闭装置、转辙机、密贴检查器、道岔融雪装置等。

2. 转辙装置安装前应检查下列项目:

① 道岔尖轨方正、无吊板现象,活动轨与基本轨密贴良好;

② 固定安装装置的轨枕方正,间距符合安装标准,固定眼孔位置准确,无堵塞和滑丝。

③ 无砟轨道应预留转辙装置的安装位置,在转辙装置安装前应与相关单位共同确认预留位置的尺寸,并满足安装要求。

(四)轨道电路

1. 轨道电路的施工质量验收包括轨道电路轨旁设备、补偿电容、钢轨绝缘、各种轨道连接线(含道岔跳线、钢轨引接线、钢轨接续线、横向连接线等)、轨道电路环线。

2. 在轨道电路区段内,连接两轨条间具有导电性能的各种装置,应装设绝缘。在音频的轨道电路区段,桥梁上沿两条钢轨铺设的两条护轮轨若相连接,应装设绝缘将其分割开,护轮轨长度大于200 m时,除护轮轨两端各装设绝缘外,每隔不超过200 m的距离在护轮轨上安装一轨端绝缘。

3. 钢轨连接线与钢轨进行冷挤压塞钉安装时应采用专用工具。

4. 轨道电路区段长度调试前应进行复测。

5. 轨道电缆穿越防撞墙(挡砟墙)时应采取专门的防护措施。

(五)地面应答器及轨旁电子单元

1. 本章施工质量验收包括地面应答器及轨旁电子单元(LEU)。

2. 应答器安装前应按照设计图纸进行现场定测,确定具体的安装位置。

3. 无砟轨道上的应答器安装孔应采用与无砟轨道相匹配的模板进行打孔。

(六)室内设备

1. 室内设备的施工质量验收包括控显设备、各种设备机柜以及柜内设备、配线、电源设备等。

2. 室内设备安装前，应由工程建设单位组织设计单位、监理单位、本工程施工单位、交叉施工的相关单位对室内的预留的沟槽管洞、防静电地板、设备安装基础角钢、配电箱、集中接地端子排的安装及接地电阻值进行检查。

3. 根据设备要求，室内电子设备板卡进行插拔操作时应采取防静电措施。

(七)车载设备

1. 车载设备的施工质量验收包括车载设备和车载设备的地面检测设备。

(2)车载设备配线均应采用压接方式，压接时应采用专用压接工具压接。

(八)防雷、电磁兼容及接地

(1)防雷、电磁兼容及接地的施工质量验收内容，主要包括设备防雷、室内设备电磁兼容及接地、室外设备接地等。在综合接地系统中，建筑物、构筑物及设备在贯通地线接入处的接地电阻不应大于 Ω。

(2)防雷、电磁兼容及接地工程施工前，应由工程建设单位组织相关单位对预留的综合接地端子、信号设备室的法拉第笼、屏蔽网等施工质量和接地效果进行确认。

(3)防雷、电磁兼容及接地工程施工除符合本暂行标准外，尚应符合铁道部《铁路信号设备雷电及电磁兼容综合防护实施指导意见》(铁运〔2006〕26 号)、《铁路防雷、电磁兼容及接地工程技术暂行规定》(铁建设〔2007〕39 号)、《客运专线综合接地技术实施办法(暂行)》(铁集成〔2006〕220 号)的有关规定。

(九)系统检验

1. 系统检验包括设备单项试验、各子系统(联锁、列控、监测、调度集中及车载设备)功能检验、系统间的联合调试等内容。

2. 系统检验前应确认配线正确、供电可靠、接地良好，通信通道畅通。

3. 轨道电路应实现一次调整。

4. 系统检验的详细要求，应符合铁道部《铁路 CTCS－2 级列车运行控制系统列控中心及列控车载设备工程施工质量验收暂行标准》(铁建设函〔2007〕715 号)的有关规定。

注意事项：

1. 信号工程部分资料归入原材料；

2. 各项检验报告，按批组合，按时间先后顺序排列并编号，不得遗漏；

3. 建立分类目录表，目录与资料对应一致；

4. 调试记录要及时、准确、真实，全面记载，要有建设单位和监理单位代表签字认定。

5. 对电缆的使用应符合设计要求，并附有出厂质量检验合格证，同时附有批量电缆技术指标。

6. 电缆要有抽样测试记录。

7. 做好设备定测结果的收集，以便今后工作查找方便利用。

第九节　客运专线铁路电力牵引供电工程

本节的客运专线铁路电力牵引供电工程中主要收集测试报告、检验报告、设备安装和技术交底等施工记录。

(一)牵引变电所

1. 基础及构架的位置、高程应按照基础平面设计图和土建场地的轴线标桩(设铁路岔线时按岔线中心里程标）及规定的水准点进行施工测量，并应与房建高程一致。基坑开挖的位置应以施工测量的中心桩为准，基坑开挖的尺寸应按基础的外形及土质的种类来确定。基坑开挖后，地质情况与设计不符时，应及时与设计、监理联系，共同确认变更，施工应严格执行变更设计。

2. 灌注混凝土基础的材料应能满足设计规定的混凝土强度，施工时应严格掌握配合比和水灰比。混凝土应连续灌注，并在前层混凝土凝结之前将次层混凝土灌注完毕。

3. 避雷针在安装前应先将接地装置敷设好，避雷针组立后应立即用引下线与接地装置焊接牢固。避雷器不得倒置、任意拆开、破坏密封和损坏元件。

4. 变压器器身检查时，场地四周应清洁并设有防尘措施。器身检查完毕后，必须用合格的变压器油进行冲洗，并清洗油箱底部，不得留有杂物。箱壁上的阀门应开闭灵活、指示正确。

5. 向变压器、电抗器注油宜从下部油阀进油，注油速度不宜大于 11 L/min。110 kV 及以上的变压器应采用真空注油，且不应在雨天或雾天进行。注油完毕后，110 kV 及以下变压器静置 24 h、220 kV 变压器静置 48 h 后，应将各部位的残余气体排尽。

6. 在现场进行组装的断路器，组装应在无风沙或雨雪，且空气相对湿度小于 80% 的天气进行，并应作好防尘、防潮措施，组装应按产品的部件编号和规定顺序分组进行，不得混装。

7. 断路器和操动机构联合动作前，应根据产品类型及其技术规定向断路器内充入合格的绝缘油或六氟化硫气体。

8. 电气设备用绝缘油应进行电气强度试验和简化分析，不同牌号的绝缘油混合使用时，必须先做混油试验。

9. 硬母线与硬母线、硬母线与分支线、硬母线与电器的接线端子搭接时，其搭接面的处理应符合下列要求：

① 铜与铜：室外、高温且潮湿或对母线有腐蚀性气体的室内，必须搪锡；在干燥的室内可直接连接。

② 铝与铝：直接连接。

③ 钢与钢：必须搪锡或镀锌，不得直接连接。

④ 铜与铝：在干燥的室内，铜导体搪锡；室外或空气相对湿度接近 100% 的室内，采用铜铝过渡板，铜端搪锡。

⑤ 钢与铜或铝：钢搭接面必须搪锡。

10. 管形母线的连接采用专用线夹连接，严禁用内螺纹管或锡焊连接；安装时应采用多点吊装方式，避免弯曲变形。

11. 软母线与螺栓型耐张线夹或悬垂线夹连接时，必须缠绕铝包带，其绕向应与外层铝股的旋向一致。

12. 电缆终端头和中间接头应由经过专门培训和熟悉制作工艺的技术工人制作，并严格遵守有关制作工艺规程。电缆终端头和中间接头施工地点应清洁、干燥，施工时环境温度不低于 5 ℃，相对湿度应在 70% 以下。电缆终端头和中间接头宜采用预制件结构。

13. 所有电气设备及配电装置均应按标准规定安装可靠的接地线。同一电气设备的工作接地线和保护接地线必须分别设置，并直接与接地体（网）可靠连接，不得在与接地体（网）连接之前并联连接。

14. 凡在电气化铁路设计文件中明确规定采用综合接地方式的牵引供电系统，施工质量的验收应符合设计规定。

15. 高压电气设备及其配电装置的试验，应按现行国家标准《电气装置安装工程电气设备交接试验标准》(GB 50150)的规定进行。试验项目和内容参照《铁路电力牵引供电工程施工质量验收标准》(TB 10421—2003)附录B。

16. 牵引变电所电气传动试验，在受电前必须按设计说明书规定的全部功能进行检查验证。所有的传动试验项目，必须在电力调度中心进行确认及必要的操作验证。

17. 变电所受电起动方案及送电开通程序应经建设单位的批准，方可实施；参加受电起动和送电开通的各方应严格遵守。受电前应用兆欧表测量变压器、断路器的绝缘电阻。

(二)接 触 网

1. 接触网工程施工前应按设计文件对支柱杆位进行定测，并应符合下列规定：

(1)接触网纵向测量应以设计轨面高程和线路中心线为依据，接触网起测点和跨距长度应符合设计规定。因地形、地物需调整跨距以避让时，调整幅度为：时速200 km时为±12 m，时速250 km及以上时为±0.5 m，调整后的跨距不得大于设计允许最大跨距，相邻跨距差不得大于10 m。

(2)站场横向测量中，同组硬横跨支柱中心的连线应与正线中心线垂直。

(3)隧道口的起测点，为隧道口顶部水平线与线路中心线的交点；对隧道悬挂点、定位点测量定位时，遇有隧道伸缩缝，不同断面接缝，石缝或明显渗水、漏水的地方应避开；悬挂点跨距可在$^{+1}_{-2}$m的范围内调整，但调整后的跨距不得大于设计允许值。

2. 基坑开挖后，地质情况与设计不符时，应及时与监理、设计单位联系，共同确认变更，施工应严格执行变更设计。

3. 基础浇制前，应复核基坑位置、侧面限界、基础型号、外形尺寸、基坑深度、模型板位置等。

4. 接触网基础在路基上施工时，应保证路基的完整和稳定，减少对路基结构的影响。

5. 钻孔灌注混凝土基础宜采用钻孔机成孔，且每根桩的施工应连续进行。

6. 混凝土搅拌和灌注应符合下列规定：

(1)严格掌握水灰比和配合比。

(2)在厚大无筋或稀疏配筋的结构中灌注混凝土时，填入片石的数量，不应大于混凝土结构体积的25%。

(3)混凝土各种配料的拌和要均匀，灌注混凝土时，宜连续进行，如必须间断，对不掺外加剂的混凝土间歇时间不宜超过2 h。基础的灌注应分层进行，逐层捣实。

(4)当设计对混凝土耐久性有特殊要求时，应按设计要求施工。

7. 基础应连续浇注，一次成型。同一组硬横跨的两个基础，先浇注完一个，再以该基础为基准，检查、校核相对应的另一基坑位置，确认无误后再浇注。

8. 承力索宜采用恒张力架设、接触线应采用恒张力架设，架线张力应根据线材材质、额定张力等因素选取，架线张力偏差不得大于8%，且不应小于绕线张力。但银铜导线最小架线张力不宜小于8 kN，镁铜、锡铜导线最小架线张力不宜小于设计额定张力的70%。放线速度宜为3～5 km/h。接触网架设后应采用超拉或其他措施克服新线蠕变。

9. 支柱装配计算应采用软件计算。支柱装配的预配应在专用预配台具上进行。预配完毕后应进行复测。

10. 整体吊弦的长度应采用软件计算。整体吊弦的下料、测量、制作应采用整体吊弦制作专用设备,载流环应分别位于主线的两侧,压接应采用恒压力控制的液压压力机。

11. 整体吊弦安装位置应从悬挂点向跨中测量,偏差积累在跨中。消除承力索、接触线的新线蠕变的影响后,吊弦应竖直安装,否则应按计算偏差安装。

12. 预配件、零部件中所有螺栓按规定力矩扳手紧固并用力矩扳手校核检验,紧固力矩应符合设计要求。严禁使用活口扳手。钢质螺栓的螺纹外露部分应涂油防腐(不锈钢除外)。

13. 先安装绝缘锚段关节的工作支部分的整体吊弦,后进行非工作支部分的调整。非工作支调整时,在悬挂点两边采用临时铁线悬吊,再将定位装置调整到位。中性段锚段的绝缘子串安装应从硬锚端向补偿端进行。

14. 接触网送电开通前,采用2 500 V兆欧表,进行各供电臂的绝缘电阻测试和导通试验。送电开通的前一天,应按调度命令进行绝缘测试。

15. 接触网检测、试验合格后试运行期间,应由建设单位组织热滑试验及动态检测。

(三)牵引供电调度系统

1. 牵引供电调度在进行系统设备联调之前,应对服务器和工作站设备进行硬件、软件的初始化,系统环境应符合软件运行要求。

2. 牵引供电调度在正式进行与被控站之间的联调时,应首先在被控站用I/O模拟器进行模拟联调,以确认远动通道、调制解调器、通信服务器工作正常,应能准确进行且完成数据传输功能,通过I/O模拟器检验、确认"四遥"或"五遥"功能的完整性。

3. 当客运专线设有综合调度中心时,牵引供电调度作为综合调度系统中的一个子系统纳入其中。除应具备设计规定的供电调度功能外,施工及验收尚应符合综合调度系统的有关规定。

4. 牵引供电调度系统施工必须保证事故追忆、自动控制、智能决策、调度事物自动化管理功能等达到设计规定。

注意事项:

1. 电力牵引供电工程资料的整理归入原材料;

2. 各项检验报告,按批组合,按时间先后顺序排列并编号,不得遗漏;

3. 建立分类目录表,目录与资料对应一致;

4. 各项配电装置净距实测数值是否符合规范的技术要求,如不合格应附双倍试样复试,不合格报告不允许抽撤。

5. 自动控制和智能系统的隐检记录,如品种、规格、埋设、标桩埋设、间距、标识等情况的记录要准确。

第十节　铁路电力工程

铁路电力工程资料的主要收集是技术交底、设计变更、洽商记录、设备安装、试验报告、测试等施工记录。

(一)变、配电所基础、构架及遮栏

1. 基础混凝土的施工要求应符合《铁路混凝土与砌体工程施工质量验收标准》(TB 10424—2003)第6.1节的有关规定。

2. 混凝土基础达到设计强度的70%后,方可进行构架及设备安装。不高于地面200 mm

以上的杯形基础,在混凝土强度达到设计值的50%并回填夯实后,即可进行立杆和二次灌注;达到设计强度的70%以上时,方可进行杆上作业。

3. 构架采用的电杆堆放不得超过4层。

4. 钢筋混凝土电杆的钢圈焊接时应采用电焊。

5. 施工测量使用的器具,应具有在有效期内的计量检定合格证书。同一轴线的基坑应一次测定;测量标桩应齐全,如有质疑或遗失时应进行复测补桩。

6. 承受动力作用的断路器基础必须一次连续浇制完成。

(二)变、配电所变、配电装置

1. 容量在1 600 kV·A以上的变压器在装卸和运输前应调查道路情况,制订安全措施。在装卸和运输过程中,不应有严重冲击或振动,倾斜角不得大于15。(干式变压器除外)。干式变压器在运输途中应有防雨措施。顶升变压器时,将千斤顶顶在器身指定部位,升降操作应协调,各点受力应均匀。

2. 变压器、互感器器身检查时的环境要求:

(1)周围空气温度不宜低于0 ℃,器身温度不宜低于周围空气温度;当器身温度低于周围空气温度时,应将器身加热,使其温度高于周围空气温度10 ℃。

(2)空气相对湿度小于75%,且器身暴露在空气中的时间不得超过16 h。

(3)器身检查完后,必须用合格的变压器油进行冲洗,并清理油箱底部,不得留有杂物。

3. 散热器在安装前应按制造厂的规定进行密封试验;用合格的绝缘油循环冲洗干净,并将残油排尽;安装完毕应立即注油;套管安装前将内外壁清擦干净。胶囊式储油柜安装前,胶囊应作气密性检查。

4. 不同牌号的绝缘油或同牌号的新油与运行过的油混合使用前。必须做混油试验。

5. 整体运输的变压器可不进行整体密封试验;组装变压器安装完毕后,应进行整体密封试验。

6. 电气设备在运输、保管期间应防止受潮、倾倒或遭受机械损伤,并应满足产品的相关技术要求。

7. 断路器弹簧操动机构安装与调整时,严禁将机构“空合闸”。

8. 避雷器组装时,各节的安装顺序应符合产品出厂规定。

9. 硬母线应采用冷弯弯制,严禁使用铁锤加工和电、气焊切割。

(三)变、配电所综合自动化系统

1. 综合自动化系统调试前应确认调试条件已经具备。

2. 向控制柜和保护柜及监控主机送电前,对二次回路配线、数据传输电缆进行详细检查和相关绝缘测试,确认合格后,方可送电。

3. 监控主机受电后,按照监控系统软件规定的运行条件设置主机环境,安装系统操作软件并测试产品规定的检测项目;控制柜和保护柜受电后,应先对各模块单元进行初始化,检查其内部安装的软件是否符合设计规定。

4. 根据产品的技术规定,分别对每一个间隔内的电气装置进行单体传动试验及相互的闭锁功能检查。

(四)变、配电所受电启动及送电开通

1. 变、配电所受电启动前应具备下列条件:

(1)电气设备试验合格,传动试验检查达到设计要求。

(2)外部供电电源已落实,所内交、直流操作电源可靠,且具备启动能力。

(3)通讯联络设施齐备,措施完善,话路畅通、语音清晰。

(4)受电启动及送电试运行方案已经建设单位和有关部门批准;

2. 变、配电所受电启动前应做好下列检查和准备工作:

(1)所内母线及设备的相序连接无误,设备编号正确、清晰;

(2)主变压器、自用电变压器等的分接开关均处于指定位置;

(3)所有断路器及隔离开关均处于分闸位置,手车式设备均处于试验位置;

(4)变压器、断路器等的绝缘电阻值符合有关规定要求;

(5)进线隔离开关内侧及馈线隔离开关外侧已加挂临时接地线;

(6)自动重合闸装置及自动同期检测装置的出口已打开,控制方式选择开关处于"当地"位置;

(7)所内各种临时设施和临时电源线路等均已拆除;

(8)受电启动及事故抢修用各类工具和材料准备齐全,各种运行记录簿齐备。

3. 变、配电所受电启动过程中的操作安全措施已落实。

4. 变、配电所受电启动完成后,方可送电开通。开通前各馈线的线路调试应完成,线路的绝缘测试满足送电条件。

(五)杆塔基础

1. 水泥、砂、石料和水的检验,混凝土的施工应符合《铁路混凝土与砌体工程施工质量验收标准》(TB 10424—2003)中综合自动化系统安装的主控项目中第1、2规定和综合自动化系统调试中的主控项目中第1条、第2条,以及有关的规定。

2. 铁路路基边坡开挖基坑时,应采取有效措施,确保路基安全,防止塌坍;严禁弃土污染道床。基础施工需爆破时应采用控制爆破。爆破必须由取得专业资格的人员完成,并作好安全防护。

(六)杆塔组立

1. 电杆运输、组立前,应对施工机具和电杆强度进行核算,并制订安全措施。

2. 自立式转角塔、终端塔应组立在倾斜平面的基础上,向受力反方向产生预倾斜,倾斜值应视塔的刚度及受力大小确定。架线挠曲后,塔顶端仍不应超过铅垂线而偏向受力侧。

3. 直线型塔经检查合格后可随即浇注保护帽,耐张型塔应在架线后浇注保护帽。

4. 电杆焊接宜采用电焊,并应由具备电焊资格的施工人员完成。

(七)导线架设

(1)导线架设前应对沿线的障碍、跨(穿)越等情况进行详细勘测,制定安全防范措施。检查并确认导线架设的条件已具备。

(2)铝绞线、钢芯铝绞线的展放,宜通过铝滑轮进行张力牵引放线。

(3)紧线时应注意弧垂观察,观察点选在耐张段的中部和特殊档位置。

(八)接 户 线

接户线支架在房屋上安装时,不得破坏房屋结构,并及时修补损坏的墙面。

(九)电缆线路

1. 电缆保管时电缆端头应密封防潮,电缆敷设前应进行绝缘试验。

2. 电缆敷设时,电缆应从盘的上端引出,避免电缆与支架或地面摩擦。敷设过程中电缆不得发生绞拧。机械敷缆时,牵引速度不宜大于15 m/min,且牵引平稳,牵引张力不得超过电缆允许范围确保电缆免受损伤。

3. 电缆敷设时的环境温度应满足电缆的技术要求。

4. 电缆终端头与中间接头制作时,应严格遵守制作工艺规程,操作人员应具备操作资格。

5. 室外制作 6 kV 及以上电缆终端头与中间接头时,其空气相对湿度宜为 70% 以下;当湿度大时,可提高环境温度或加热电缆. 制作塑料绝缘电缆终端头与中间接头时,应防止尘埃、杂物落入绝缘内。不得在雾、雨中施工。在室内施工时,应备有消防器材。

(十)室内外配管配线

1. 明配电线管路与水管路同侧敷设时,电线管路宜敷设在水管的上边。

2. 钢管外壁应刷防腐漆,埋入土层内的钢管外壁应刷两度沥青。设计有特殊要求时,应按设计规定进行防腐处理。采用镀锌钢管时,锌层剥落处应刷防腐漆。

3. 钢管与设备不能直接连接时,在室内干燥场所可在钢管端部加装保护软管引入设备内,管口应包扎紧密;在室外或潮湿场所,钢管端部装设防水弯头,由防水弯头引出的导线应加套保护软管,并弯成防水弯后再引入设备的接线盒或动力箱内。

4. 金属软管宜用于支线线路中作钢管与电气设备、器具间的连接管,其长度不宜超过 2 m。在潮湿场所使用金属软管时,应采用有非金属护套且带有配套连接器件的密闭防液型金属软管将连接处密封。

5. 配线工程的支持件应固定牢固,在砖、石、混凝土上安装时,宜用膨胀螺栓固定;用木螺钉或铁钉固定支持件时,宜使用尼龙塞或塑料塞。

6. 线路在经过建筑物的伸缩及沉降缝处应有补偿装置,在跨越处的两侧应将导线固定,并留有适当余量。

7. 在爆炸和火灾危险环境使用的低压电缆和绝缘导线,其额定电压必须高于线路的额定电压,且不得低于 500 V。

(十一)室外照明

1. 砖或混凝土结构上安装灯具等照明设备,应采用预埋吊钩、螺栓、螺钉、膨胀螺栓、尼龙塞、塑料塞固定,其规格大小除设计有明确规定外,应核实承载力是否与灯具设备的重量相适配,不应使用木榫。

2. 灯具、电源箱、配线支架等均不得侵入铁路建筑限界。在悬挂接触网的隧道内还应满足与接触网带电安全距离的要求。

3. 火灾危险环境中的移动式或携带式照明灯具的玻璃罩应有保护网。

(十二)车间动力

1. 隔离开关与刀开关应垂直安装,当在不切断电流、有灭弧装置或用于小电流电路等情况下方可水平安装。水平安装时分闸后可动触头不得自行脱落,其灭弧装置应固定可靠。双投刀闸开关在分闸位置时,刀片应可靠固定,不得自行合闸。

2. 安装熔断器及配装熔体的容量、规格、型号应符合设计要求,后备保护、限流、自复、半导体器件保护等有专用功能的熔断器,严禁代用替换。

3. 裸露式滑接线若与司机室同侧安装,当工作人员上、下有碰触滑接线危险时,必须设有遮栏保护。

(十三)远动电源装置

1. 设备进行通电前,应按设备原理图与施工配线图,检查核对端子的配线正确无误、螺栓无松动或脱落现象。

2. 根据设计文件核对预埋管线、支持件、预留孔洞、沟槽、基础等,应符合设计要求。电缆槽盖板应严密,槽底应平整无渗、漏水。

(十四)远动装置

在安装工程开始前,对机房的建筑和环境条件应按设计要求进行检查。

(十五)远动系统调试

1. 测试过程中若需改线或重新设置板件地址及其他检查必须断开装置电源开关,严禁带电拔、插板件。

2. 被控端远动装置(RTU)各单元的配置、扁平电缆连接、站地址、卡地址应进行设置和确认。

3. 控制端远动装置的启动应按产品说明书的要求进行,完成装置硬件、软件初始化,建立主机与外设的通信。

4. 被控端供电设备整组试验全部结束后,应分别对每个控站进行远动系统联调。

(十六)接地装置

1. 接地装置连接前应清除表面的附着物和铁锈。

2. 避雷针安装前应先将接地装置敷设好,避雷针组立后应立即用引下线与接地装置焊接牢固。

3. 远动系统电源输入端、信息通道接口处应配置相应的防雷元、器件。

注意事项:

1. 以上工程资料的收集归入原材料;

2. 各项检验报告,按批组合,按时间先后顺序排列并编号,不得遗漏;

3. 建立分类目录表,目录与资料对应一致;

4. 做好数据的传输和绝缘测试等记录。

第十一节 混凝土工程

混凝土工程施工过程中主要形成资料有施工记录、检验报告、试验记录等。

一、铁路混凝土与砌体工程

(一)模板及支(拱)架分项工程

1. 模板及支(拱)架应具有足够的强度、刚度和稳定性;能承受所浇筑混凝土和砌体的重力、侧压力及施工荷载;保证结构尺寸的正确,并根据工程结构形式、地基承载力、施工设备和材料等条件进行施工工艺设计,其弹性压缩、预拱度和沉降值应符合设计要求。

2. 模板及支(拱)架必须安置于符合设计的可靠基底上,并有足够的支承面积和防、排水或防冻措施。

3. 模板及支(拱)架与脚手架之间不得相互连接。

4. 浇筑混凝土或砌体砌筑前,施工单位应对模板及支(拱)架进行交接检验,形成施工记录。

5. 施工过程中应对模板及支(拱)架进行观察和维护;发现跑模、变形等异常情况时,应停止施工,采取措施,并形成记录。

6. 模板及支(拱)架拆除的顺序及安全措施必须符合施工组织设计的规定。

（二）钢筋分项工程

1. 从事钢筋加工和焊（连）接的操作人员必须经考试合格，持证上岗。钢筋正式焊（连）接前，应进行现场条件下的焊（连）接性能检验，合格后方能正式生产。

2. 钢筋在运输、加工和贮存过程中应防止锈蚀、污染和变形。并按品种、规格和检验状态分别标识存放。

3. 浇筑混凝土前，施工单位应对钢筋隐蔽前的下列内容进行检查，形成施工记录。

（1）钢筋的品种、规格、数量、位置和间距等；

（2）钢筋的连接方式、接头位置、接头数量和接头面积百分率等；

（3）预埋件的规格和数量等；

（4）钢筋保护层厚度；

（5）当钢筋的品种、级别或规格需作变更时，施工单位应办理设计变更文件。

（三）混凝土分项工程

1. 铁路混凝土工程一般应采用质量密度为 2 300 ~ 2 500 kg/m^2 的混凝土。

2. 铁路混凝土强度应按铁道部现行《铁路混凝土强度检验评定标准》（TB 10425）的规定检验评定，其结果必须符合设计要求。

3. 当工地昼夜平均气温连续 3 d 低于 +5 ℃或最低气温低于 -3 ℃时，应采取冬期施工措施；当工地昼夜平均气温高于 30 ℃时，应采取夏期施工措施。

4. 对新选原料产地、同产地更换矿山或连续使用同一产地达两年的粗、细骨料应做选料源检验。检验内容包括：颗粒级配、坚固性、有害物质含量和碱活性检验。

5. 混凝土所用的原材料应按品种、规格和检验状态分别标识存放。

6. 混凝土所用的原材料发生变化时，必须重新选定配合比。

7. 混凝土运输、浇筑及间歇的全部时间不应超过混凝土的初凝时间。当下层混凝土初凝后浇筑上一层混凝土时，应按施工缝进行处理。

8. 当使用商品混凝土时，其质量必须符合本章的规定。

9. 在混凝土中掺用外加剂，必须符合下列规定：

（1）钢筋混凝土桥跨结构和预应力混凝土结构中，不得掺用含氯盐的外加剂。

（2）当掺用含氯盐类外加剂时，氯离子含量（按水泥质量百分率计）必须符合下列规定：

① 混凝土结构中，不得大于 1.8%；

② 处于干燥环境、常年有水或埋于地下的钢筋混凝土结构中，不得大于 0.3%。

③ 处于干湿交替状态或常年空气湿度大于 80% 的钢筋混土结构中，不得大于 0.12%。

10. 特殊混凝土的施工质量验收，除符合本章规定外，尚应符合本标准特殊混凝土的规定。

11. 混凝土的耐久性指标应符合设计要求，其施工质量控制和检验应符合相关标准的规定。

（四）预应力分项工程

1. 预应力工程的施工单位应具有相应的资质。

2. 先张法张拉台座应有施工工艺设计。其强度、刚度及稳定性应能满足施工各阶段施工荷载的要求和施工工艺要求。

3. 预应力筋张拉设备应定期维护，测力传感器、仪表和量具应按检定周期定期送计量测试部门检定。张拉设备应配套标定，配套使用，并建立卡片档案备查。当在使用过程中出现异常现象或在设备检修后，应重新标定。

4. 预应力筋制作和安装时应避免污染和电火花损伤。

5. 预留孔道安装时应采取可靠的定位措施。

6. 施工单位应在后张法预应力筋张拉前。对孔道摩阻损失、扩孔段摩阻损失和锚口摩阻损失进行实际测定；在先张法折线配筋张拉前，对折线筋摩阻损失进行实际测定；根据实测结果对张拉控制应力作适当调整，并经监理单位和设计单位认可。

（五）砌体分项工程

1. 砌体采用的石材应质地坚硬、不易风化、无裂纹，表面的污渍应予清除。

2. 石材强度等级应以边长为 70 mm 的立方体试件在浸水饱和状态下的抗压极限强度表示。当采用边长为 200 mm、150 mm、100 mm 或 50 mm 的立方体试件时，其抗压极限强度应分别乘以 1.43、1.28、1.14 或 0.86 的换算系数。

3. 砂浆检查试件的抗压强度应符合下列要求：

（1）同批试件的强度平均值不小于设计强度等级值；

（2）每组试件的强度代表值不小于设计强度等级值的 85%。

4. 砂浆应具有适当的流动性和良好的和易性。砂浆应随拌随用，当运输或贮存过程中发生离析、泌水现象时，砌筑前应重新拌合。已凝结的砂浆不得使用。

5. 砂浆砌体的砌筑应采用挤浆法分层、分段砌筑。严禁采用灌浆法施工。分段位置宜设在沉降缝或伸缩缝处。各砌层应先砌外圈定位砌块，再砌镶面和填腹砌块。砌缝应相互错开，石料不得无砂浆直接接触，砌缝应饱满。

6. 砌筑干砌体宜将较大石块置于底层，石块应交错咬接，空隙应用碎石填实。

7. 砌体表面的勾缝应符合设计要求，并应在砌体砌筑时留出 2 cm 深的空缝。宜用原砌体砂浆勾缝，勾缝可采用凹缝或平缝。勾缝所用砂浆强度不得小于砌体砂浆强度。

8. 当工地昼夜平均气温（最高和最低气温的平均值或当地时间 6 时、14 时及 21 时的室外气温的平均值）连续 3 d 低于 5 ℃或最低气温低于 −3 ℃时，砌体工程应采取冬期施工措施。

（六）特殊混凝土

1. 大体积混凝土

（1）混凝土结构物实体最小尺寸等于或大于 1 m，或易由温度应力引起裂缝的混凝土，应按设计和大体积混凝土施工技术要求，制订专门的施工技术方案。

（2）大体积混凝土施工应采用低水化热水泥和低水泥用量，必要时可掺用适量粉煤灰和缓凝减水剂；或采取降低拌合物温度和埋设循环冷却水管等措施。当设计许可在混凝土中填放片石时，应符合下列规定：

① 片石的最大尺寸，不应大于结构最小尺寸的 1/4。

② 片石在填放前应用水冲洗。

③ 片石应均匀分布，安放稳妥。片石间净距不得小于 15 cm，其与模板的间距不宜小于 25 cm，且不得与钢筋接触。

④ 最上层片石顶面应覆盖 25 cm 以上的混凝土层。

2. 泵送混凝土

（1）混合料利用混凝土泵通过管道输送的泵送混凝土施工应制订专门的施工技术方案。

（2）泵送混凝土泵送施工前应进行试泵送。

（3）泵送混凝土施工必须采用保水性好、泌水性小的水泥品种，其品质指标应符合《硅酸盐水泥、普通硅酸盐水泥》（GB 175）等现行国家标准的规定。

3. 水下混凝土

(1)水下混凝土的浇筑,应在静水条件下采用竖向导管法浇筑。导管使用前应进行充水加压检查。

(2)当水下混凝土浇筑面积较大时,应采用数根导管同时浇筑。

(3)水下混凝土浇筑应连续进行。遇特殊情况须间歇时,间歇时间不得大于 30 min。

4. 抗渗混凝土

(1)混凝土抗渗等级为 P6 以上的混凝土施工应采用普通抗渗混凝土、外加剂抗渗混凝土。当设计有要求时,可采用掺膨胀剂抗渗混凝土和膨胀水泥抗渗混凝土。

(2)抗渗混凝土应采用机械搅拌和机械振捣,搅拌时间不得小于 2 min。

(3)抗渗混凝土应采用泌水少、水化热低的水泥。其品质指标应符合《硅酸盐水泥、普通硅酸盐水泥》(GB 175)等现行国家标准的规定。

5. 喷射混凝土

(1)喷射混凝土应优先采用湿喷工艺。

(2)喷射混凝土应采用普通硅酸盐水泥,必要时可采用特种水泥。

(3)喷射混凝土宜采用强制式搅拌机搅拌,其搅拌时间不得少于 1.5 min。当无条件时,也可采用自落式搅拌机,但其搅拌时间不得少于 2 min。

(4)喷射混凝土宜随拌随用。其在运输、存放过程中不得淋雨、浸水及混入杂物。混凝土拌合物的停放时间不得大于 30 min。

(5)喷射混凝土作业应符合相关规定。

6. 特细砂混凝土

(1)用细度模数小于 1.6 的砂拌制的特细砂混凝土仅可用于一般工程或附属工程,严禁用于梁、拱、高墩台和有抗冲刷、抗磨(水位变化范围)、抗冻、抗渗和抗腐蚀要求的工程。其强度必须符合设计要求。

(2)特细砂混凝土的最小水泥用量不得小于 250 kg/m^3。

(3)特细砂混凝土应采用机械搅拌和机械振捣,搅拌时间应较中、细砂混凝土延长 1 ~ 2 min。

(4)特细砂混凝土应在浇筑成型后进行二次压实抹面。

7. 耐腐蚀混凝土

(1)遭受周围环境水侵蚀的混凝土其耐腐蚀稳定性应符合设计要求。

(2)环境水对混凝土的侵蚀,应根据水中硫酸根离子(SO_4^{2})、镁离子(Mg^{2})、重碳酸根离子(HCO_3^-)、氢离子浓度(pH 值)、溶解固体(溶解盐或蒸发残渣)等含量及相应的环境条件特征,应符合相关要求和规定,判定侵蚀类型和侵蚀程度,并据以采取防护措施。

(3)得出环境水对混凝土具有硫酸盐型、盐类结晶型或溶出型侵蚀的结论时,应根据侵蚀类型、侵蚀程度按"混凝土受硫酸盐类结晶或溶出型侵蚀的防护措施"采取选用适宜的水泥品种及掺合料、保证最小水泥用量、控制最大水胶比、满足混凝土的抗渗等级等防护措施。此外,还应根据具体情况采用防水层、降低环境水侵蚀性、排水、换填土、降低地下水水位及设防护层等工程措施。

(4)得出环境水对混凝土具有硫酸型酸性侵蚀及镁盐侵蚀时,应采用硅酸盐水泥或普通硅酸盐水泥,其最大水胶比不应大于 0.50(弱侵蚀)、0.45(中等侵蚀)和 0.40(强侵蚀);最小水泥用量不应小于 330 kg/m^3(弱侵蚀)、360 kg/m^3(中等侵蚀)和390 kg/m^3(强侵蚀);抗渗等级应达到 P6(弱侵蚀)、P8(中等侵蚀)和 P10(强侵蚀)。同时,还应采用相应的工程措施。

(5)混凝土外露面的边缘、棱角、沟槽均应呈圆弧形。

(6)特细砂不得用于配制耐腐蚀混凝土。

(7)耐腐蚀混凝土使用的外加剂和掺合料应具有抗腐蚀性能。

(8)耐腐蚀混凝土必须采用机械搅拌和机械振捣。

(9)当混凝土坍落度有明显变异时,应及时分析,并调整施工配合比。

(10)耐腐蚀混凝土施工缝、变形缝和防护层均应符合设计要求。

8. 高性能混凝土

(1)以耐久性作为设计指标,强度等级在 C50 及以上,具有高工作性、高抗渗性、高耐久性和体积安定性的混凝土,应按设计和高性能混凝土施工技术要求,制订专门的施工技术方案。

(2)高性能混凝土必须采用强制式搅拌机搅拌。在拌制第一盘混凝土时,为便于搅拌机持浆,应保持水灰比不变,可增加水泥和细骨料用量 10% 。

(3)高性能混凝土长距离运输时宜采用混凝土搅拌车运输。

(4)高性能混凝土浇筑时应振捣密实,宜采用高频振捣器垂直点振。

(5)高性能混凝土在运输和浇筑过程中严禁加水。

(6)高性能混凝土冬期施工时,应制定冬期施工措施,并保证混凝土拌合物入模温度不低于 10 ℃。

9. 纤维混凝土

(1)纤维混凝土施工应根据所使用纤维的种类、掺量以及产品外形选用适宜的生产工艺,并制订专门的施工技术方案。

(2)纤维混凝土搅拌宜采用预拌法。投料顺序宜为先将粗骨料、细骨料和纤维一起搅拌,使原状纤维分布均匀后,再加入水泥和水继续搅拌,搅拌时间不应少于 3 min。

10. 混凝土用细骨料其他指标应符合相关规定。

11. 混凝土用粗骨料指标应符合相关规定。

12. 砌体工程所用石料的类别、规格和质量要求应符合相关规定。

13. 砂浆配合比设计、试件制作、养护及抗压强度取值。

二、混凝土工程补充标准

(一)模板及支(拱)架分项工程

1. 模板及支(拱)架应具有足够的强度、刚度和稳定性;能承受所浇筑混凝土的重力、侧压力及施工荷载;保证结构尺寸的正确,并根据工程结构形式、地基承载力、施工设备和材料等条件进行施工工艺设计并编制施工技术方案,其弹性压缩、预拱度和沉降值应符合设计要求。

2. 模板及支(拱)架必须安置于符合设计的可靠基底上,并有足够的支承面积和防、排水或防冻措施。

3. 在浇筑混凝土前,应对模板及支(拱)架进行验收。

4. 施工过程中应对模板及支(拱)架进行观察和维护。发生异常情况时,应按施工技术方案及时进行处理。

5. 模板及支(拱)架拆除的顺序及安全措施必须符合施工技术方案的规定。

(二)钢筋分项工程

1. 从事钢筋加工和焊(连)接的操作人员必须经考试合格,持证上岗。钢筋正式焊(连)

接前,应进行现场条件下的焊(连)接性能检验,合格后方能正式生产。

2. 浇筑混凝土前,施工单位应对钢筋进行下列检查:

(1)钢筋的品种、规格、数量、位置和间距等;

(2)钢筋的连接方式、接头位置、接头数量和接头面积百分率等;

(3)预埋件的规格和数量等;

(4)钢筋保护层厚度。

3. 钢筋在运输、加工和贮存过程中应防止锈蚀、污染和变形,并按品种、规格和检验状态分别标识存放。

4. 当钢筋的品种、级别或规格需做变更时,应按规定程序办理设计变更文件。

5. 对电绝缘性能有特殊要求的钢筋应满足设计要求。

6. 环氧涂层钢筋的存贮、加工、安装应符合下列规定:

(1)环氧涂层钢筋现场存放期不宜超过6个月。当环氧涂层钢筋在室外存放的时间需要2个月以上时,应采取保护措施,避免阳光、盐雾和大气暴露的影响。

(2)剪切与冷弯环氧涂层钢筋时,所有接触环氧涂层钢筋的支座和芯轴等接触区均应配尼龙套筒或其他合适的塑料套筒。

(3)支承环氧涂层钢筋的垫块和绑扎环氧涂层钢筋的铁丝应采用尼龙、环氧、塑料或其他材料包裹。同一构件中,环氧涂层钢筋与无涂层钢筋不得有电连接。

(4)环氧涂层钢筋架立后,不宜在其上行走,应防止工具或重物跌落其上,并应规定可移动设备的位置,以免损伤环氧涂层钢浇筑混凝土前,应检查环氧涂层钢筋的涂层,尤其是剪切端头年有损伤应及时修补,待修补材料固化后,方可浇筑混凝土。

7. 钢筋阻锈剂的品种、质量应符合设计要求。使用钢筋阻锈剂应事先经过试配和适应性试验;钢筋阻锈剂与其他外加剂联合使用时,在搅拌时需首先加入钢筋阻锈剂后再加入其他外加剂;搅拌时间可延长1~3 min,钢筋阻锈剂应能在混凝土中均匀分布。

(三)混凝土分项工程

1. 混凝土工程应采用质量密度为2 200~2 550 kg/m^3 的混凝土。

2. 混凝土工程施工前,施工单位应根据设计要求、工程性质、结构特点、环境条件等,制定严密的施工技术方案。

3. 水泥宜选用硅酸盐水泥、普通硅酸盐水泥,水泥的混合材宜为矿渣或粉煤灰,有耐硫酸盐侵蚀要求的混凝土也可选用中抗硫酸盐硅酸盐水泥或高抗硫酸盐硅酸盐水泥,不宜使用早强水泥。

水泥到场后不得露天堆放,不同种类的水泥应存贮于不同库房。水泥由于受潮或其他原因而变质时,应及时运出场外。

4. 矿物掺和料应选用品质稳定的产品。在运输和存贮过程中应有明显标志,严禁与水泥等其他粉状材料混淆。

5. 细骨料应选用级配合理、质地均匀坚固、吸水率低、空隙率小的洁净天然河砂,也可选用专门机组生产的人工砂,不宜使用山砂,不得使用海砂。

6. 粗骨料应选用级配合理、粒形良好、质地均匀坚固、线胀系数小的洁净碎石,也可采用碎卵石,不宜采用砂岩碎石。

混凝土应采用二级或三级级配粗骨料。粗骨料应分级采购、分级运输、分级堆放、分级计量。

7. 外加剂应采用减水率高、坍落度损失小、适量引气、质量稳定、能满足混凝土耐久性能的产品。当将不同功能的多种外加剂复合使用时,外加剂之间以及外加剂与水泥之间应有良好的适应性。宜选用多功能复合外加剂。

8. 混凝土所用的原材料应按品种、规格和检验状态分别标识存放。

9. 混凝土中宜适量掺加符合技术要求的粉煤灰、磨细矿渣粉或硅灰等矿物掺和料。不同矿物掺和料的掺量应根据混凝土的施工环境条件特点、拌和物性能、力学性能以及耐久性要求通过试验确定。

10. 混凝土应根据强度等级、耐久性等设计要求和原材料品质以及施工工艺、可能的环境条件变化等进行多组配合比设计。配合比选定试验应提前进行,留出足够的时间进行配合比调整。当混凝土所用的原材料、施工工艺及环境条件等发生变化时,必须重新选定配合比。选定配合比时对于混凝土的抗裂性应进行对比试验,试验方法应符合混凝土抗裂性试验方法的规定。混凝土拌制前,应测定砂、石含水率,并根据测试结果和理论配合比,提出施工配合比。对首盘混凝土的坍落度、含气量、泌水率、水胶比和拌和物温度等应进行测试鉴定。

11. 混凝土应采用强制式搅拌机搅拌,计量系统应定期检定。搅拌机经大修、中修或迁移至新的地点后,应对计量器具重新进行检定。每一工班正式称量前,应对计量设备进行检查。

12. 混凝土运输设备的运输能力应适应混凝土凝结速度和浇筑速度的需要,保证浇筑过程连续进行。运输过程中应确保混凝土不发生离析、漏浆、严重泌水及坍落度损失过多等现象。当运至现场的混凝土发生离析现象时,应在浇筑前对混凝土进行二次搅拌,但不得再次加水。

13. 混凝土运输、浇筑及间歇的全部时间不应超过混凝土的初凝时间。当下层混凝土初凝后浇筑上一层混凝土时,应按施工缝进行处理。

14. 混凝土应分层浇筑,不得随意留施工缝。

15. 混凝土浇筑过程中,应随时对混凝土进行振捣并保证使其均匀密实。

16. 对于混凝土浇筑时的模板温度、拌和物的人模温度、拆模时的温度及养护过程中的温度,应制定明确的控制方案,并有效实施。

17. 当工地昼夜平均气温连续 3 d 低于 +5 ℃或最低气温低于 −3 ℃时,应采取冬期施工措施;当工地昼夜平均气温高于 30 ℃时,应采取夏期施工措施。

18. 混凝土养护用水除不溶物、可溶物可不作要求外,其他质量要求应与拌和用水一致。养护用水不得采用海水。

19. 混凝土拆模后,在混凝土强度达到设计强度 75% 以前且龄期达 7 d 前,新浇混凝土不得与流动水接触。对海洋浪溅区以下的新浇筑混凝土,应保证混凝土在养护期内并在其强度达到设计强度以前不受海水与浪花的侵袭。对盐渍土等氯盐环境中新浇筑混凝土,应保证混凝土在养护期内并在其强度达到设计强度以前不受氯盐侵蚀。

20. 混凝土强度应按现行行业标准《铁路混凝土强度检验评定标准》(TB 10425)规定的方法进行检验评定,混凝土强度的试块试验龄期应符合混凝土强度等级必须符合的设计要求,以及其试件的取样与留置频率的规定,混凝土其他技术指标的检验评定应符合国家现行标准和本补充标准的规定,其结果必须符合设计要求。

21. 当使用商品混凝土时,其质量控制亦必须符合本补充标准的规定。

22. 特殊混凝土的施工质量验收,除符合本章规定外,尚应符合有关标准的规定。

(四)预应力分项工程

1. 预应力工程的施工单位应具有相应的资质。施工时,应采取必要的安全技术措施,防止发生事故。

2. 先张法张拉台座应有施工工艺设计。其强度、刚度及稳定性应能满足张拉、浇筑、拆模、放张等工艺要求。

3. 预应力筋张拉设备应定期维护,测力传感器、仪表和量具应按检定周期定期检定。张拉设备应配套标定,配套使用。当在使用过程中出现异常现象或在设备检修后,应重新标定。

4. 预应力材料在存放和搬运过程中应保持清洁,避免机械损伤和锈蚀,制作和安装时应避免污染和电火花损伤,张拉期间应采取措施避免受雨水、养护用水浇淋。预应力筋采用螺纹钢筋时,应避免碰伤螺纹,防止产生弯曲变形。

5. 预留孔道安装时应采取可靠的定位措施。

6. 后张法预应力筋张拉前,应对孔道摩阻损失、扩孔段摩阻损失和锚口摩阻损失进行实际测定;先张法折线配筋张拉前,对折线筋摩阻损失进行实际测定。根据实测结果对张拉控制应力做适当调整,并经监理单位和设计单位认可。

7. 后张法预应力筋张拉前,应清除孔道内的杂物及积水;预应力筋张拉完成后,应尽早进行孔道压浆;孔道压浆工艺应符合设计要求;同一孔道压浆应连续进行,一次完成。

8. 处于氯盐环境下的后张法预应力混凝土结构,预留孔道应采用塑料波纹管。

9. 预应力筋张拉、放张顺序、控制应力应符合设计要求。后张法预制梁终张拉和先张法预制梁放张完成后应对梁体弹性上拱值进行实测。

10. 锚圈与锚垫板之间的交接缝、转折器切割后的外露面、封端新老混凝土之间的交接缝应按设计要求进行防水、防锈处理。封端前,封端处的梁端混凝土表面应进行凿毛处理。

(五)混凝土实体质量核查

1. 混凝土工程完成后,应对混凝土的实体质量进行核查。具体核查项目和数量应由建设单位、监理单位、施工单位等各方共同根据结构、构件的特点和重要性确定。

2. 混凝土表面裂缝宽度:用肉眼、刻度放大镜观察实体混凝土结构表面,普通混凝土结构表面的非受力裂缝宽度不得大于 0.20 mm,预应力混凝土结构不得出现裂缝。

核查数量应符合下列规定:

(1)路基:每处支挡结构全部检查;

(2)桥涵:每孔梁、每个墩台、每座涵洞全部检查;

(3)隧道:衬砌的拱部、边墙、仰拱(底板)及洞门、端翼墙全部检查。

3. 钢筋保护层厚度:采用满足精度要求的钢筋保护层厚度检测仪现场测定混凝土保护层的实际厚度,90% 测点实测厚度不得小于设计值。

核查数量应符合下列规定:

(1)路基:每支挡结构不少于 3 处,每处不少于 10 个点;

(2)桥涵:每孔梁不少于 3 处,每个墩台不少于 3 处,每座涵洞不少于 3 处,每处不少于 10 个点;

(3)隧道:每 100 m 衬砌的拱部、边墙、仰拱(底板)各不少于 1 处,隧道洞门、端翼墙各不少于 3 处,每处不少于 10 个点。

(六)注意事项

1. 以上工程资料的收集归入原材料;

2. 各项检验报告,按批组合,按时间先后顺序排列并编号,不得遗漏;

3. 建立分类目录表,目录与资料对应一致;

4. 混凝土要做试验,不得采用经验配合比;

5. 试件取样要有代表性,不得“开小灶”;
6. 试件制作应符合要求,并做制作记录;
7. 试件上要写明制作日期、强度等级。
8. 混凝土试验资料要与现场实物物证相符。
9. 混凝土等级要按单位工程进行汇总、统计、评定;
10. 混凝土抗压强度不合格,应及时做检测和处理。

第五章　竣工文件的编制与应用

铁路工程竣工文件的编制工作由施工单位负责编制，接管单位档案部门协作指导。建设单位督促各参建单位按档案部门的要求做好文件材料的形成和积累工作，竣工验收前将文件图纸按专业和单位工程进行汇总整理。

第一节　竣工文件和竣工图的编制规定与要求

一、竣工文件的编制规定和要求

（一）竣工文件编制规定

铁路工程竣工文件要如实反映铁路建设项目施工技术状况和工程竣工的现状。如发现竣工文件与实际不符，应追究原施工、监理单位及人员的责任。竣工文件内容及提交份数执行铁道部相关规定。正式验收前，建设单位应按照有关法律法规的规定，组织施工单位会同接管单位（部门）向地方县级以上人民政府统一办理国有土地使用证书。《国有土地使用证》随建设用地竣工文件一并移交接管单位的铁路用地管理部门。

（二）竣工文件编制要求

1. 及时性。及时性是做好工程技术资料的前提。不及时必然出现造表现象，造表必然出错。
2. 真实性。真实性是好工程技术资料的灵魂。不真实的东西必然出现漏洞。
3. 准确性。准确性是做好工程技术资料的核心。准确性依赖于对技术内容的理解。
4. 完整性。完整性是做好工程技术资料的基础。要特别注意记录的闭合性。

二、竣工图的编制规定和要求

（一）竣工图编制规定

竣工图是否完整、准确、系统，是衡量建设项目工程质量优劣的重要指标之一。竣工图不完整、不准确，其后果是不堪设想的。项目竣工文件的编制要如实反映建设项目施工的技术状况和工程竣工的现状。如发现竣工文件与实际不符，应追究原施工单位和监理人员责任。其内容包括竣工文件编制依据、竣工文件的基本构成、竣工文件编制的一般原则、竣工图的编制责任、竣工图的编制要求、竣工图的更改、竣工图的审核、竣工图的份数等。

（二）竣工图编制基本要求

1. 时间要求：为确保竣工图编制的质量和验收时间的要求，竣工图编制的时间要求要做到竣工图的编制与工程进度同步，以保证竣工图的准确性。一般来说，竣工图绘制与工程交工的时间差，应不大于一个单位工程的施工。

2. 内在质量的要求：竣工图必须符合实际，反映工程竣工的最终状况。包括：（1）新增加的施工应适当补充新的施工图；（2）没有施工图，但实际进行施工且已竣工的工程，必须编制竣工图；（3）对施工质量事故处理及设计文件的更改。包括文字、数字、图形的改变，必须在竣

工图上有所反映。(4)被取消的施工图,不应编制竣工图,但必须将取消的依据纳入竣工说明中;

3. 竣工图的签字手续要完备,各有关责任人(编制人、审核人、承担施工的技术负责人、驻地监理)要在竣工图上签字,以示对竣工图的质量负责,如有关责任人以盖章代替手签,应附有关责任的书面声明。

4. 外观质量要求:竣工图必须是新图,图纸质量要规格统一,图面整洁,字迹线条清晰、耐久、标注位置合理。

5. 竣工图文件主要的编制形式:

建设项目竣工图与施工图有密切的联系,从施工图演变到反映实际施工最终状况的竣工图,分为几种不同的情况:(1)施工图没有变更;(2)施工图只有一般局部变更;(3)施工图发生重大的变更;(4)施工图被取消;(5)原设计没有,施工中新增加的内容等。因此,对竣工图的编制形式有几种不同的要求:

施工图被取消,包括设计变更取消或现场未施工的,不需要编制竣工图。但应在原图中注明"取消",并将原图作废。

由于某种原因,新的施工内容在没有正式施工图的情况下进行施工的(一般情况下是不允许的),应按实际施工最终状况,由施工单位绘制竣工图,经设计单位签署意见并补充修改依据后方可作为竣工图。

重复的标准图、通用图可不编入竣工图中,但必须在目录中列出图号,指明该图所在位置,并在编制说明中注明。

重新出图时,将"设计说明"改做"竣工说明",叙述施工变更情况,按最终的情况绘制竣工图。

6. 修改的技术要求

(1)利用施工图修改的竣工图,凡修改处都要标注修改依据,标注修改依据应按设计变更、洽商记录等文件名称、编号、条文号、产生日期、其所在案卷号和页号的先后顺序填写。

(2)所有设计变更文件中的变更内容,必须不遗漏地在施工图中全面反映,即每项变更内容,不但要在文件所指的竣工图上反映,而且要在所有涉及到的每张竣工图上反映。

(3)修改后的文字和数字位置要与被修改部分的位置大致相对应。凡有关施工技术要求或材料明细表等文字有更改的,应在修改变更处进行杠改,当内容较多时,可采用注记说明的方法。

(4)文字说明,变更后图样上各种引出说明应与标题栏平行,引出线不交叉。作为竣工图的蓝图必须是图面清晰的新图纸。

(5)更改应用黑色墨水或碳素墨水。

7. 竣工图的更改方法

(1)对少量文字和数字的修改,可用扛改法,即用一条实线将被修改的部分划去,在其附近的适当位置,填写变更后的内容,并注明修改依据。

(2)对于少量图形的修改,可采用叉改法,即用"×"将被修改部分图形圈出,在其附近的适当位置,画出修改后的图形,注明修改内容及依据。

(3)对较多图形修改,可采用圈改法,即将被修改的部分图形圈出,按制图规范在其附近的适当位置,画出修改后的图形,注明修改依据。

(4)凡图形、标高等没有变化,但工程数量与原设计工程数量不同的,可在原设计图上列出竣工工程数量,原设计工程数量表仍应保留。

(5)描图过程中为了避免差错,可利用设计单位原底图或用蓝图重新复制后二底晒蓝图;也可扫描形成后更改;也可由设计单位提供 CAD 图纸后,由施工单位在计算机中直接改图。

(6)由于局部范围内文字、数字修改或增加较多、较集中,影响图面清晰,或线条、图形在原图上修改后使用面模糊不清,宜采用贴图更改法,即将需要修改的部分,用别的图纸书写绘制好,然后粘贴到被修改的位置上。粘贴时,必须与原有的行列、线条、图形相衔接。在粘贴接缝处要加盖编制人印章。重大工程不宜采用贴图更改法,整张图纸全面修改的也不宜用贴图更改法,这两种情况应重新绘制竣工图。

8. 竣工图反映综合施工图和设计变更文件的内容:

(1)施工图是编制竣工图的基础,每一张施工图就应编制一张相应的竣工图(施工图取消的除外)。

(2)设计变更文件是编制竣工图的依据,它是所有引起原设计施工图变更的图纸、文件、有关资料总称。

(3)其中,设计单位提供的设计变更文件有:设计变更单、补充设计图、修改设计图、技术交底图纸会审会议纪要,各种技术会议记录,其他涉及设计变更的文件等;

(4)施工单位提供的设计变更文件有:隐蔽工程验收单、技术核定单、材料代用单、工作联系单、其他涉及设计变更文件等。

(5)更改应符合各专业的要求。

(6)更改应用黑色墨水或碳素墨水。

9. 竣工图章的使用

(1)竣工图章的内容有:施工单位、技术负责人、监理单位、编制人、审核人、编制日期、总监、现场监理。

(2)所有竣工图应加盖竣工图章,凡有改动的图纸,必须有签字(手写)。

(3)竣工图章的位置盖到标题栏上方,若图面没有盖章位置,可盖在反面。

(4)竣工图章应使用不褪色红印泥。

10. 竣工图的审核

(1)竣工图编制完后,监理单位应督促和协助竣工图编制单位检查其竣工图编制情况,发现不准确或短缺时要及时修改和补齐。

(2)竣工图内容应与施工图设计、设计变更、洽商、材料变更、施工及质检记录相符合。

(3)竣工图按单位工程、装置或专业编制,并配有详细编制说明和目录。监理单位应协调各施工单位交叉工程竣工图纸的编制分工。

(4)竣工图应使用新的或干净的施工图,按要求加盖并签署竣工图章。

(5)一张更改通知单涉及多图的,如图纸不在同一卷册的,应将复印件附后在有关卷册中,或在备考表中说明。

(6)国外引进项目、引进技术或由外方承包的建设项目,外方提供的竣工图应由外方签字确认。

11. 竣工图套数

第二节　铁路工程资料的填写方法和表格样式

铁路工程资料是工程建设中的重要凭证,是工程管理、维修的主要依据,在收集和填写上都要做到齐全、及时、准确,收集资料要及时、齐全,填写要准确。及时是资料收集的灵魂,是为本单位的科技活动创造最大的价值,增强企业竞争发展能力。齐全收集时要系统地、连续地进行,力求完整,这样的资料才有较大参考价值。准确的填写是指能统一规范的填写。如不参加培训,理解不一致,就会造成不规范的填写,因此,各单位必须要组织好培训,讲解术语和规范标准,才能做到工程资料的填写准确。现就填写中应注意的细节问题阐述如下:

一、工程项目施工小结(或总结)撰写方法

施工小结填写问题:施工小结是对工程技术历史简要的记录,各施工单位在小结时应如实反映工程的施工概况,要为今后运营中起到养护维修的参考作用和法律的凭证作用,它的内容要求包括以下八个方面内容,除隧道有九条以外:

(一)工程概况:(包括合同标段起止里程,工程基本情况及工程主要技术标准和主要数量)。

(二)开工和竣工日期。

(三)变更设计原因情况及次数。

(四)施工方法:主要包括工艺流程、新技术、新材料使用、施工组织和采用施工机具及安全质量措施。

(五)施工中遇到的重大问题处理情况和结果。

(六)采用材料及材质试验情况

(七)工程质量评价和施工中存在的主要问题及今后养护维修注意事项。

(八)其他需要说明的问题(如果是隧道还要加上一条)。

(九)隧道漏水情况、压浆后的效果和净空测量情况。

写完后要填写单位名称、日期并盖上公章,最好还能填上撰写人、审批人名单,这样就具备了完整的法律手续。

实例5—1　DK558 +335．4 1 ~2 m盖板涵施工小结

一、工程概况

盖板涵位于渝怀线33标段DK558 +335.4处,涵身长8.28 m。施工中采用的主要技术标准:《铁路桥涵施工规范》TB 10203—2002;《铁路桥涵工程质量检验评定标准》TB 10415—98;《铁路混凝土与砌体工程施工及验收规范》TB 10210—2001。

主要工程数量:DK558 +335.4盖板涵基础与边墙均为M10浆砌片石,盖板为C20钢筋混凝土,入口有长5 m、出口长15.64 m的明渠(M5浆砌片石)防护工程,设有乙种防水层。

二、开工和竣工日期

该涵洞于2001年5月28日开工,2001年7月3日竣工。由铁道部第二勘察设计院设计,铁道部××铁路局×××××××××××渝怀项目部施工,北京中铁诚业工程建设监理有限公司监理。

三、变更设计原因情况及次数

无

四、施工方法

施工时在上游筑坝，埋管引出上游溪流，开挖基坑内水用抽水机排出，该处基础岩性为变质砂岩，厚层状，开挖时采用松动爆破以减轻对围岩的挠动。

本涵设计为排洪涵，涵净宽 2 m，高 1.5 m，根据实际情况，将原沟清顺，使排水畅通，为加快施工进度，本涵采用预制盖板，吊装就位后施作沉降缝和防水层，然后两侧对称回填土并夯实。

施工组织情况：该涵洞施工人员 20 名，其中负责人周凯声，技术主管李亚军；主要机械设备有：10 m^3/min 空压机 1 台；风钻、风镐 2 套；5 吨自卸车 2 台；自动配料搅拌机 1 套；模板 1 套；250 kVA 变压器 1 台。

质量安全保证措施：

(1)选配有实力、有经验的专业施工队伍，强化全员质量意识。从原材料的验收到各道工序的施工生产，竣工验交，实行全过程管理。

(2)建立健全质量三检制度，工前试验、工中检查、工后检验试验工作制度。自检合格后，再报监理工程师检查验收签证，以此确保各工序质量合格。

(3)实施技术干部、质检员工点质量责任制，奖优罚劣。要求责任人员勤测、勤量、勤检查、勤指导，认真做好原始记录。

(4)认真贯彻质量检验标准，工程施工中做到每个施工环节都处于受控状态，施工全过程有可追溯性。

(5)技术资料和施工控制资料详实，能够正确反映施工全过程并和施工同步完成，同时满足竣工验收要求。

五、施工中遇到的重大问题处理情况和结果

无

六、采用材料及材质试验情况

涵洞使用的水泥、钢筋均为甲供材料。其中水泥为湖南雪峰水泥。钢材有首钢、水城钢铁，且均有出厂合格证和检验报告单，均符合设计及规范要求。粗、细骨料产自铜仁市漾头镇和瓦屋乡，经试验均符合规范要求。圬工项目混凝土、砂浆试件经试压，均符合设计要求。

七、工程质量评价

经过竣工测量，做到测量放线准确无误，本涵洞结构、尺寸、位置满足设计要求，混凝土和浆砌工程内实外美、其单位工程综合评定为优良。

撰写人：×××　　　　审核人：×××

原单位：铁道部××铁路局××××集团公司

现单位：中铁××局×××××××××公司

二○○二年十月

实例5—2 渝怀铁路DK607+094 1—32 m油房坪2号中桥施工小结

一、工程概况:油房坪2号中桥中心里程位于渝怀线DK607+094处,是为跨越山谷及河流而设,全长51.40 m,处于线路直线上。本桥由铁道部第二勘测设计院设计,柳局工程集团路桥公司施工,由呼和浩特监理公司负责监理。

二、开工和竣工日期:2001年7月25日开工,到2002年3月11日竣工。

三、主要变更设计原因及次数

根据《2003年7月29日渝怀铁路第38标段现场核对纪要》,38标段范围内大中桥桥面及检查设备由"电弧喷铝防腐"处理改为常规的涂漆(红丹底漆一度,灰漆二度)处理。

四、主要施工方法

该桥为1-32 m预应力混凝土简支梁结构(盆式橡胶支座),共2台。0#台和1#台均为T型桥台,台长均为9.3 m,均采用明挖扩大基础,基底位于泥岩地质上。

1. 明挖扩大基础施工

采用单铲履带式挖掘机配合人工爆破方式进行挖基;当开挖至基底300 mm时,停止机械开挖,改为人工进行,以保证基底不被扰动;每个基坑配足抽水设备,确保了基底不被雨水浸泡降低承载力。基础底层采用垂直开挖,并用C15片石混凝土满灌。明挖基础采用组合钢模板立模,混凝土由搅拌站集中拌制,混凝土搅拌运输车运送到位,使用插入式振捣器捣固,浇注与捣固从一端向另一端分层进行。

2. 台身施工:

台身使用竹胶面板立模,并用钢管架支撑稳固;混凝土由搅拌站集中拌制,由于桥台所处地势陡峭,混凝土搅拌运输车运送到位后使用混凝土输送泵泵送入模,模内采用人工合理布浆,使用插入式振捣器均匀捣固,确保混凝土的质量稳定、可靠。托盘、顶帽与墩身同时浇筑成型。

台身施工中我们严格控制原材料的质量,并在混凝土拌制时认真进行坍落度、和易性试验,使台身混凝土既满足设计强度要求又适宜于现场振捣;同时我们量化振捣要求,强化振捣的规范性,使混凝土均振捣密实,杜绝了混凝土表面的蜂窝麻面等质量通病,使台身达到内实外的效果。

3. 附属工程施工:

两桥台锥坡铺砌采用25 cm米干砌片石水泥砂浆勾缝,下设碎石垫层;锥坡基础采用M5浆砌片石。0#台尾右侧设接头墙与路基挡墙相接。

浆砌片石采用挤浆法施工,灰缝饱满密实;下基时先铺设底层砂浆,片石大面向下,丁顺结合,片石表面没有污染,强度经试验均不小于MU30。砂浆拌合严格按配合比每盘过称,采用搅拌机拌制砂浆,确保施工质量。浆片面石均经过修整,墙面勾凹缝。

五、施工中遇到的重大问题处理情况和结果

无

六、采用材料及材质试验情况

工程使用的材料中,钢筋、水泥等主材由业主统一采购调拨,其余材料由项目部采购;所有材料在进场后均按建指和公司贯标要求经试验合格方才使用,确保投入工程使用的材料均满足设计和施工要求,施工中没有出现不合格材料投入工程使用的现象。施工中严格按照配合比拌制砂浆及混凝土并按规定取样，砂浆及混凝土试件抗压试验全部合格。

七、工程质量评定和养护维修注意事项

本桥在开工以前就制定了严格的质量保障措施，施工中认真、严格地按照设计及规范要求进行施工组织，全过程按 ISO9002 程序文件进行施工管理。服从监理指导，按照规定的程序办事，所有的隐蔽工程均经监理及有关人员检查并签字同意后方才隐蔽，施工中我们始终把总指"开工必优、一次成优"的要求作为指导思想和质量目标。认真、严格地按设计及规范要求，精心组织、规范作业，使该桥的施工质量得到较好控制，各检验项目均符合验标、设计及规范要求；同时也注重外表美观，使用大块竹胶面板及采用原子灰补缝等工艺，有力地保证了混凝土外观光洁圆顺，达到了内实外美的要求。本桥所有分项、分部工程经评定均达到验标的优良标准，单位工程质量评定为优良。

养护维修注意事项：一般养护

撰写人：尤　盛　　　　　　　　审批人：兰永宁

柳铁渝怀线 NO.38 标工程指挥部第二项目部

二〇〇二年十一月

二、工程变更设计通知单

工程设计变更通知是设计单位、建设单位、施工单位和监理单位协商解决施工过程中随时发生问题的文件记载，其目的是弥补施工中的设计不足。

由施工单位提议，建设单位、设计单位以及监理单位必须协商，协商后要求签字必须齐全。详见下例"工程变更设计通知单"式样以及示例：该示例在"变更设计原因"和"变更设计内容增减工程量"中填写较规范和详细。如图 5—1 和图 5—2 所示。

图 5—1　工程变更设计通知单

工程项目名称		合同号	
变更工程名称		变更类别	
原设计图编号			
变更设计原因			
变更设计内容增减工程量			
提议单位			
提议单位主管部门审查意见			
设计单位意见			
监理单位意见			
建设单位审批意见			
编　　号			

注：1. 本表由建设单位、监理单位、施工单位、设计单位各存一份；

2. 涉及图纸修改的必须注明应修改图纸的图号；

3. 不可将不同专业的设计变更办理在同一份变更上；

4. 表中变更设计原因和变更设计内容增减工程量栏要详细填写变更内容，不得随意填写。

图 5—2 工程变更设计通知单示例

工程项目名称	广州东站车站流向调整安装工程	合同编号	
变更工程名称	四层 C 区免税店西餐厅电气工程	变更类别	Ⅲ类
原设计图编号	工程项目设计更改通知(联系)书,“电－021”附图二		
变更设计原因	因免税店提出的使用要求较晚,设计施工图纸刚出,而免税店要求四层 C 区免税店西餐厅需要在 4 月 16 日正式使用,因此正式配电箱、电缆无法按照特殊要求时间到货安装。		
变更设计内容增减工程量	参照设计院工程项目设计更改通知(联系)书,“电－021”附图二的 4HCM－J 配电接线图,到市场组装一个与之相近的配电箱、敷设一条与设计要求规格相近的电缆临时过渡使用。等已经定货的配电箱 4HCM－J 和电缆 ZR－VV－3＊95＋2＊50 到货后再按照设计图纸要求敷设安装。		
提议单位	中铁二十五局广州东站改造工程项目部	经办人	陈雄辉
提议单位主管部门审查意见		施工单位意见	同意报批 陈燕新 05－4－1
设计单位意见	因免税店项目确定较晚,同意按施工单位处理意见过渡　张庄 4－14		
监理单位意见	同意　徐丹　4. 14		
建设单位审批意见	同意　朱云亭　4. 14		
编　　号			

三、工程日志填写方法

1. 工程日志是施工活动的原始记录,是编制施工文件、积累资料、总结施工经验的重要依据,由项目技术负责人具体负责。

2. 工程日记应以单位工程为记载对象。从工程开工起至工程竣工止,按专业指定专人负责逐日记载,并保证内容真实、连续和完整。

3. 工程日志(施工日记)记录的内容包括:基本内容、工作内容、检查内容、其他内容。

(1)基本内容:

① 日期、星期、气象、平均温度。平均温度可记为××℃ ~ ××℃,气象按上午和下午分别记录;

② 施工部位。施工部位应将分部、分项工程名称和部位写清楚;

③ 出勤人数、操作负责人。出勤人数一定要分工种记录,并记录工人的总人数。

(2)工作内容:

① 当日施工内容及实际工程进度或完成工程量的情况,以及劳动力、机械设备及材料情况;

② 施工现场有关会议的主要内容;

③ 有关领导、主管部门或各级检查组对工程施工技术、质量、安全方面的检查意见和决定;

④ 建设单位、监理单位对工程施工提出的技术、质量要求、意见及采纳实施情况。

(3)检查内容

① 隐蔽工程检查情况。应写明隐蔽的内容、分项工程、验收人员、验收结论等;

② 试块制作情况。应写明试块名称、部位、试块组数;

③ 材料进场、送检情况。应写明批号、数量、生产厂家以及进场材料的验收情况，以后补上送检后的检验结果；

④ 质量检查情况：地质描述、当日混凝土浇注及成型、钢筋安装及焊接、模板安拆等的质量检查和处理记录；混凝土养护记录，砂浆、混凝土外加剂掺用量；质量事故原因及处理方法，质量事故处理后的效果验证；

⑤ 参加施工的人员、施工方法、机具设备情况；

⑥ 安全检查情况及安全隐患处理（纠正）情况；

⑦ 工程进度情况；

⑧ 测量放样情况；

⑨ 上级、监理、建设单位或地方政府在此的的活动情况；

⑩ 其他检查情况，如文明施工及场容场貌管理情况等。

（4）其他内容：

① 设计变更、技术核定通知及执行情况；

② 施工任务交底、技术交底、安全技术交底情况；

③ 停电、停水、停工情况；

④ 施工机械故障及工程施工中存在的问题和处理情况；

⑤ 冬雨季施工准备及措施执行情况；

⑥ 施工中涉及到的特殊措施和施工方法、新技术、新材料的推广使用情况。

4. 在填写过程中应注意一些细节

（1）书写时一定要字迹工整、清晰，最好用仿宋体或正楷字书写，采用黑色碳素墨水填写；

（2）当日的主要施工内容一定要与施工部位相对应；

（3）养护记录要详细，应包括养护部位、养护方法、养护次数、养护人员、养护结果等；

（4）焊接记录也要详细记录，应包括焊接部位、焊接方式（电弧焊、电碴压力焊、搭接双面焊、搭接单面焊等）、焊接电流、焊条（剂）牌号及规格、焊接人员、焊接数量、检查结果、检查人员等；

（5）其他检查记录一定要具体详细，不能泛泛而谈。检查记录记得很详细还可代替施工记录；

（6）停水、停电一定要记录清楚起止时间，停水、停电时正在进行什么工作，是否造成损失。

5. 工程日志可以采用计算机录入、打印，也可按规定样式手工填写，并装订成册，必须保证字迹清晰、内容齐全，由各专业负责人签字。

6. 工程日志填写内容应根据工程实际情况确定，一般应含工程概况（现场情况简述）、当日生产情况（施工过程的描述）、技术质量安全情况、施工中发生的问题及处理情况（如有无设计变更情况，有，要记录，无，不用记录）、各专业配合情况、安全生产情况，施工机械情况有无异常，人员有无变化。

7. 收到监理工程师通知单，对其内容要有简要描述，整改措施如果是当天完成的，必须记录整改情况。不是当天进行整改的，必须有闭合的整改记录。

8. 重要单位的检查情况要有记录，对检查过程中提出的主要问题必须记录，并在以后的记录中有闭合情况的描述。

9. 结构物按一个独立的完整工程分别填写；路基、轨道、站场等可按一个工点技术干部负责的范围分别填写。连续停工期间可不填写。

10. 工程日志表，样式见表5—1。

表5—1　工 程 日 志

工程名称：　　　　　　　　　　　　　　　　　　　　　　　　　　负责人：

记录人：	年　月　日	天气	晴□阴□雨□	气温	
施工概况：					
施工情况记录：					

四、工程例会记录填写要求

1. 工程例会的记录必须要填好以下内容：

(1)参加会议时间、地点、人员(出席人员、列席人员、缺席人员)要填写清楚；

(2)主持人；

(3)记录人；

(4)附件栏目1、2、3要填写清楚；

(5)工程例会提出的问题，采取哪些措施，对上次工程例会提出问题的落实情况，强调什么事情，最近有什么重大安排。

(6)会议记录必须采用统一的活页会议记录用纸，一次会议记录作为一份文件归档，首页用纸不够填写可增加A4纸附后。

2. 会议记录表和会议签到表参见表5—2和表5—3。

表5—2 单 位 名 称

＿＿＿＿＿＿＿＿会 议

第　　次　　　　会议记录

日期：　　　年　　月　　日　　　　开始 结束		地点：
主持人：		记录人：
会议主要内容		
出席	（共　　人）	
列席	（共 人）	
缺席	（共 人）	
附件	1. 原始记录　　页 2. 整理记录　　页 3. 会议文件　　页	

第　　页共　　页

表5—3 会议签到表

工程项目名称： 施工合同段： 编号：

时 间		地 点		主持人	
议 题					
姓 名	单 位 名 称			职 务	联系电话

注：本表一式5份，承包单位2份，监理单位、建设单位、设计单位各1份。

五、主要进场人员报审记录

主要进场人员报审记录表样式见表5—4。

表5—4 主要进场人员报审表

工程项目名称： 施工合同段： 编号：

致： （项目监理机构）：

兹证明这些管理（技术）人员满足招标文件要求，请予以审查。

附：报审人员资格证明复印件。

承包单位（章）：________

项 目 经 理：________

日 期：________

序 号	姓 名	性 别	出生年月	职 务	学 历	专 业	职 称	专业年限	备 注

审查意见：

总监理工程师：________

日 期：________

注：本表一式4份，承包单位2份、监理单位、建设单位各1份。

六、进场施工机械、设备报验单

进场施工机械、设备报验单，样式见表5—5。

表5—5 进场施工机械、设备报验单

工程项目名称： 施工合同标段： 编号：

致：（项目监理机构）：

下列施工机械、设备能满足工程施工需要，请审查签证并准予使用。

承包单位（章）：________

技术负责人：________

日　　期：________

序　号	机械设备名称	规格及型号	数　量	技术状况	进场日期	使用工点	备　注

验审结论：

专业监理工程师：________

日　　期：________

注：1. 对性能、数量不符合要求需更换或补充的原因另附说明；

2. 本表一式4份，承包单位2份，监理单位、建设单位各1份。

七、进场材料/构配件/设备检验结果报验单

进场材料/构配件/设备检验结果报验单，样式见表5—6。

表5—6　进场材料/构配件/设备检验结果报验单

工程项目名称：　　　　　　　　施工合同段：　　　　　　　　编号：

<table>
<tr><td colspan="5">致　（项目监理机构）：
下列原材料/构件/设备经自检符合技术规范要求，报请验证并准予在指定的部位使用。
附件：1. 出厂质量保证书（产品合格证）；
2. 出厂检验报告；
3. 自检试验报告。
项目经理（章）：
技术负责人：
日　　期：</td></tr>
<tr><td colspan="2">名　称</td><td></td><td></td><td></td></tr>
<tr><td colspan="2">规格及型号</td><td></td><td></td><td></td></tr>
<tr><td colspan="2">本批数量</td><td></td><td></td><td></td></tr>
<tr><td colspan="2">供货单位</td><td></td><td></td><td></td></tr>
<tr><td colspan="2">到达时间</td><td></td><td></td><td></td></tr>
<tr><td colspan="2">合格证</td><td></td><td></td><td></td></tr>
<tr><td colspan="2">来源或产地</td><td></td><td></td><td></td></tr>
<tr><td colspan="2">使用工点及部位</td><td></td><td></td><td></td></tr>
<tr><td rowspan="3">自验情况</td><td>取样地点及日期</td><td></td><td></td><td></td></tr>
<tr><td>检验人及检验日期</td><td></td><td></td><td></td></tr>
<tr><td>检验结果</td><td></td><td></td><td></td></tr>
<tr><td colspan="2">使用日期</td><td></td><td></td><td></td></tr>
<tr><td colspan="2">监理审查意见</td><td></td><td></td><td></td></tr>
<tr><td colspan="5">审查结论：
专业监理工程师：
日　　期：</td></tr>
</table>

注：本表一式4份，承包单位2份，监理单位、建设单位各1份。

八、施工组织设计(方案)报审表

施工组织设计(方案)报审表,样式见表5—7。

表5—7 施工组织设计(方案)报审表

工程项目名称： 施工合同段： 编号：

致＿＿＿＿＿＿＿＿＿＿＿＿(项目监理机构)： 我单位根据施工合同的有关规定已编制完成＿＿＿＿＿＿＿＿＿＿工程的施工组织设计(方案),并经我单位技术负责人审查批准,请予以审查。 附:施工组织设计(方案) 承包单位(章):＿＿＿＿＿＿ 项 目 经 理:＿＿＿＿＿＿ 日 期:＿＿＿＿＿＿
专业监理工程师审查意见： 专业监理工程师:＿＿＿＿＿＿ 日 期:＿＿＿＿＿＿
总监理工程师意见： 项目监理机构(章):＿＿＿＿＿＿ 总 监 理 工 程 师:＿＿＿＿＿＿ 日 期:＿＿＿＿＿＿

注:本表一式4份,承包单位2份,监理单位、建设单位各1份。

九、混凝土、砂浆配合比审批报表

混凝土、砂浆配合比审批报表,样式见表5—8。

表5—8　混凝土、砂浆配合比审批报表

工程项目名称：　　　　　　　　　　施工合同段：　　　　　　　　　　编号：

<table>
<tr><td colspan="2">申报单位</td><td colspan="2"></td><td>申报文号</td><td></td><td>申报日期</td><td colspan="2"></td></tr>
<tr><td colspan="3">设计7天无侧限抗压强度</td><td colspan="2">MPa</td><td colspan="2">试验工程师签字</td><td colspan="2"></td></tr>
<tr><td colspan="4">原材料及其审批报表编号</td><td>实用料（kg）</td><td>配　比</td><td colspan="3">拟用工程名称里程</td></tr>
<tr><td>1</td><td></td><td colspan="2"></td><td></td><td rowspan="6"></td><td colspan="3" rowspan="3"></td></tr>
<tr><td>2</td><td></td><td colspan="2"></td><td></td></tr>
<tr><td>3</td><td></td><td colspan="2"></td><td></td></tr>
<tr><td>4</td><td></td><td colspan="2"></td><td></td><td colspan="3">拟用部位</td></tr>
<tr><td>5</td><td></td><td colspan="2"></td><td></td><td colspan="3" rowspan="2"></td></tr>
<tr><td>6</td><td></td><td colspan="2"></td><td></td></tr>
<tr><td colspan="2">试验项目</td><td>试验方法</td><td>试验表编 号</td><td>试验值</td><td>试模尺寸(cm)</td><td>修正值</td><td colspan="2">实际值</td></tr>
<tr><td>施工单位试验室</td><td></td><td></td><td></td><td></td><td></td><td></td><td colspan="2"></td></tr>
<tr><td>监理试验室核查</td><td></td><td></td><td></td><td></td><td></td><td></td><td colspan="2"></td></tr>
<tr><td colspan="5">施工单位试验室意见：

试验室主任____________　　年　月　日
质检工程师 ____________　　年　月　日</td><td colspan="4">监理单位试验室意见：

年　月　日</td></tr>
</table>

注:本表一式4份,承包单位2份,监理单位、建设单位各1份。

十、单位工程开工申请报告

单位工程开工申请报告，样式见表 5—9。

表 5—9　单位工程开工申请报告

工程项目名称：　　　　　　　　　　　　施工合同段：　　　　　　　　　　　　编号：

<table>
<tr><td>单位工程名称</td><td></td><td>单位工程位置</td><td></td></tr>
<tr><td>申请开工日期</td><td></td><td>计划工期</td><td></td></tr>
<tr><td>质检工程师</td><td></td><td>技术负责人</td><td></td></tr>
<tr><td colspan="4">施工准备情况：</td></tr>
<tr><td colspan="4">附件：
承 包 人：＿＿＿＿＿＿
年 月 日：＿＿＿＿＿＿</td></tr>
<tr><td colspan="2">专业监理工程师意见：
专业监理工程师：＿＿＿＿＿＿
年　月　日</td><td colspan="2">总监理工程师意见：
总监理工程师：＿＿＿＿＿＿
年　月　日</td></tr>
</table>

注：1. 随开工报告附件：施工组织设计及说明文件。
2. 本表一式 4 份，承包单位 2 份，监理单位、建设单位各 1 份。

十一、年月单位工程开工报告汇总表

年月单位工程开工报告汇总表，样式见表 5—10。

表 5—10　＿＿年＿＿月单位工程开工报告汇总表

工程项目名称：　　　　　　　　　　　　施工合同段：　　　　　　　　　　　　编号：

单位工程名称	单位工程地点	施工合同段承包人	开工日期	审　批	
				日　期	审批人

填报人：　　　　　　　　　　　　总监理工程师：　　　　　　　　　　　　年　月　日

十二、工程暂停指令

工程暂停指令，样式见表5—11。

表5—11　工程暂停指令

工程项目名称：　　　　　　　　　　施工合同段：　　　　　　　　　　编号：

致____________________（承包单位）： 　　由于______________________________的原因，现通知你方必须于______年___月___日___时起对____________________工程项目名称及里程）工程暂停施工。 停工主要内容：   停工原因：   整改要求：
总监理工程师__________ 项目监理机构（章）__________　　　　______年___月___日
收件人__________　　　　______年___月___日

注：本表一式4份，承包单位2份，监理单位、建设单位各1份。

十三、工程复工指令

工程复工指令，样式见表5—12。

表5—12 工 程 复 工 指 令

工程项目名称：　　　　　　　　　　　　　施工合同段：　　　　　　　　　　　　　编号：

致________________________（承包单位）： 鉴于______________________________工程暂停通知所述工程暂停因素已经消除。请你于_____年___月___日___时起对______________________（工程项目名称及里程）工程恢复施工。 项目监理机构(章)__________ 总 监 理 工 程 师__________ 日　　　　期__________

注：本表一式4份，承包单位2份，监理单位、建设单位各1份。

十四、工程质量事故报告单

工程质量事故报告单，样式见表5—13。

表5—13　工程质量事故报告单

工程项目名称：　　　　　　　　　　　　施工合同段：　　　　　　　　　　　　编号：

致＿＿＿＿＿＿＿＿＿＿＿＿＿＿＿＿(项目监理机构)：

＿＿＿＿年＿＿＿＿月＿＿＿＿日＿＿＿＿时，在发生工程质量事故，报告如下：

1. 事故经过及原因简要说明(详见附件)：

2. 事故性质初步判断；

3. 预计造成损失；

4. 应急措施；

5. 初步处理意见：

待进行现场调查后，另作详细报告。

承包单位(章)＿＿＿＿＿＿

项目经理人＿＿＿＿＿＿　　　　　　　　＿＿＿年＿＿月＿＿日

收件人＿＿＿＿＿＿　　＿＿＿年＿＿月＿＿日

注：本表一式4份，承包单位2份，监理单位、建设单位各1份。

十五、索赔报审表

索赔报审表，样式见表5—14。

表5—14　索 赔 报 审 表

工程项目名称：　　　　　　　　　　　　施工合同段：　　　　　　　　　　　　编号：

<table>
<tr><td colspan="2">致________________(项目监理机构)：
根据__________合同第______条规定，由于______________原因，我方要求索赔金额(大写)________________，请予以审查批准。
索赔的详细理由及经过：

索赔金额计算：

附：证明材料：

索 赔 单 位 章__________
索赔单位负责人__________
日　　　　期__________</td></tr>
<tr><td>监理单位审核意见：

监理机构(章)__________
总监理工程师__________
日　　　期__________</td><td>建设单位意见：

建设单位(章)__________
负　　责　　人__________
日　　　期__________</td></tr>
</table>

注：本表一式4份，承包单位2份，监理单位、建设单位各1份。

十六、旁站监理记录表

旁站监理记录表,样式见表 5—15。

表 5—15 旁站监理记录表

工程项目名称: 施工合同段: 编号:

<table>
<tr><td>日　　期</td><td></td><td>气　候</td><td></td><td>工程地点</td><td></td></tr>
<tr><td colspan="2">旁站监理部位或工序</td><td colspan="4"></td></tr>
<tr><td colspan="2">旁站监理开始时间</td><td></td><td colspan="2">旁站监理结束时间</td><td></td></tr>
<tr><td colspan="6">施工情况:</td></tr>
<tr><td colspan="6">监理情况:</td></tr>
<tr><td colspan="6">发现问题:</td></tr>
<tr><td colspan="6">处理意见:</td></tr>
<tr><td colspan="6">备　　注:</td></tr>
<tr><td colspan="6">旁站监理人员(签字)____________
日　　　　期____________</td></tr>
</table>

注:本表一式 3 份,承包单位 2 份,监理单位 1 份。

十七、监理工程师通知单

主要是对施工过程中出现的质量缺陷，专业监督工程师将会下达《监理工程师通知单》，要求承包工程的单位整改，并检查整理结果。经过整改后，返馈单或回复联系单给监理单位。如表5—16所示。

表 5—16 《TB1 监理工程师通知单》返馈单

施工单位：××× 单位　　　　　　　　　　　　合同号：× 标

监理单位：×××监理站　　　　　　　　编　号： 致 ×××监理站： 我方接到贵站下发的编号为068 号的《监理工程师通知单》后，已对施工过程中各种不规范现象进行了整改，现上报落实情况，请复查。 1. 针对上下台阶距离过大存在安全隐患的问题，我项目部已要求工区减缓上台阶的掘进速度，争取在一个半月之内将上下台阶间距缩短到安全距离以内，以消除安全隐患； 2. 针对个别部位电线老化、电闸箱无锁以及电焊机闸箱无漏电保护器的已安排进行了认真的整改，目前老化的电线已拆除换新，电闸箱已全部上锁，无漏电保护器的电焊机闸箱已安装好漏电保护器； 3. 施工作业地段低压照明问题：已配备了 36 V 变压器，低压照明问题已解决； 4. 项目部已配备有害气体检测仪，并按要求进行检测且形成了相关检测报告； 5. 损坏的应急灯已全部更换完毕。 施工单位（章）：××××××××××××× 负　责　人：××× 日　　　期：××××年××月××日
监理复查意见： 总专业监理工程师： 日　　　期：

备注：一式二份，监理组、施工单位各一份。

十八、工程报验申请表

施工承包单位自检情况后，符合要求，申请监理单位进行检查所需填写的表格。见表5—17。

表5—17　工程报验申请表

工程项目名称：　　　　　　　　施工合同段：　　　　　　　　编号：

致：________________________（项目监理机构）： 根据施工合同和设计文件的要求，我单位对已完成________________________下列施工项目，并自检合格，报请检查。 项目1： 项目2： 项目3； 附件：自检资料。 主管工程师（签字）：__________ 质检工程师（签字）：__________ 日　　　期：__________
监理工程师意见： 专业监理工程师（签字）：__________ 年　月　日

十九、施工测量放样报验表

施工测量放样报验表，是施工单位及监理单位最后一个项目施工完成的最后一天需要填写的表格。见表5—18。

表5—18　施工测量放样报验表

工程项目名称：　　施工标段：　　监理标段：　　编号：

<table>
<tr><td colspan="3">致：____________（项目监理机构）
根据合同要求，我单位已完成____________的施工测量放样工作，清单如下，请予以核验。
附件：测量及放样资料</td></tr>
<tr><td>工程地点</td><td>放样内容</td><td>备　注</td></tr>
<tr><td></td><td></td><td></td></tr>
<tr><td></td><td></td><td></td></tr>
<tr><td></td><td></td><td></td></tr>
<tr><td></td><td></td><td></td></tr>
<tr><td></td><td></td><td></td></tr>
<tr><td colspan="3">测　量　人：____________
审　核　人：____________
技术负责人：____________
日　　　期：____________</td></tr>
<tr><td colspan="3">审核结论：
检　验　合　格　□
纠正偏差后合格　□
纠正偏差后再报　□

专业监理工程师：____________
日　　　期：____________</td></tr>
</table>

二十、施工技术交底书

施工技术交底是单位工程施工技术资料的重要部分，凡各种技术都应有书面交底资料，双方应履行签字手续。见表5—19。

表5—19 技术交底书

单位： 编号：

<table>
<tr><td>主送单位</td><td colspan="2"></td><td>主送人</td><td></td></tr>
<tr><td>接收单位</td><td colspan="2"></td><td>接收人</td><td></td></tr>
<tr><td>工程部位</td><td colspan="2"></td><td>日期</td><td></td></tr>
<tr><td colspan="3">交底内容：</td><td colspan="2">交底提出的问题及解决方案：</td></tr>
<tr><td>编制人</td><td colspan="2"></td><td>复核人</td><td></td></tr>
</table>

注：本表格中的接收人必须在接收到"技术交底书"时，使用钢笔（纯黑墨水的）进行手签姓名，以示技术交底书已经收到。

第三节 铁路工程与客运专线工程验收记录表的编制与运用

施工质量验收工作，都要按验标规定的表格来填写，质量验收结果和结论均应反映在各类表格上。检验批质量验收记录表是各分项工程分批验收的专用表格，其中的检验项目（主控项目、一般项目）要按各验标所规定的全部项目数量列全，做到一一对应，防止漏项。验标中规定的质量指标和质量控制要求，也应该简要地反映在检验批质量验收记录表格上，便于与实际检查验收结果进行对照，直观地进行合格与否的判定。

检验批质量验收记录表是验标规定的各种表格中最基本、最具有实质性内容、最能反映质量状况的一个重要表格，是各阶段质量验收的基础，应该予以充分重视。只有经过实际检验填入检验批质量验收记录表，且由各方签字认可的检验项目和质量数据，才是质量验收的有效依据。同时，也是反映一个单位工程的技术水平，同时也是资料人员主要收集的内容之一。检验批具体表格内容详见《铁路工程施工质量验收标准应用指南》和《客运专线铁路工程施工质量验收标准》应用指南。下面示例的主要表格，都与各类专业很有关系。示例如下：

一、铁路工程验收记录表的编制与运用

1. 施工现场质量管理检查记录，见示例5—1。

示例 5—1 施工现场质量管理检查记录表

<table>
<tr><td>单位工程名称</td><td colspan="3">×××5 号大桥(DK168 +988)</td><td>开工日期</td><td>2004.05.18</td></tr>
<tr><td>建设单位</td><td colspan="3">×××铁路建设总指挥部</td><td>项目负责人</td><td>赵甲方</td></tr>
<tr><td>设计单位</td><td colspan="3">×××勘测设计研究院</td><td>项目负责人</td><td>钱设季</td></tr>
<tr><td>监理单位</td><td colspan="3">×××工程建设监理公司</td><td>总监理工程师</td><td>孙坚礼</td></tr>
<tr><td>施工单位</td><td>×××道桥工程公司</td><td>项目负责人</td><td>李实功</td><td>项目技术负责人</td><td>周纪树</td></tr>
<tr><td>序 号</td><td colspan="2">项 目</td><td colspan="3">内 容</td></tr>
<tr><td>1</td><td colspan="2">开工报告</td><td colspan="3">有开工报告。编号:第××号。</td></tr>
<tr><td>2</td><td colspan="2">现场质量管理制度</td><td colspan="3">有施工调查、施工测量、施工图复核、技术交底、施工组织设计编制、质量计划等制度 10 项。</td></tr>
<tr><td>3</td><td colspan="2">质量责任制</td><td colspan="3">《部门及人员质量管理职责》、《层层质量责任制》。</td></tr>
<tr><td>4</td><td colspan="2">工程质量检验制度</td><td colspan="3">《工程质量试验检验管理办法》。</td></tr>
<tr><td>5</td><td colspan="2">施工技术标准</td><td colspan="3">有钢筋、混凝土、桥涵施工规范、规程、细则等共计 18 种。</td></tr>
<tr><td>6</td><td colspan="2">施工图现场核对情况</td><td colspan="3">施工图现场核对工作已进行,有记录。编号:第 05 号。</td></tr>
<tr><td>7</td><td colspan="2">地质勘察资料</td><td colspan="3">地质资料在施工图上。</td></tr>
<tr><td>8</td><td colspan="2">交接桩、施工复测及测量控制网资料</td><td colspan="3">资料齐全,共计 5 份。</td></tr>
<tr><td>9</td><td colspan="2">施工组织设计、施工方案和环境保护方案及审批</td><td colspan="3">施工组织设计及各类方案齐全,已按程序审批。</td></tr>
<tr><td>10</td><td colspan="2">分包方资质及对分包方单位管理制度</td><td colspan="3">/</td></tr>
<tr><td>11</td><td colspan="2">主要专业工种操作上岗证书</td><td colspan="3">钢筋工、混凝土工、架子工、焊工、起重工、电工等有证。</td></tr>
<tr><td>12</td><td colspan="2">施工检测设备及计量器具设置</td><td colspan="3">设置合理,有管理制度,有校验和精度控制措施。</td></tr>
<tr><td>13</td><td colspan="2">材料、设备管理制度</td><td colspan="3">《工程物资管理、使用、运输、贮存工作细则》、《机械设备管理办法》。</td></tr>
<tr><td colspan="6">检查结论:

现场质量管理检查合格。

总监理工程师

孙坚礼

2004 年 05 月 10 日</td></tr>
</table>

2.(结构外观和尺寸偏差)检验批质量验收记录表(Ⅲ),见示例 5—2。

示例 5—2 混凝土(结构外观和尺寸偏差)检验批质量验收记录表(Ⅲ)

03011003 [0] [2][6]

单位工程名称	×××5 号大桥(DK168 +988)		
分部工程名称	墩台(0 号台、1 ~6 号墩、7 号台)		
分项工程名称	混凝土	验收部位	6 号墩
施 工 单 位	×××道桥工程公司	项目负责人	李实功
施工质量验收标准名称及编号	[A]:《铁路混凝土与砌体工程施工质量验收标准》TB 10424—2003 [B]:《铁路桥涵工程施工质量验收标准》TB 10415—2003		

类别	序号	施工质量验收标准的规定		施工单位检查评定记录					监理单位验收记录
主控项目	1	混凝土表面裂缝宽度	不大于 0.2 mm	表面有少量宽度不大于 0.1 mm 的收缩裂缝,不贯通。符合规定。					合 格。
一般项目	1	桥台顶道碴槽面排水坡	[B]第 8.2.10 条	/					合 格。
	2	结构外形尺寸允许偏差:边缘距中心线	±20 mm	15	10	5	-3	8	
		滑模施工:边缘距中心线	±30 mm	/					
		滑模施工:平面扭角	2°	/					
		表面平整度	5 mm	3	3	3	4	6	
		空心墩壁厚	±5 mm	/					
		支承垫石顶面高程	$^{0}_{-15}$ mm	-3	-2	-3	-5		
		支承垫石顶面中心位置	15 mm	10	8	8	12		
		每片梁一端两支承垫石顶面高差	3 mm	/					
		每孔梁一端两支承垫石顶面高差	5 mm	1	2				
		无支座垫石顶面高差	5 mm	/					
		同一墩顶支承垫石顶面高差	5 mm	2	1	3	0		
	3	预埋件和预留孔位置	5 mm	5	1	3	3	2	
	4	预留孔洞尺寸	$^{+10}_{0}$ mm	8	10	5	5	6	
	5	混凝土外观质量	[A]第 6.4.8 条	表面密实平整、颜色均匀,无露筋、蜂窝、孔洞、疏松、麻面和缺棱掉角等缺陷。符合规定。					

施工单位检查评定结果	检查评定合格。 专职质量检查员 吴志亮 2004 年 07 月 28 日 分项工程技术负责人 郑富宗 2004 年 07 月 28 日 分项工程负责人 王兑章 2004 年 07 月 28 日
监理单位验收结论	同意验收。 监理工程师 冯勋仕 2004 年 07 月 28 日

3. 混凝土分项工程质量验收记录,见示例 5—3。

示例 5—3　混凝土分项工程质量验收记录表

<table>
<tr><td colspan="2">单位工程名称</td><td colspan="4">×××5 号大桥(DK168 +988)</td></tr>
<tr><td colspan="2">分部工程名称</td><td colspan="2">墩台(0 号台、1 ~6 号墩、7 号台)</td><td>检验批数</td><td>30</td></tr>
<tr><td colspan="2">施 工 单 位</td><td colspan="2">×××道桥工程公司</td><td>项目负责人</td><td>李实功</td></tr>
<tr><td>序　号</td><td colspan="2">检验批部位</td><td>施工单位检查评定结果</td><td colspan="2">监理单位验收结论</td></tr>
<tr><td>1</td><td colspan="2">0 号台:3 个检验批</td><td>符合要求。</td><td colspan="2">合 格。</td></tr>
<tr><td>2</td><td colspan="2">1 号墩:4 个检验批</td><td>符合要求。</td><td colspan="2">合 格。</td></tr>
<tr><td>3</td><td colspan="2">2 号墩:4 个检验批</td><td>符合要求。</td><td colspan="2">合 格。</td></tr>
<tr><td>4</td><td colspan="2">3 号墩:4 个检验批</td><td>符合要求。</td><td colspan="2">合 格。</td></tr>
<tr><td>5</td><td colspan="2">4 号墩:4 个检验批</td><td>符合要求。</td><td colspan="2">合 格。</td></tr>
<tr><td>6</td><td colspan="2">5 号墩:4 个检验批</td><td>符合要求。</td><td colspan="2">合 格。</td></tr>
<tr><td>7</td><td colspan="2">6 号墩:3 个检验批</td><td>符合要求。</td><td colspan="2">合 格。</td></tr>
<tr><td>8</td><td colspan="2">7 号台:3 个检验批</td><td>符合要求。</td><td colspan="2">合 格。</td></tr>
<tr><td>9</td><td colspan="2"></td><td></td><td colspan="2"></td></tr>
<tr><td>10</td><td colspan="2"></td><td></td><td colspan="2"></td></tr>
<tr><td colspan="6">说明:混凝土强度等级符合设计要求。
试验报告编号:试报 10 -0912 ~0919,共 8 份。</td></tr>
<tr><td colspan="2">施工单位检查
评定结果</td><td colspan="4">质量合格。

分项工程技术负责人

郑富宗　　2004 年 08 月 20 日</td></tr>
<tr><td colspan="2">监理单位验收结论</td><td colspan="4">同意验收。

监理工程师

冯勋仕　　2004 年 08 月 20 日</td></tr>
</table>

4. 地基及基础分部工程质量验收记录,见示例 5—4。

示例 5—4　地基及基础分部工程质量验收记录表

<table>
<tr><td>单位工程名称</td><td colspan="5">×××5 号大桥(DK168 +988)</td></tr>
<tr><td>施 工 单 位</td><td colspan="5">×××道桥工程公司</td></tr>
<tr><td>项目负责人</td><td>李实功</td><td>项目技术负责人</td><td>周纪树</td><td>项目质量负责人</td><td>陈致良</td></tr>
</table>

<table>
<tr><td>序　号</td><td>分项工程名称</td><td>检验批数</td><td>施工单位检查评定结果</td><td>监理单位验收结论</td></tr>
<tr><td>1</td><td>基 坑</td><td>8</td><td>符合要求。</td><td>同意验收。</td></tr>
<tr><td>2</td><td>钻 孔</td><td>36</td><td>符合要求。</td><td>同意验收。</td></tr>
<tr><td>3</td><td>模板及支架</td><td>30</td><td>符合要求。</td><td>同意验收。</td></tr>
<tr><td>4</td><td>钢 筋</td><td>30</td><td>符合要求。</td><td>同意验收。</td></tr>
<tr><td>5</td><td>混凝土</td><td>30</td><td>符合要求。</td><td>同意验收。</td></tr>
<tr><td>6</td><td>/</td><td>/</td><td>/</td><td>/</td></tr>
<tr><td>7</td><td></td><td></td><td></td><td></td></tr>
<tr><td>8</td><td></td><td></td><td></td><td></td></tr>
<tr><td>9</td><td></td><td></td><td></td><td></td></tr>
<tr><td colspan="3">质量控制资料</td><td>共 12 项,符合要求。</td><td>符合要求。</td></tr>
<tr><td colspan="3">安全和功能检验(检测)报告</td><td>共 2 份桩基承载力试验报告,编号:第 051 ~ 052 号;共 36 份桩基无损
检测报告,编号:第 061 ~ 096 号。结果合格。</td><td>合 格。</td></tr>
<tr><td rowspan="3">验
收
单
位</td><td>施工单位</td><td colspan="3">质量合格。
项目负责人　李实功　2004 年 08 月 20 日</td></tr>
<tr><td>勘察设计单位</td><td colspan="3">同意该分部工程验收。
项目负责人　钱设季　2004 年 08 月 20 日</td></tr>
<tr><td>监理单位</td><td colspan="3">同意验收。
监理工程师　冯勋仕　2004 年 08 月 20 日</td></tr>
</table>

注:勘察设计单位参加桥梁的地基及基础和特殊结构的墩台、梁部等分部工程验收。

5. 单位工程质量验收记录,见示例 5—5。

示例 5—5　单位工程质量验收记录表

<table>
<tr><td colspan="2">单位工程名称</td><td colspan="5">×××5 号大桥(DK168 +988)</td></tr>
<tr><td colspan="2">开 工 日 期</td><td colspan="3">2004.05.18</td><td>竣 工 日 期</td><td>2004.09.20</td></tr>
<tr><td colspan="2">施 工 单 位</td><td colspan="5">×××道桥工程公司</td></tr>
<tr><td colspan="2">项目负责人</td><td>李实功</td><td>项目技术负责人</td><td>周纪树</td><td>项目质量负责人</td><td>陈致良</td></tr>
<tr><td>序 号</td><td colspan="2">项　　目</td><td colspan="3">验 收 记 录</td><td>验 收 结 论</td></tr>
<tr><td>1</td><td colspan="2">分部工程</td><td colspan="3">共 4 分部
经查,符合标准规定及设计要求 4 分部</td><td>同意验收。</td></tr>
<tr><td>2</td><td colspan="2">质量控制资料核查</td><td colspan="3">共 9 项
经查符合要求 9 项
不符合要求 0 项</td><td>齐全完整。</td></tr>
<tr><td>3</td><td colspan="2">安全和主要使用功能核查及抽查结果</td><td colspan="3">共核查、抽查 4 项
符合要求 4 项
不符合要求 0 项</td><td>符合要求。</td></tr>
<tr><td>4</td><td colspan="2">观感质量验收</td><td colspan="3">共检查 5 项
评定为合格的 5 项
评定为差的 0 项</td><td>合 格。</td></tr>
<tr><td>5</td><td colspan="2">综合验收结论</td><td colspan="4">通过验收。</td></tr>
<tr><td rowspan="2">验收单位</td><td colspan="2">施 工 单 位</td><td colspan="2">监 理 单 位</td><td colspan="1">勘察设计单位</td><td>建 设 单 位</td></tr>
<tr><td colspan="2">×××道桥
工程公司
(公章)
单位负责人
李实功
2004 年 09 月 25 日</td><td colspan="2">×××工程
建设监理公司
(公章)
总监理工程师
孙坚礼
2004 年 09 月 25 日</td><td>×××勘测
设计研究院
(公章)
项目负责人
钱设季
2004 年 09 月 25 日</td><td>×××铁路建设
总指挥部
(公章)
项目负责人
赵甲方
2004 年 09 月 25 日</td></tr>
</table>

6. 单位工程质量控制资料核查表,见示例 5—6。

示例5—6　单位工程质量控制资料核查表

单位工程名称	×××5号大桥(DK168+988)			
施工单位	×××道桥工程公司			
序号	资料名称	份数	核查意见	核查人
1	图纸会审、设计变更、洽商记录	4	符合要求。	付宗坚
2	工程定位测量、放线记录	5	符合要求。	付宗坚
3	原材料出厂合格证及进场检(试)验报告	25	符合要求。	付宗坚
4	施工试验报告	35	符合要求。	付宗坚
5	成品及半成品出厂合格证或试验报告	9	符合要求。	付宗坚
6	隐蔽工程验收记录	37	符合要求。	付宗坚
7	施工记录	31	符合要求。	付宗坚
8	工程质量事故及事故调查处理资料	/	/	/
9	施工现场质量管理检查记录	1	符合要求。	付宗坚
10	分项、分部工程质量验收记录	44	符合要求。	付宗坚
11	新材料、新工艺施工记录	/	/	/
12	/	/		
结论:齐全完整。 施工单位项目负责人　李实功　2004年09月25日 总监理工程师　孙坚礼　2004年09月25日				

注:核查人为验收组的监理单位人员。

7. 安全和功能检验资料核查及主要功能抽查记录,见示例5—7。

示例 5—7　安全和功能检验资料核查及主要功能抽查记录表

（单位工程实体质量和主要功能核查记录表）

单位工程名称	×××5 号大桥（DK168 +988）			
施 工 单 位	×××道桥工程公司			
序 号	核查、抽核查项目	份 数	核查、抽查意见	核查、抽查人
1	地基承载力试验记录	2	符合要求。	付宗坚
2	桩基无损检测记录	36	符合要求。	付宗坚
3	桩的钻芯取样检测记录	/	/	/
4	墩台、梁部混凝土同条件养护试件抗压强度试验记录	10	符合要求。	付宗坚
5	斜拉索张拉力振动频率试验记录	/	/	/
6	桥梁的动、静载试验记录	/	/	/
7	桥涵竣工测量资料	1	符合要求。	付宗坚
8	渡槽和倒虹吸通水试验记录	/	/	/
9				
10				
11				
结论：符合要求 施工单位项目负责人　　总监理工程师　　建设单位项目负责人 李实功　　孙坚礼　　赵甲方 2004 年 09 月 25 日　　2004 年 09 月 25 日　　2004 年 09 月 25 日				

注：① 核查、抽查项目由验收组协商确定；

② 核查、抽查人为验收组的监理单位人员。

8. 单位工程观感质量检查记录，见示例 5—8。

示例 5—8　单位工程观感质量检查记录表

<table>
<tr><td colspan="2">单位工程名称</td><td colspan="3">×××5 号大桥(DK168 +988)</td></tr>
<tr><td colspan="2">施 工 单 位</td><td colspan="3">×××道桥工程公司</td></tr>
<tr><td rowspan="2">序 号</td><td rowspan="2">项 目 名 称</td><td rowspan="2">质 量 状 况</td><td colspan="2">质 量 评 定</td></tr>
<tr><td>合 格</td><td>差</td></tr>
<tr><td>1</td><td>墩、台、塔</td><td>墩台身混凝土表面平整,色泽均匀,外形整体轮廓清晰,线角顺直。</td><td>√</td><td>/</td></tr>
<tr><td>2</td><td>混凝土梁</td><td>梁体表面平整,色泽均匀,无明显表面缺陷。泄水管畅通。全桥整体基本平顺,梁缝基本均匀。</td><td>√</td><td>/</td></tr>
<tr><td>3</td><td>钢梁涂装</td><td>/</td><td></td><td></td></tr>
<tr><td>4</td><td>明桥面</td><td>/</td><td></td><td></td></tr>
<tr><td>5</td><td>拱 部</td><td>/</td><td></td><td></td></tr>
<tr><td>6</td><td>斜腿刚构</td><td>/</td><td></td><td></td></tr>
<tr><td>7</td><td>斜拉索</td><td>/</td><td></td><td></td></tr>
<tr><td>8</td><td>检查设施</td><td>配件齐全,联结牢固,涂装合格。</td><td>√</td><td>/</td></tr>
<tr><td>9</td><td>人行道和避车台</td><td>步行板平整,无明显损伤,排列均匀,铺装平稳,嵌缝密实。栏杆、扶手无明显缺陷,安装牢固,涂装合格,扶手基本顺直。配件齐全。</td><td>√</td><td>/</td></tr>
<tr><td>10</td><td>锥体护砌</td><td>砌体选料得当,坡度顺直,勾缝无明显缺陷,泄水孔畅通。</td><td>√</td><td>/</td></tr>
<tr><td>11</td><td></td><td></td><td></td><td></td></tr>
<tr><td>12</td><td></td><td></td><td></td><td></td></tr>
<tr><td colspan="5">检查结论:合格。
施工单位项目负责人　李实功　2004 年 09 月 25 日
总监理工程师　孙坚礼　2004 年 09 月 25 日
建设单位项目负责人　赵甲方　2004 年 09 月 25 日</td></tr>
</table>

二、客运专线铁路工程验收记录表的编制与运用

(一)施工现场质量管理检查记录表

施工现场质量管理检查,是施工前监理单位对施工单位所做施工准备工作的一次全面检查,也是施工单位对现场施工质量管理的一次自我检查,是保证顺利施工和工程质量的一项基础工作。一般情况下,每个单位工程应检查一次。施工现场质量管理检查记录表可由监理单位或施工单位的现场负责人填写,并将有关文件、证件、资料的原件或复印件备齐,监理单位的总监理工程师进行检查,做出合格或不合格及限期整改的结论。

施工现场质量管理检查记录表填写样式见示例 5—9。

1. 表头部分

表头部分填写的内容反映了一个单位工程的概况和各方情况,表头部分的各方负责人无须签字。

(1)单位工程名称:与设计文件中工程名称对应的单位工程名称。

(2)开工日期:开工报告中的开工日期。

(3)建设单位:承包合同中的甲方单位全称,项目负责人为合同的签字人。考虑到铁路建设工程管理模式和组织机构的多样性,建设单位也可以填写为受委托的管理机构全称,项目负责人也可以填写为按规定程序委托的代表人。

(4)设计单位:勘察设计合同中签章的单位全称。项目负责人为合同的签字人或按规定程序委托的该项目现场负责人。

(5)监理单位:委托监理合同中的监理单位全称或该项目监理机构全称。总监理工程师

应是委托监理合同中明确的项目监理机构负责人,也可以是监理单位以文件形式明确的该项目监理负责人。该负责人必须具有总监理工程师任职资格。

(6)施工单位:承包合同中的乙方单位全称或该单位的现场项目机构全称。项目负责人、项目技术负责人与合同一致或为按规定程序明确的人员。由于铁路建设项目的规模较大,为便于现场管理,突出谁生产谁负责的原则,可填写该单位工程的具体施工单位、项目负责人、项目技术负责人。

表头部分的填写也可由建设单位根据实际情况作出具体规定。

2. 检查项目部分

(1)开工报告。检查开工报告有无及审批情况。开工报告的审批可能因工程规模及性质、施工阶段、管理模式不同而异,可根据具体情况判定。

(2)现场质量管理制度。主要是检查施工技术调查制度、施工测量制度、施工图审核复核制度、技术交底制度、施工组织设计编制及审批制度、工程质量管理制度、技术档案管理制度等。各施工单位的现场质量管理制度的名称可能不一致,主要检查其内容是否全面。

(3)质量责任制。主要是检查现场机构及人员的质量控制分工和责任落实制度、与质量挂钩的奖惩制度、挂牌制度等。

(4)工程质量检验制度。主要是检查三个方面:原材料(构配件、设备)的检验制度、施工过程中的试验检测制度、完工后的实体抽验及试运行制度。

(5)施工技术标准。施工技术标准是施工操作的依据,是保证工程质量的基础,工程施工所涉及的有关国家标准、行业标准、企业标准,即现场应该有的施工技术标准要备齐。应该说企业标准最能反映施工单位的技术、管理水平,施工单位应该较多地制订高于国家标准、行业标准的企业标准,以加强内部管理和控制,提高企业的市场竞争能力。但是,由于以前编制的国家标准、行业标准所含内容过细,在一定程度上形成了企业对国家标准、行业标准的依赖性,制定企业标准的动力显得不足;另外,受传统计划经济模式的影响,企业标准化工作开展得也不够普及和深入。这就造成了施工技术方面的企业标准偏少的现状。现场检查时应注意这方面的实际情况。

(6)施工图现场核对情况。主要是检查施工单位在施工前,是否结合现场实际情况对施工图进行了全面系统的复核,包括施工图纸合法资格的认定,图纸和说明书是否齐全,图纸中有无“差、错、漏、碰”问题,有无相互矛盾和不便施工之处。施工图现场核对结果要留有记录。

(7)地质勘察资料。包括工程所需的工程地质和水文地质的基础资料。地质勘察资料对工程本体、临时和附属工程都很重要,应该齐全。不涉及地质勘察资料的单位工程则无此项检查。

(8)交接桩、施工复测和测量控制网资料。检查施工单位是否会同设计单位按规定办理了线路桩橛和控制桩交接手续,并根据施工图纸和有关资料进行了复测;是否建立了重要工点的施工测量控制网:测量资料和桩橛是否齐全;复测精度是否符合要求。

(9)施工组织设计、施工方案和环境保护方案及审批。施工组织设计是工程施工的实施性文件,要检查其编制内容是否全面,施工方案、措施是否合理完备,能否保证质量和安全,能否实现设计所要求的使用功能,审批是否符合程序。

(10)主要专业工种操作上岗证。主要检查这些人员如钢筋工、混凝土工、架子工、焊工、起重工是否经过正规从业技能培训并取得上岗证书。

(11)施工检测设备及计量器具设置。主要是检查施工检测设备及计量器具的精度是否符合规定要求,配置是否合理,有无管理、校验制度等。

(12)材料、设备管理制度。加强施工现场的材料、设备(包括机械设备)的管理,对保证工程质量、提高工效具有重要作用。施工单位应根据材料、设备的。性能、状态,制订相应的运输、保管、供应、使用和保养方面的管理制度。

3. 检查结论部分

总监理工程师在全面检查后,要作出合格或不合格并限期整改的结论,对整改的情况要进行复查。总监理工程师应签字。

示例 5—9　施工现场质量管理检查记录表

单位工程名称	×××5 号大桥(DK168 +988)			开工日期	2005.11.18
建设单位	×××线建设总指挥部			项目负责人	赵甲方
设计单位	×××勘测设计研究院			项目负责人	钱设季
监理单位	×××工程建设监理公司			总监理工程师	孙坚礼
施工单位	×××道桥工程公司	项目负责人	李实功	项目技术负责人	周纪树
序　号	项　　目		内　　容		
1	开工报告		有开工报告。编号:第××号。		
2	现场质量管理制度		有施工调查、施工测量、施工图复核、技术交底、施工组织设计编制、质量计划等制度 10 项。		
3	质量责任制		《部门及人员质量管理职责》、《层层质量责任制》。		
4	工程质量检验制度		《工程质量试验检验管理办法》。		
5	施工技术标准		有钢筋、混凝土、桥涵施工规范,规程,细则等共计 18 种。		
6	施工图现场核对情况		施工图现场核对工作已进行,有记录。编号:第 05 号。		
7	地质勘察资料		地质资料在施工图上。		
8	交接桩、施工复测及测量控制网资料		资料齐全,共计 5 份。		
9	施工组织设计、施工方案和环境保护方案及审批		施工组织设计及各类方案齐全,已按程序审批。		
10	主要专业工种操作上岗证书		钢筋工,混凝土工、架子工,焊工,起重工,电工等有证。		
11	施工检测设备及计量器具设置		设置合理、有管理制度、有校验和精度控制措施。		
12	材料、设备管理制度		《工程物资管理、使用,运输、贮存工作细则》,《机械设备管理办法》。		
检查结论: 现场质量管理检查合格。 总监理工程师 孙坚礼　　2005 年 12 月 20 日					

(二)检验批质量验收记录表

实际的工程施工质量验收工作,都要按验标规定的表格来填写,质量验收结果和结论均应反映在各类表格上。检验批质量验收记录表是各分项工程分批验收的专用表格,其中的检验项目(主控项目、一般项目)要按各验标所规定的全部项目数量列全,做到一一对应,防止漏项。验标中规定的质量指标和质量控制要求,也应该简要地反映在检验批质量验收记录表格上,便于与实际检查验收结果进行对照,直观地进行合格与否的判定。

检验批质量验收记录表是验标规定的各种表格中最基本、最具有实质性内容、最能反映质量状况的一个重要表格,是各阶段质量验收的基础,应该予以充分重视。只有经过实际检验填入检验批质量验收记录表,且由各方签字认可的检验项目和质量数据,才是质量验收的有效依据。

检验批质量验收记录表填写样式见示例 5—10—5—13。

1. 表的名称及编号

检验批质量验收记录表的名称,应按各本验标规定的分项工程名称填写完整,如“铺轨检验批质量验收记录表”、“混凝土检验批质量验收记录表”。

检验批质量验收记录表的编号,就是检验批的编号,统一采用 12 位数字编码。为了统一客运专线铁路工程施工质量验收工作,避免交叉混乱,将每一个分项工程给定一个固定的8位数字编码。在按验标划分的不同单位工程、不同分部工程中,可能存在着相同名称的分项工程,但其检验项目、质量指标往往并不相同。为了把这些名称相同而实际内容不同的分项工程区分开来,分项工程的编码是按其所属专业、单位工程、分部工程不同,而分别给定不同的编码。例如在桥梁的明挖基础分部工程和墩台分部工程中,都含有一个“混凝土”分项工程,但由于两个“混凝土”分项工程所属的分部工程不同,其编码分别为:03010112、03010803。另外,由于分项工程是按检验批进行验收的,每一个检验批也应该有一个顺序号,考虑到客运专线铁路工程中的单位工程规模较大,其中一个分项工程所含的检验批会很多,检验批的顺序号按4位给出。这样一来,一个检验批的编号就是12位数字编码。

第1、2位数字是专业代码,从01到10共十个。其对应的专业分别是:轨道工程为01,路基工程头02,桥涵工程为03,隧道工程为04,给水排水工程为05,站场工程为06,通信工程为07,信号工程为08,电力工程为09,电力牵引供电工程为10。混凝土与砌体工程虽然有单独的验标,包括模板、钢筋、混凝土、预应力和砌体等五个分项工程,但因这些分项工程为各专业验标所引用,没能组成单位工程、分部工程,所以,混凝土与砌体工程不需要给定专业代码。另外,所谓专业代码,只是从工程施工质量验收单元划分角度提出的,并不是严格意义上的专业划分,与其他领域的专业划分并不一定完全对应。

第3、4位数字是单位工程代码。一个专业的验标,根据其工程特点,按工程的完整性和系统性,可能划分了一个以上的单位工程,每个单位工程都应该有其相应的代码,以便与其他单位工程区别开来。如轨道工程分正线轨道、站场轨道两个单位工程,其单位工程代码分别为01、02;桥涵工程分桥梁、涵洞两个单位工程,其单位工程代码分别为01、02;信号工程分车站信号、区间信号、驼峰信号、调度集中(CTC)运输调度指挥管理信息系统(DMIS)、信号微机监测系统等六个单位工程,其单位工程代码分别为01、02、03、04、05、06。

第5、6位数字是分部工程代码。根据各本验标的“分部工程、分项工程、检验批划分和检验项目”划分表,把一个单位工程中的分部工程,按所列先后顺序给出两位编码。如在一个路基单位工程中的分部工程代码为:地基处理为01、基床以下路堤为02、过渡段为03、路堑为04、基床为05、……;如在一个桥梁工程单位工程中的分部工程代码为:明挖基础为01、沉入桩制作为02、沉入桩下沉为03、钻孔桩和挖孔桩为04、桩基承台为05、就地制作沉井为06、浮式沉井为07、墩台为08、先张法预应力混凝土简支箱梁制造为10、后张法预应力混凝土简支箱梁制造为11、……;如在一个隧道工程单位工程中的分部工程代码为:洞口工程为01、洞身开挖为02、支护为03,衬砌为04、辅助坑道及附属洞室为05、明洞工程为06、缓冲结构为07、……。

第7、8位数字是分项工程代码。按照各本验标的验收单元划分表,把一个分部工程中所有的分项工程按所列先后顺序给出两位编码。如轨道工程的无缝线路轨道分部工程,其中的分项工程代码为:基地钢轨焊接分项工程为01、长钢轨铺设分项工程为02、铺碴整道分项工程为03、工地钢轨焊接分项工程为04、线路锁定分项工程为05、轨道整理分项工程为06、……;如桥梁工程的后张法预应力混凝土简支梁分部工程,其中的分项工程代码为:模板及支架分项工程为01、钢筋分项工程为02、混凝土分项工程为03、预应力分项工程为04、防水层分项工程为05。

第9-12位数字是分项工程验收时各检验批的顺序号,按一个实际分项工程所有检验批的实际流水号编列,这样的编列方式,便于统计和查找。当检验批数量不是很多时,也可以采用较少位数。

在本指南中,4位代码用□□□□表示检验批的顺序号。如一个检验批质量验收记录表的编号是:03010803 0026,则其代表的是桥涵专业——桥梁单位工程——墩台分部工程——混凝土分项工程——第26个检验批的质量验收记录表。具体图示如下:

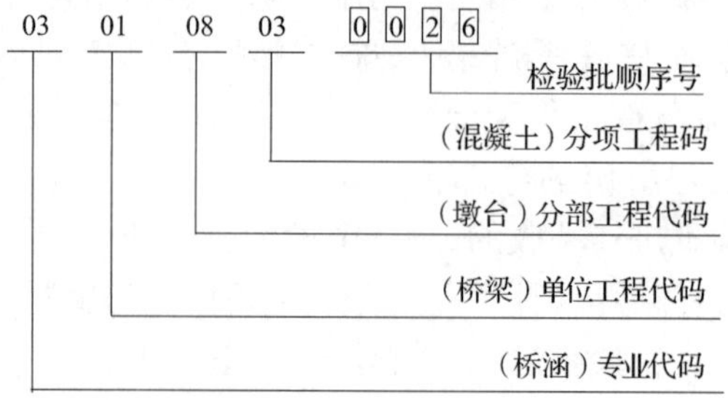

2. 表头部分

(1)单位工程名称:按照承包合同或投标文件中所列工程名称对应的单位工程名称填写。

(2)分部工程名称:按验标划分的分部工程名称填写。

(3)分项工程名称:按验标划分的分项工程名称填写;验收部位:一个分项工程中每个检验收批的验收范围或抽样检验范围或所处部位。

(4)施工单位、项目负责人:可填写该单位工程的具体施工单位、项目负责人。

(5)施工质量验收标准名称及编号:填写所执行的验标全称及标准号或批准文号。

3. 检验项目部分

检验项目(主控项目、一般项目)的名称是对验标中相应条文内容的归纳或简化描述;检验项目的质量要求,有的将指标直接列上,有的因内容较多而只列验标条文号。"施工单位检查评定记录"应由专职质量检查员填写。

检验项目的检查验收结果填写方法分以下几种情况:

(1)定量项目,直接填写验标要求的全部检验数据。

(2)定性项目,应按验标条文所规定的质量要素描述全面。且当符合验标规定时,填写"合格"、"符合要求"、"符合规定"等;当不符合验标规定时,填写"不合格"、"不符合要求"、"不符合规定"等。

(3)既有定量又有定性的项目,填写验标要求的全部检验数据,并按验标条文所规定的质量要素描述全面。当所有检查内容均符合验标规定时,填写"合格"、"符合要求"、"符合规定"等;当不符合验标规定时,填写"不合格"、"不符合要求"、"不符合规定"等,并简要注明不合格的情况。

(4)对有混凝土、砂浆、水泥浆强度等级(或弹性模量)的检验批,可先填写留置试块的编号,说明试块留置是否符合规定,待试块试验报告出来之后,再对检验批进行判定。

(5)对于有允许偏差的抽查点,应将实测数据直接填入。

(6)检验批质量验收记录通用表格中的检验项目是根据验标制订的,对于某一检验批没有的项目,要用"/"划掉,不留空白。

监理单位对主控项目、一般项目应逐项验收。对主控项目,除核对施工单位的检查评定记录外,还要填写监理单位按验标规定用平行检验、见证取样检测、见证检验等方法取得的质量数据,与施工单位的检验结果互为对照。需要注意的是监理单位的检验数量也应符合验标的规定。对一般项目,由于监理人员在施工过程中进行了旁站或巡视,掌握施工单位的质量控制水平,按验标的规定,监理单位的检查数量和方法自定。一般项目的监理单位验收记录可填具体数据,也可填写"合格"或"符合要求、规定"等。对不符合验标规定的项目,可暂不填写,待处理后再验收，但应做出标记。

4. 施工单位检查评定结果

施工单位自行检查评定合格后，应注明“检查评定合格”。专职质量检查员、分项工程技术负责人、分项工程负责人签字，以示对该检验批的质量负责。分项工程技术负责人、分项工程负责人应是该分项工程的直接责任人，相当于以前的队技术员、队长等人。

5. 监理单位验收结论

检验项目验收合格后，注明“同意验收”。对有混凝土、砂浆、水泥浆强度等级（或弹性模量）的检验批，可先行对其他项目进行验收，并做出“同意验收”的结论，待试块试验报告出来后再进行判定。专业监理工程师签字。

示例5—10　混凝土（原材料）检验批质量验收记录表（Ⅰ）

03010803 0 0 2 6

<table>
<tr><td colspan="4">单位工程名称</td><td colspan="3">×××5号大桥（DK168+988）</td></tr>
<tr><td colspan="4">分部工程名称</td><td colspan="3">墩台（0号台、1－6号墩、7号台）</td></tr>
<tr><td colspan="4">分项工程名称</td><td>混凝土</td><td>验收部位</td><td>6号墩</td></tr>
<tr><td colspan="4">施工单位</td><td>×××道桥工程公司</td><td>项目负责人</td><td>李实功</td></tr>
<tr><td colspan="4">施工质量验收标准名称及编号</td><td colspan="3">《铁路混凝土工程施工质量验收补充标准》（铁建设［2005］160号）</td></tr>
<tr><td colspan="5">施工质量验收标准的规定</td><td>施工单位检查评定记录</td><td>监理单位验收记录</td></tr>
<tr><td rowspan="11">主控项目</td><td>1</td><td colspan="2">水泥质量</td><td>第6.2.1条</td><td>合格证1份，编号：第11号；试验报告2份，编号：试报1－101～102。质量合格。</td><td>合　格。</td></tr>
<tr><td rowspan="3">2</td><td rowspan="3">矿物掺和料</td><td>粉煤灰质量</td><td>第6.2.2条</td><td>试验报告2份，编号：试报8—21—22。质量合格。</td><td>合　格。</td></tr>
<tr><td>磨细矿渣粉质量</td><td>第6.2.2条</td><td>试验报告2份，编号：试报9—51—52。质量合格。</td><td>合　格。</td></tr>
<tr><td>硅灰质量</td><td>第6.2.2条</td><td>/</td><td>/</td></tr>
<tr><td>3</td><td colspan="2">细骨料质量</td><td>第6.2.3条</td><td>试验报告2份，编号：试报2—31—42。质量合格。</td><td>合　格。</td></tr>
<tr><td>4</td><td colspan="2">粗骨料质量</td><td>第6.2.4条</td><td>试验报告2份，编号：试报3—1—62。质量合格。</td><td>合　格。</td></tr>
<tr><td>5</td><td colspan="2">外加剂质量</td><td>第6.2.5条</td><td>合格证1份，编号：第21号；试验报告1份，编号：试报9—81。质量合格。</td><td>合　格。</td></tr>
<tr><td>6</td><td colspan="2">拌和用水质量</td><td>第6.2.6条</td><td>饮用水。检验报告1份，编号：试报11—20符合视定。</td><td>合　格。</td></tr>
<tr><td>7</td><td colspan="2">附加防腐蚀措施原材料质量</td><td>第6.2.7条</td><td>/</td><td>/</td></tr>
<tr><td>8</td><td colspan="3">其他检验项目</td><td>/</td><td>/</td></tr>
<tr><td colspan="3">施工单位检查评定结果</td><td colspan="4">检查评定合格。
专职质量检查员　吴志亮　2006年3月28日
分项工程技术负责人　郑富宗　2006年3月28日
分项工程负责人　王兑章　2006年3月28日</td></tr>
<tr><td colspan="3">监理单位验收结论</td><td colspan="4">同意验收。
监理工程师
冯勋仕　2006年3月28日</td></tr>
</table>

示例 5—11　混凝土(配合比)检验批质量验收记录表(Ⅱ)

03010803 [0] [0][2][6]

单位工程名称	×××5 号大桥(DK168 +988)					
分部工程名称	墩台(0 号台、1 ~6 号墩、7 号台)					
分项工程名称	混凝土			验收部位	6 号墩	
施工单位	×××道桥工程公司			项目负责人	李实功	
施工质量验收标准名称及编号	《铁路混凝土工程施工质量验收补充标准》(铁建设[2005]160 号)					
施工质量验收标准的规定					施工单位检查评定记录	监理单位验收记录
主控项目	1	配合比试验检验项目	坍落度	第 6.3.1 条	配合比选定报告 1 份,编号:试报 12—20。符合规定。	符合要求。
			泌水率	第 6.3.1 条	配合比选定报告 1 份,编号:试报 12 - 20。符合规定。	符合要求。
			含气量	第 6.3.1 条	含气量测定报告 1 份,编号:20。含气量 3% 。符合规定。	符合要求。
			抗裂性	第 6.3.1 条	混凝土抗裂性对比试验报告 1 份,编号:试报 30 - 20。杭裂性符合规定。	符合要求。
			抗压强度	第 6.3.1 条	配合比选定报告 1 份,编号:试报 12 - 20。符合规定。	符合要求。
			电通量	第 6.3.1 条	电通量试验报告 1 份,编号:试报 36 - 9。混凝土试件电通量为 900C。符合规定。	符合要求。
			抗冻性	第 6.3.1 条	/	/
			耐磨性	第 6.3.1 条	/	/
	2	混凝土中总碱含量		第 6.3.2 条	计算单 1 份,编号:第 9 号。混凝土含碱量 2.0 kg/m^3 。质量合格。	符合要求。
	3	混凝土中总氯离子含量		第 6.3.3 条	计算单 1 份,编号:第 10 号。混凝土中氯离子含量 0.08% 。符合既定。	符合要求。
	4	混凝土水胶比		第 6.3.4 条	配合比选定报告 1 份,编号:试报 12 - 20。符合规定。	符合要求。
		单方混凝土胶凝材料用量		第 6.3.4 条	配合比选定报告 1 份,编号:试报 12 - 20。符合规定。	符合要求。
		胶凝材料抗蚀系数		第 6.3.4 条	/	/
	5	其他检验项目		/	/	
施工单位检查评定结果	检查评定合格。 专职质量检查员　吴志亮　2006 年 3 月 28 日 分项工程技术负责人　郑富宗　2006 年 3 月 28 日 分项工程负责人　王兑章　2006 年 3 月 28 日					
监理单位验收结论	同意验收。 监理工程师 冯勋仕　2006 年 3 月 28 日					

示例5—12 混凝土(施工及养护)检验批质量验收记录表(Ⅲ)

03010803 0 026

<table>
<tr><td colspan="3">单位工程名称</td><td colspan="4">×××5号大桥(DK168+988)</td></tr>
<tr><td colspan="3">分部工程名称</td><td colspan="4">墩台(0号台、1-6号墩、7号台)</td></tr>
<tr><td colspan="3">分项工程名称</td><td colspan="2">混凝土</td><td>验收部位</td><td>6号墩</td></tr>
<tr><td colspan="3">施工单位</td><td colspan="2">×××道桥工程公司</td><td>项目负责人</td><td>李实功</td></tr>
<tr><td colspan="3">施工质量验收标准名称及编号</td><td colspan="4">[A]:《铁路混凝土工程施工质量验收补充标准》(铁建设[2005]160号)
[B]:《客运专线铁路桥涵工程施工质量验收暂行标准》(铁建设[2005]160号)</td></tr>
<tr><td colspan="4">施工质量验收标准的规定</td><td colspan="2">施工单位检查评定记录</td><td>监理单位验收记录</td></tr>
<tr><td rowspan="13">主控项目</td><td>1</td><td>原材料称重允许偏差</td><td>[A]第6.4.1条</td><td colspan="2">称量偏差均为1%。符合规定。</td><td>符合要求。</td></tr>
<tr><td>2</td><td>砂、石含水率测试</td><td>[A]第6.4.2条</td><td colspan="2">每工班测定1次。符合规定。</td><td>符合要求。</td></tr>
<tr><td>3</td><td>坍落度</td><td>[A]第6.4.3条</td><td colspan="2">每工班测定1次。偏差-15mm。符合规定。</td><td>符合要求。</td></tr>
<tr><td>4</td><td>入模含气量</td><td>[A]第6.4.4条</td><td colspan="2">每工班测定1次。2%。符合规定。</td><td>符合要求。</td></tr>
<tr><td>5</td><td>入模温度</td><td>[A]第6.4.5条</td><td colspan="2">每工班测温4次。最高28℃。符合规定。</td><td>符合要求。</td></tr>
<tr><td>6</td><td>与已硬化混凝土温差</td><td>[A]第6.4.6条</td><td colspan="2">温差11℃。符合规定。</td><td>符合要求。</td></tr>
<tr><td>7</td><td>湿接缝处理</td><td>[A]第6.4.7条</td><td colspan="2">/</td><td>/</td></tr>
<tr><td>8</td><td>施工缝处理</td><td>[B]第6.4.8条</td><td colspan="2">按施工方案施工。有施工记录1份,编号:第1228号。符合规定。</td><td>符合要求。</td></tr>
<tr><td>9</td><td>混凝土养护</td><td>[A]第6.4.9条</td><td colspan="2">按施工方案养护。有养护记录1份,编号:第0531号。符合规定。</td><td>符合要求。</td></tr>
<tr><td>10</td><td>拆模温差</td><td>[A]第6.4.10条</td><td colspan="2">拆模时混凝土表面与环境温差8℃。有拆模记录1份,编号:第0528号。符合规定。</td><td>符合要求。</td></tr>
<tr><td>11</td><td>标准养护试件取样、留置和混凝土强度等级</td><td>[A]第6.4.11条</td><td colspan="2">试件取样、制作方法及数量符合要求。试件编号:0512-82~84。</td><td>符合要求。</td></tr>
<tr><td>12</td><td>同条件养护试件取样、留置和混凝土强度等级</td><td>[A]第6.4.12条</td><td colspan="2">试件取样,制作方法及数量符合要求。试件编号:0512-15~18。</td><td>符合要求。</td></tr>
<tr><td>13</td><td>附加防腐蚀措施质量</td><td>[A]第6.4.15条</td><td colspan="2">/</td><td>/</td></tr>
<tr><td colspan="4">其他检验项目</td><td colspan="2">/</td><td>/</td></tr>
<tr><td colspan="3">施工单位检查评定结果</td><td colspan="4">检查评定合格。
专职质量检查员 吴志亮 2006年3月28日
分项工程技术负责人 郑富宗 2006年3月28日
分项工程负责人 王兑章 2006年3月28日</td></tr>
<tr><td colspan="3">监理单位验收结论</td><td colspan="4">同意验收。
监理工程师
冯勋仕 2006年3月28日</td></tr>
</table>

示例 5—13　混凝土(结构外观和尺寸偏差)检验批质量验收记录表(Ⅳ)

03010803 [0] [0][2][6]

<table>
<tr><td colspan="5">单位工程名称</td><td colspan="7">×××5 号大桥(DK168+988)</td></tr>
<tr><td colspan="5">分部工程名称</td><td colspan="7">墩台(0 号台、1-6 号墩、7 号台)</td></tr>
<tr><td colspan="5">分项工程名称</td><td colspan="4">混凝土</td><td colspan="2">验收部位</td><td>6 号墩</td></tr>
<tr><td colspan="5">施 工 单 位</td><td colspan="4">×××道桥工程公司</td><td colspan="2">项目负责人</td><td>李实功</td></tr>
<tr><td colspan="5">施工质量验收标准名称及编号</td><td colspan="7">[A]:《铁路混凝土工程施工质量验收补充标准》(铁建设〔2005〕160 号)
[B]:《客运专线铁路桥涵工程施工质量验收暂行标准》(铁建设〔2005〕160 号)</td></tr>
<tr><td colspan="6">施工质量验收标准的规定</td><td colspan="5">施工单位检查评定记录</td><td>监理单位验收记录</td></tr>
<tr><td rowspan="2">主控项目</td><td>1</td><td colspan="3">桥台顶道碴槽面排水坡</td><td>设计要求</td><td colspan="5">/</td><td>/</td></tr>
<tr><td>2</td><td colspan="3">混凝土表面裂缝情况</td><td>[B]第 8.2.9 条</td><td colspan="5">表面有少量宽度不大亏 0.1 mln 的收缩裂缝,不贯通。符合规定。</td><td>合 格。</td></tr>
<tr><td rowspan="10">一般项目</td><td rowspan="9">1</td><td rowspan="9">施工允许偏差(mm)</td><td colspan="2">边缘距设计中心线</td><td>±20</td><td>+5</td><td>+9</td><td>+5</td><td>-3</td><td>+8</td><td rowspan="10">合 格。</td></tr>
<tr><td colspan="2">空心墩壁厚</td><td>±5</td><td>+5</td><td>+5</td><td>+5</td><td>-5</td><td>+2</td></tr>
<tr><td colspan="2">桥墩平面扭角</td><td>2°</td><td>1°</td><td>1°</td><td>1°</td><td>1°</td><td>1°</td></tr>
<tr><td colspan="2">表面平整度</td><td>5</td><td>5</td><td>5</td><td>5</td><td>3</td><td>3</td></tr>
<tr><td rowspan="2">简支混凝土梁支承垫石顶面高差</td><td>每片梁一端两支承垫石</td><td>3</td><td>/</td><td></td><td></td><td></td><td></td></tr>
<tr><td>每孔梁一端两支承垫石</td><td>4</td><td>/</td><td></td><td></td><td></td><td></td></tr>
<tr><td colspan="2">简支钢梁支承垫石顶面高差</td><td>5</td><td>/</td><td></td><td></td><td></td><td></td></tr>
<tr><td colspan="2">支承垫石顶面高程</td><td>0
-10</td><td>/</td><td></td><td></td><td></td><td></td></tr>
<tr><td colspan="2">预埋件、预留孔位置</td><td>5</td><td>3</td><td>3</td><td>3</td><td>5</td><td>5</td></tr>
<tr><td>2</td><td colspan="3">混凝土外观质量</td><td>[A]第 6.4.18 条</td><td colspan="5">表面密实平整、颜色均匀,无露筋、蜂窝、孔洞、疏柱、麻面和缺棱掉角等缺陷。符合规定。</td></tr>
<tr><td colspan="4">施工单位检查评定结果</td><td colspan="8">检查评定合格。
专职质量检查员　吴志亮　2006 年 3 月 28 日
分项工程技术负责人　郑富宗　2006 年 3 月 28 日
分项工程负责人　王兑章　2006 年 3 月 28 日</td></tr>
<tr><td colspan="4">监理单位验收结论</td><td colspan="8">同意验收。
监理工程师
冯勋仕　2006 年 3 月 28 日</td></tr>
</table>

(三)分项工程质量验收记录表

分项工程质量验收是在检验批质量验收合格后进行的,通常是归纳整理,验收记录表实质上是个统计表。应注意三个方面的问题:所有检验批是否已经覆盖了整个分项工程范围,有无缺漏;含有混凝土、砂浆、水泥浆强度等级(或弹性模量)的检验批,其试块到龄期后是否已出试验报告,试验结果是否符合要求;各个检验批的验收资料是否规范统一,并依次登记编号。监理单位应对每个检验批逐项审查。

分项工程质量验收记录表填写样式见示例 5—14。

1. 表名及表头部分

(1)表名要填上具体的分项工程名称。

(2)单位工程名称的填法与检验批质量验收记录表一致。

(3)分部工程名称的填法与检验批质量验收记录表一致。

(4)施工单位、项目负责人的填法与检验批质量验收记录表一致。

(5)检验批数:填写整个分项工程所含检验批的总数量。

2. 验收内容部分

(1)检验批按序号逐一列清,并逐一注明检验批所处(属)部位和区段,也可适当合并填写。

(2)对于每个检验批,因已有施工单位的检查评定结果和监理单位的验收结论,直接抄列过来就可以,合格的填写“合格”、“符合要求”、“符合规定”等。有问题的检验批可暂不填写,待处理后再验收,但应做出标记。

3. 验收结论部分

(1)施工单位检查评定结果应填“质量合格”,并由分项工程技术负责人签字。

(2)监理单位验收结论,如监理单位同意对该分项工程验收,则填写“同意验收”并签字确认,不同意验收则应指出存在的问题。

(四)分部工程质量验收记录表

分部工程质量的验收,除了核查所含分项工程质量外,还要对有关质量控制资料进行核查,还要对涉及安全、功能的必要项目进行抽样检测。在验标中,有关质量控制资料、安全和功能检测项目,尽管是集中列在了单位工程相关的条文中,但有的项目是需要在分部工程质量验收阶段检查的,检查结果就要在分部工程质量验收记录表中体现出来。

勘察设计单位只参加和勘察设计文件质量有密切关系及重要的分部工程的质量验收,验标中已经明确了勘察设计单位必须参加验收的分部工程,其他分部工程可协商确定。

分部工程质量验收记录表填写样式见示例5—15。

1. 表名及表头部分

(1)表名要填上具体的分部工程名称。

(2)单位工程名称的填法与检验批质量验收记录表一致。

(3)施工单位的填法与检验批质量验收记录表一致。

(4)施工单位的项目负责人、项目技术负责人、项目质量负责人的填法与检验批质量验收记录表一致。当工程规模很大时,此处可填该单位工程的负责人、技术负责人、质量负责人,建设单位也可以根据具体情况作出相应规定。

2. 验收内容部分

(1)分项工程

将分部工程所含分项工程按顺序逐一分列,并分别填写各分项工程所含的检验批数量,即分项工程质量验收记录表上的“检验批数”,并将各分项工程质量验收记录表按顺序附在表后。施工单位自检合格后,在施工单位检查评定结果栏中填写“合格”、“符合要求”、“符合规定”等。监理单位组织审查符合要求后,在监理单位验收结论栏中填写“同意验收”意见。

(2)质量控制资料

按“单位工程质量控制资料核查表”的内容,确定所验收的分部工程应具有的质量控制资料项目。逐项进行核查,当质量控制资料项目齐全,能反映分部工程质量情况,达到保证结构安全和使用能力的要求时,施工单位可在施工单位检查评定结果栏中填写“合格”、“完整”等,监理单位组织审查符合要求后,在验收结论栏中填写“符合要求”、“完整”等的结论。

(3)安全和功能检验(检测)报告

安全和功能的抽样检测项目，是按"单位工程安全和功能检验资料核查及主要功能抽查记录表"列出的项目事前确定的。能放在分部工程验收中检测的，应尽量放在分部工程中检测。对在分部工程中已做的抽测项目，应逐一检查每个检测报告，核查检测方法、程序、结果等是否符合要求，全部检查合格后，施工单位在检查评定栏中填写"合格"、"符合要求"、"符合规定"等，监理单位在组织审查符合要求后，在验收结论栏中填写"符合要求"意见。

3. 参加验收各方签字认可部分

当分部工程的各项验收内容都合格时，参加分部工程质量验收的各方人员应签字认可，以示负责，便于追查质量责任。

施工单位由项目负责人签字。当工程规模很大时，可由该单位工程的负责人签字，建设单位也可以根据具体情况作出相应规定。

勘察设计单位参加分部工程质量验收的，由项目负责人签字，不参加时此栏用"/"划掉。

监理单位由专业监理工程师签字。

示例 5—14　混凝土分项工程质量验收记录表

<table>
<tr><td colspan="2">单位工程名称</td><td colspan="3">×××5 号大桥(DK168 +988)</td></tr>
<tr><td colspan="2">分部工程名称</td><td>墩台(0 号台、1 - 6 号墩、7 号台)</td><td>检验批数</td><td>29</td></tr>
<tr><td colspan="2">施工单位</td><td>×××道桥工程公司</td><td>项目负责人</td><td>李实功</td></tr>
<tr><td>序　号</td><td>检验批部位</td><td>施工单位检查评定结果</td><td colspan="2">监理单位验收结论</td></tr>
<tr><td>1</td><td>0 号台:3 个检验批</td><td>符合要求。</td><td colspan="2">合 格。</td></tr>
<tr><td>2</td><td>1 号墩:4 个检验批</td><td>符合要求。</td><td colspan="2">合 格。</td></tr>
<tr><td>3</td><td>2 号墩:4 个检验批</td><td>符合要求。</td><td colspan="2">合 格。</td></tr>
<tr><td>4</td><td>3 号墩:4 个检验批</td><td>符合要求。</td><td colspan="2">合 格。</td></tr>
<tr><td>5</td><td>4 号墩:4 个检验批</td><td>符合要求。</td><td colspan="2">合 格。</td></tr>
<tr><td>6</td><td>5 号墩:4 个检验批</td><td>符合要求。</td><td colspan="2">合 格。</td></tr>
<tr><td>7</td><td>6 号墩:3 个检验批</td><td>符合要求。</td><td colspan="2">合 格。</td></tr>
<tr><td>8</td><td>7 号台:3 个检验批</td><td>符合要求。</td><td colspan="2">合 格。</td></tr>
<tr><td>9</td><td></td><td></td><td colspan="2"></td></tr>
<tr><td>10</td><td></td><td></td><td colspan="2"></td></tr>
<tr><td colspan="5">说明:
标准条件养护混凝土试件强度等级符合设计要求。试验报告编号:试报 16 - 0912 - 0929,共 18 份。
同条件养护混凝土试件强度等级符合设计要求。试验报告编号:试报 16 - 11 ~ 18,共 8 份。</td></tr>
<tr><td colspan="2">施工单位检查评定结果</td><td colspan="3">质量合格。
分项工程技术负责人
郑富宗　　2006 年 4 月 28 日</td></tr>
<tr><td colspan="2">监理单位验收结论</td><td colspan="3">同意验收。
监理工程师
冯勋仕　　2006 年 4 月 28 日</td></tr>
</table>

示例5—15　地基及基础分部工程质量验收记录表

<table>
<tr><td colspan="2">单位工程名称</td><td colspan="9">×××5号大桥(DK168+988)</td></tr>
<tr><td colspan="2">施工单位</td><td colspan="9">×××道桥工程公司</td></tr>
<tr><td colspan="2">项目负责人</td><td colspan="2">李实功</td><td colspan="3">项目技术负责人</td><td>周纪树</td><td colspan="2">项目质量负责人</td><td>陈致良</td></tr>
<tr><td>序号</td><td colspan="3">分项工程名称</td><td>检验批数</td><td colspan="4">施工单位检查评定结果</td><td colspan="2">监理单位验收结论</td></tr>
<tr><td>1</td><td colspan="3">基坑</td><td>8</td><td colspan="4">符合要求。</td><td colspan="2">同意验收。</td></tr>
<tr><td>2</td><td colspan="3">钻孔</td><td>36</td><td colspan="4">符合要求。</td><td colspan="2">同意验收。</td></tr>
<tr><td>3</td><td colspan="3">模板及支架</td><td>30</td><td colspan="4">符合要求。</td><td colspan="2">同意验收。</td></tr>
<tr><td>4</td><td colspan="3">钢筋</td><td>30</td><td colspan="4">符合要求。</td><td colspan="2">同意验收。</td></tr>
<tr><td>5</td><td colspan="3">混凝土</td><td>30</td><td colspan="4">符合要求。</td><td colspan="2">同意验收。</td></tr>
<tr><td>6</td><td colspan="3">/</td><td>/</td><td colspan="4">/</td><td colspan="2">/</td></tr>
<tr><td>7</td><td colspan="3"></td><td></td><td colspan="4"></td><td colspan="2"></td></tr>
<tr><td>8</td><td colspan="3"></td><td></td><td colspan="4"></td><td colspan="2"></td></tr>
<tr><td>9</td><td colspan="3"></td><td></td><td colspan="4"></td><td colspan="2"></td></tr>
<tr><td colspan="5">质量控制资料</td><td colspan="4">共12项,符合要求。</td><td colspan="2">符合要求。</td></tr>
<tr><td colspan="5">安全和功能检验(检测)报告</td><td colspan="4">共1份桩基承载力试验报告,编号:第051号;共36份桩基无损检测报告,编号:第061——096号。结果合格</td><td colspan="2">合 格。</td></tr>
<tr><td colspan="3" rowspan="3">验
收
单
位</td><td colspan="3">施工单位</td><td colspan="5">质量合格。
项目负责人　李实功　2006年02月20日</td></tr>
<tr><td colspan="3">勘察设计单位</td><td colspan="5">同意该分部工程验收。
项目负责人　钱设季　2006年02月20日</td></tr>
<tr><td colspan="3">监理单位</td><td colspan="5">同意验收。
监理工程师　冯勋仕　2006年02月20日</td></tr>
</table>

(五)单位工程质量验收记录表

单位工程质量验收是一项综合性验收工作,是对单位工程施工质量的一次全面把关。施工单位事前应认真做好准备。特别是要把单位工程所含的检验批质量验收记录表、分项工程质量验收记录表、分部工程质量验收记录表及时收集整理起来,以备查验。单位工程质量验收记录表是一个综合记录表,是在有关部分验收合格后填写的。与单位工程质量验收表配套的表格还有:单位工程质量控制资料核查表、单位工程安全和功能检验资料核查及主要功能抽查记录表、单位工程观感质量检查记录表。

单位工程质量验收记录表填写样式见示例5—16。

1. 表名及表头部分

(1)表名按单位工程的具体名称填写。

(2)施工单位等的填法与检验批质量验收记录表一致。

2. 验收内容之一是“分部工程”

首先对所有分部工程质量验收情况进行汇总,在验收记录栏中注明验收共几个分部,经查符合标准及设计要求的几个分部。验收组审查所有的分部工程符合要求后，由监理单位在验收结论栏填写“同意验收”的结论。

3. 验收内容之二是“质量控制资料核查”

质量控制资料核查工作按专门表格单位工程质量控制资料核查表进行，填表样式见示例5—17，符合要求后，再将其结论填写到单位工程质量验收记录表中。

单位工程质量控制资料核查表填写时，符合要求的资料，核查人在核查意见栏填写“符合要求”，并签名确认。全部检查合格后，监理单位填写“齐全完整”的结论，监理单位、施工单位负责人均应签字。由于大多数内容在各分部工程验收时已经核查，所以到单位工程验收时，应该是一项汇总整理工作。

在单位工程质量验收记录表中，需要把单位工程质量控制资料核查表的项目进行汇总，统计共有多少项资料（一般情况下不按份数计，而是按单位工程质量控制资料核查表中的项数计），经查符合要求后，在验收记录栏中填写有关项数，监理单位在验收结论栏中填写“齐全完整”的结论。

4. 验收内容之三是“实体质量和主要功能核查”

实体质量和主要功能核查按专门表格“单位工程实体质量和主要功能核查记录表”进行，填表样式见示例5—18。符合要求后，再将其结论填写到单位工程质量验收记录表中。

单位工程实体质量和主要功能核查按时间先后区分。包括两个方面的内容：一是在分部工程验收阶段已进行的实体质量和主要功能核查项目，二是在单位工程验收阶段进行的实体质量和主要功能核查项目。对于在分部工程验收阶段已进行的检测项目，主要是再审查一下检测报告的结论是否符合标准规定和设计要求；对于在单位工程验收阶段进行的检测项目，要核查抽测项目是否齐全，检测方法、程序和检测结果是否符合标准规定和设计要求。当项目符合要求时，监理单位核查、抽查人可在核查抽查意见栏中填写“符合要求”、“符合规定”等。当个别项目的抽测结果达不到标准规定和设计要求时，应当由施工单位进行返工处理。当所有项目都符合要求时，监理单位填写“符合要求”的结论，并且由施工单位项自负责人、监理单位总监理工程师签字。由于这些需要抽查、核查的项目，是反映工程质量的重要指标，直接影响项目投产后的工程安全和使用功能，且项目数量不是很多，所以要求建设单位项目负责人参与这项工作，掌握这方面的情况，并予以签字确认。

在按“单位工程实体质量和主要功能核查抽查记录表”检查合格后，应统计核查的项数、抽查的总项数，并分别统计符合要求的项数，填入单位工程质量验收记录表，监理单位填写“符合要求”结论。

5. 验收内容之四是“观感质量验收”

观感质量验收的方法是先按单位工程观感质量检查记录表进行评定，填表样式见示例5.2—11。符合要求后，再将结论填写到单位工程质量验收记录表中。

观感质量验收由建设单位项目负责人组织监理单位总监理工程师、施工单位项目负责人等进行现场检查，检查范围要覆盖整个单位工程，能看到要看到，能启动运转的要启动运转。检查完毕后，以建设单位项目负责人为主导共同确定质量评价，被评为“差”的项目应进行返修。每个检查项目质量状况的描述、质量评定的“合格”或“差”（用打“√”的方法标注，另栏用“/”划掉）、检查结论均由监理单位填写。当各项目均评定为“合格”时，在单位工程观感质量检查记录表上填写“合格”的检查结论。建设单位项目负责人、监理单位总监理工程师、施工单位项目负责人签字。

观感质量检查合格后，统计检查项目和符合要求项数填入单位工程质量验收记录表，监理单位填写“合格”结论。

6. 验收内容之五是“综合验收结论”

由于单位工程质量的验收工作是由建设单位组织，所以在有关各方对以上 4 项内容进行检查并符合要求后，且经参加验收各方共同商定，由建设单位填写综合验收结论，可以填写“通过验收”等。

7. 参加验收各方签字、盖章

建设单位、监理单位、施工单位、勘察设计单位都同意单位工程通过验收时，由各方负责人签字，并加盖单位公章，以示对工程质量负责，并注明年月日。

单位工程质量验收工作，也可根据工程规模、性质和管理形式，由建设单位具体确定。

示例 5—16　单位工程质量验收记录表

<table>
<tr><td colspan="2">单位工程名称</td><td colspan="5">×××5 号大桥(DK168 +988)</td></tr>
<tr><td colspan="2">开工日期</td><td colspan="2">2004.05.18</td><td colspan="2">竣工日期</td><td>2004.09.20</td></tr>
<tr><td colspan="2">施工单位</td><td colspan="5">×××道桥工程公司</td></tr>
<tr><td colspan="2">项目负责人</td><td>李实功</td><td>项目技术负责人</td><td>周纪树</td><td>项目质量负责人</td><td>陈致良</td></tr>
<tr><td>序号</td><td>项　　目</td><td colspan="3">验收记录</td><td colspan="2">验收结论</td></tr>
<tr><td>1</td><td>分部工程</td><td colspan="3">共 4 分部
经查，符合标准规定及设计要求 4 分部</td><td colspan="2">同意验收。</td></tr>
<tr><td>2</td><td>质量控制资料核查</td><td colspan="3">共 9 项
经查符合要求 9 项
不符合要求 0 项</td><td colspan="2">齐全宽整。</td></tr>
<tr><td>3</td><td>实体质量和主要功能核查</td><td colspan="3">共核查 4 项
符合要求 4 项
不符合要求 0 项</td><td colspan="2">符合要求。</td></tr>
<tr><td>4</td><td>观感质量验收</td><td colspan="3">共检查 6 项
评定为合格的 6 项
评定为差的 0 项</td><td colspan="2">合　　格</td></tr>
<tr><td>5</td><td>综合验收结论</td><td colspan="3">通过验收。</td><td colspan="2"></td></tr>
<tr><td rowspan="2">验收单位</td><td>施工单位</td><td colspan="2">监理单位</td><td colspan="2">勘察设计单位</td><td>建设单位</td></tr>
<tr><td>×××道桥
工程公司
（公章）

单位负责人

李实功

2006 年 05 月 25 日</td><td colspan="2">×××工程建设
监理公司
（公章）

总监理工程师

孙坚礼

2006 年 06 月 25 日</td><td colspan="2">×××勘测
设计研究院
（公章）

项目负责人

钱破季

2006 年 06 月 25 日</td><td>×××铁路建设
总指挥部
（公章）

项目负责人

赵甲方

2006 年 06 月 25 日</td></tr>
</table>

示例5—17　单位工程质量控制资料核查表

单位工程名称	×××5号大桥(DK168+988)			
施工单位	×××道桥工程公司			
序号	资　料　名　称	份数	核查意见	核查人
1	图纸会审、设计变更、洽商记录	4	符合要求。	付宗坚
2	工程定位测量、放线记录	5	符合要求。	付宗坚
3	原材料出厂合格证及进场检(试)验报告	25	符合要求。	付宗坚
4	施工试验报告	35	符合要求。	付宗坚
5	成品及半成品出厂合格证或试验报告	9	符合要求。	付宗坚
6	施工记录	31	符合要求。	付宗坚
7	工程质量事故及事故调查处理资料	/	/	/
8	施工现场质量管理检查记录	1	符合要求。	付宗坚
9	分项、分部工程质量验收记录	44	符合要求。	付宗坚
10	新材料、新工艺施工记录	/	/	,
11	/	/		

结论:齐全完整。

施工单位项目负责人　李实功　2006年06月25日

总监理工程师　孙坚礼　2006年06月25日

示例5—18　单位工程实体质量和主要功能核查抽查记录表

单位工程名称	×××5号大桥(DK168+988)			
施工单位	×××道桥工程公司			
序号	项　　目	资料份数	核查意见	核查人
1	地(桩)基承载力试验	1	符合要求。	付宗坚
2	桩基承载力试验无损检测	36	符合要求。	付宗坚
3	混凝土表面裂缝检查	15	符合要求。	付宗坚
4	钢筋的混凝土保护层厚度检查	15	符合要求。	付宗坚
5	混凝土强度无损检测	/	/	/
6	渡槽、倒虹吸通水试验	/	/	/
7	交通涵排水系统功能试验	/	/	/
8	桥梁的动、静载试验	/	/	/
9				
10				

结论:符合要求。

施工单位项目负责人　李实功　2006年06月25日

总监理工程师　孙坚礼　2006年06月25日

建设单位项目负责人　赵甲方　2006年06月25日

注:核查项目由验收组协商确定。

示例 5—19　单位工程观感质量检查记录表

<table>
<tr><td colspan="2">单位工程名称</td><td colspan="3">×××5 号大桥(DK168+988)</td></tr>
<tr><td colspan="2">施工单位</td><td colspan="3">×××道桥工程公司</td></tr>
<tr><td rowspan="2">序号</td><td rowspan="2">项目名称</td><td rowspan="2">质　量　状　况</td><td colspan="2">质量评定</td></tr>
<tr><td>合格</td><td>差</td></tr>
<tr><td>1</td><td>墩、台</td><td>墩台身混凝土表面平整,色泽均匀,外形整体轮廓清晰,线角顺直。</td><td>√</td><td></td></tr>
<tr><td>2</td><td>混凝土梁</td><td>梁体表面平整,色泽均匀,无明显表面缺陷。泄水管畅匾。全桥整体基本平顺,梁缝基本均匀。</td><td></td><td></td></tr>
<tr><td>3</td><td>钢梁涂装</td><td></td><td></td><td></td></tr>
<tr><td>4</td><td>桥面</td><td>表面无明显损伤,布设符合规定。接缝基本严密。</td><td>√</td><td></td></tr>
<tr><td>5</td><td>检查设施</td><td>配件齐全,联结牢固,涂装合格。</td><td>√</td><td></td></tr>
<tr><td>6</td><td>人行道(含避车台)</td><td>步行板平整,无明显损伤,排列均匀,铺装平稳,嵌缝密实。栏杆、扶手无明显缺陷,安装牢固,涂装合格,扶手基本顺直。配件齐全。</td><td>√</td><td></td></tr>
<tr><td>7</td><td>锥体护砌</td><td>砌体选料得当,坡度顺直,勾缝无明显缺陷,泄水孔畅通。</td><td>√</td><td></td></tr>
<tr><td>8</td><td></td><td></td><td></td><td></td></tr>
<tr><td>9</td><td></td><td></td><td></td><td></td></tr>
<tr><td>10</td><td></td><td></td><td></td><td></td></tr>
<tr><td colspan="5">检查结论:合格。
施工单位项目负责人　　总监理工程师　　建设单位项目负责人
李实功　　孙坚礼　　赵甲方
2006 年 06 月 25 日　　2006 年 06 月 25 日　　2006 年 06 月 25 日</td></tr>
</table>

(六)客运专线铁路工程施工质量验收过程中需要注意的问题

1. 框构桥、框架桥、框构涵、框架涵、钢结构的验收和填表

框构桥、框架桥、框构涵、框架涵、钢结构等如何验收、填表不很统一。目前的铁路桥涵施工规范和验标将其列入涵洞中,所以,这类结构工程的验收按"就地制作涵洞"处理。

2. 半填半挖段的路基填表

半填半挖路基,填的部分按路堤填表,挖的部分按路堑填表。需要填两个表。

3. 地基系数 K_{30} 检测数据的填写

由于压实系数 K、孔隙率 n 是按每压实层检测、填表,而地基系数 K_{30} 是按每填高约 90 cm 为一个检测层,K_{30} 是几个压实层的数据。如果按在哪一层检测,就把数据填在哪一层的检验批表中,有的检验批表中就没有 K_{30} 数据,这是允许的,没有关系。

4. 检验批表的编号重复应如何处理

对于一个单位工程来说,检验批表是不可能出现重复编号的。即使对于一个隧道的两个洞口,也不会出现重复编号。如隧道单位工程编号 0401,洞口分部工程编号 01,开挖分项工程编号 01,一个洞口为一个检验批,则一个口检验批的顺序号为 001,另一个为 002。两个洞口

的开挖分项工程检验批表的编号为:04010101001.04010101002。

检验批表的编号不能出现重复,但可以不连续。如上述两个洞口的开挖分项工程检验批表的编号也可以编为:04010101003、04010101005。另外,根据一般工程的规模数量,检验批的顺序号按三位预留能够满足需要。当一个分项工程的规模特别大时,如果三位顺序号确实不够,可以再加一位,用001－1、001－2、001－3……,也可以用0001、0002……。

5. 站场路基检验批长度的确定方法

关于站场路基检验批的确定,在《铁路站场工程施工质量验收标准》中规定,须按股道数折合为单线长度。

例如对于路堤填筑,《铁路路基工程施工质量验收标准》规定的检验批是单线300m。

对于5股道的站场路基,填筑压实检验批长度应掌握在60 m左右。

6. 预制梁能否划分为单位工程

梁由梁场制造,而桥梁的其他工程由别的施工单位施工。按照单位工程划分的首要原则,由不同的施工单位施工的不能划为一个单位工程,但梁场的不能划分为一个单位工程。桥梁单位工程不包括预制梁。只是在"架设"分项工程中,检查梁体是否有质量证明文件,是否合格。

7. 验收资料是否必须手工填写

除责任人签名外,没有必要要求其他资料手写,机打更清楚。

8. 桥梁桩基沉渣的问题应如何处理

在《客运专线铁路桥涵工程施工质量验收暂行标准》第46页6.5.5条"浇注水下混凝土前要清底,孔底沉渣应清除干净,满足客运专线铁路相关设计规范级设计文件提出的沉降要求。

有的理解为沉渣厚度控制为零;即使不能控制为零,填写检验批相关资料时也要求填写为零;这种理解是机械的。

(1)关于孔底沉渣厚度,铁路标准一直规定:柱桩不大于100 mm,摩擦桩不大于300 mm。(见《铁路桥涵工程施工质量验收标准》(TB 10415—2003))。

(2)在制定《客运专线铁路桥涵工程施工质量验收暂行标准》时,考虑到客运专线的行车平稳性对基础沉降的要求,拟提出一个较为严格的控制值。但到底这个值是多大?没有实践经验,不能确定出一个统一的数值。从而提出"满足客运专线铁路相关设计规范及设计文件提出的沉降要求"。即沉渣厚度由各条线的设计单位提出。

(3)《客运专线铁路桥涵工程施工技术指南》第27页第11行,"浇注水下混凝土前孔底沉渣厚度,柱桩不大于5 cm,摩擦桩不大于20 cm。严禁采用加深钻孔深度的方法代替清孔"。此处的要求仅仅作为参考。

(4)"沉渣应清除干净"的目的也是"满足客运专线铁路相关设计规范及设计文件提出的沉降要求"。但"沉渣应清除干净"的原意不是"零","零沉渣"不可能做到。质量验收资料上填写"零沉渣",不能让人信服。还是应该与监理单位协商找设计单位提出个数值为好。

9. 钻孔桩地质核实问题如何处理

客运专线桥涵工程质量验收标准规定:桥梁钻孔桩达到设计深度后,必须核实地质情况。检验数量:施工单位、监理单位全部检查,勘察设计单位对有代表性的桩进行现场确认。

关于要求设计单位对有代表性桩的地质情况进行确认问题,因具体工程情况不一,验收标准无法给出量化要求,只能原则性要求,由建设各方根据工程具体情况协商确定。但应注意以下几点：

(1)地质情况与设计相符与否，是设计单位的质量职责。验收标准编写的原意是让设计单位100%确认。

(2)考虑到设计单位在勘察设计阶段已经做了大量工作，且现场配合人员相对较少的实际情况，验收标准给出了设计单位对有代表性的桩进行地质情况确认的要求。所谓有代表性，目的是减少一些设计单位的现场工作量。但质量责任并不减免。

(3)当确定有代表性的桩时，一定要明确所代表的范围，并留有记录。

(4)一般情况下，一个墩台应确认一次；对于钻探资料详细、地质情况变化不大、桩长相近的桩，可以几个墩台确认一次，但范围不能太宽。

10. 检验批的填写问题

(1)原地面处理地基检验批质量验收记录表、钢筋(连接及安装)检验批质量验收记录表(Ⅱ)、模板及支架检验批质量验收记录表、洞身开挖检验批质量验收记录表、超前小导管检验批质量验收记录表、钢架检验批质量验收记录表、喷射混凝土支护检验批质量验收记录表(Ⅱ)的漏填现象较多，应特别注意验收部位、主控项目的设计要求，验收部位栏中的具体里程，主控项目的设计要求要填写实际地质情况的描述，必须与设计相符。钢筋编号、主筋的品种、级别、规格及数量，以及洞身的地质描述要按设计图纸上来进行描述，表格内容最好采用打印手法填写，手工填写字迹必须清楚，不得漏填。单位评定检查验收结果和监理单位验收结论必须采用人工手写签名。

(2)喷射混凝土支护检验批质量验收记录表(Ⅱ)在主控项目中的配合比设计、喷射混凝土早期(1d)强度、喷射混凝土强度必须要填上编号，如：配合比选定报告1份，编号：HP0002。不能留空。其他项填写方法同上。

第六章　铁路工程资料归档组卷

第一节　竣工文件资料归档范围和保存单位

1. 竣工文件应由建设单位组织有关责任单位编制,接管使用单位档案管理部门应予以协助指导。

2. 竣工文件的编制、整理、验收、移交、管理等应符合有关标准和管理办法的规定。

3. 竣工文件应如实反映建设项目主要过程和竣工状况,表格所列的建设项目资料应纳入竣工文件。

4. 竣工文件资料收集范围如下表:

表 6—1　竣工文件资料归档范围和保存单位

序号	资料类别	归档文件资料	保存单位			
			建设单位	设计单位	施工单位	监理单位
一	立项决策资料	预可行性研究报告及批复文件	●	●		
		环境影响报告书及批复文件	●	●		
		水土保持方案报告书及批复文件	●	●		
		节能报告书及批复文件	●	●		
		防洪影响评估报告书及批复文件	●	●		
		通航论证报告书及批复文件	●	●		
		地震安全性评估报告书及批复文件	●	●		
		文物保护影响评估报告书及批复文件	●	●		
		可行性研究报告及批复文件	●	●		
二	征地拆迁资料	建设用地预审资料及批复文件	●	●		
		选址意见书、建设用地规划许可证	●	●		
		勘测定界成果资料	●	●	●	
		建(构)筑物评估报告	●	●	●	
		现场交桩资料	●	●	●	●
		临时用地租用协议资料	●		●	
		征地拆迁管理台账	●		●	
三	招投标管理资料	招标计划及批复文件	●			
		招标公告	●			
		资格预审文件、招标文件及批准文件	●			
		资格预审评审资料	●			
		投标文件	●	●	●	●

续上表

序号	资料类别	归档文件资料	保存单位			
			建设单位	设计单位	施工单位	监理单位
四	招投标管理资料	开标记录文件	●			
		评标报告	●			
		中标通知书及中标结果通知书	●	●	●	●
		招投标情况书面报告	●			
五	合同管理资料	合同审查资料	●			
		合同联签文件	●			
		合同变更、解除及纠纷处理文件	●			
		合同文本	●	●	●	●
六	开工报告	建设项目开工报告及批复文件	●			
		合同标段和重点工程开工报告及批复文件	●		●	●
		单位工程开工报告及批复文件	●		●	●
七	技术管理资料	指导性施工组织设计资料	●			
		全线控制测量方案	●	●	●	●
		科技成果资料	●	●	●	●
八	质量安全控制资料	物资设备控制资料	●		●	●
		第三方检测资料	●		●	●
		线路贯通测量资料	●		●	●
		质量安全事故资料	●	●	●	●
九	质量安全监督资料	工程质量安全监督手续资料	●	●	●	●
		质量安全监督部门下发的监督资料	●	●	●	●
		质量安全监督报告	●			
十	水土保持、环境保护资料	水土保持资料	●		●	●
		环境保护资料	●		●	●
十一	投资控制资料	投资估算文件	●	●		
		投资估算审查修改文件	●	●		
		设计概算	●	●		
		鉴修概算	●	●		
十二	投资控制资料	投资检算	●	●		
		分标段执行预算	●	●		
		甲供物资价款资料	●	●	●	●
		验工计价资料	●	●	●	●
		清理概算资料	●	●		

续上表

序号	资料类别	归档文件资料	保存单位			
			建设单位	设计单位	施工单位	监理单位
十三	勘察资料	勘察大纲资料	●	●		
		勘察报告资料	●	●		
		初测资料	●	●		
		定测资料	●	●	●	●
		勘察监理资料	●	●		●
十四	设计资料	初步设计资料	●	●		
		施工图设计资料	●	●	●	●
		变更设计资料	●	●	●	●
		工程咨询资料	●	●		
十五	施工技术资料	施工图现场核对资料	●	●	●	●
		设计技术交底资料	●	●	●	●
		交接桩资料	●	●	●	●
		实施性施工组织设计资料	●		●	●
		施工技术总结	●	●	●	●
十六	物资设备管理资料	质量证明文件			●	●
		进场验收记录			●	●
十七	工程测量资料	施工测量实施方案资料			●	●
		施工控制测量资料			●	●
		施工测量放样资料			●	●
		沉降移位变形观测与评估资料	●	●	●	●
		竣工测量资料	●		●	●
十八	工程试验资料	工程试验实施方案资料			●	●
		工程试验报告	●		●	●
十九	施工记录资料	施工记录			●	●
		施工日志			●	
二十	施工质量验收资料	检验批验收资料		●	●	●
		分项工程验收资料		●	●	●
		分部工程验收资料		●	●	●
		单位工程质量控制资料			●	●
		单位工程实体质量和主要功能核查资料	●		●	●
		单位工程观感质量检查资料	●	●	●	●
		单位工程验收资料	●	●	●	●

续上表

序号	资料类别	归档文件资料	保存单位			
			建设单位	设计单位	施工单位	监理单位
二十一	监理管理资料	监理规划	●			●
		监理实施细则	●			●
		监理日志				●
		监理月报	●			●
		监理工作总结	●			●
		工程质量评估报告	●		●	●
二十二	施工监理资料	监理工程师通知单	●		●	●
		监理工程师通知回复单			●	●
		工程停(复)工令	●		●	●
		旁站监理记录	●		●	●
		工程延期报告及审批资料	●		●	●
		索赔申请报告及审批资料	●		●	●
二十三	基础资料	竣工图	●	●	●	●
		竣工表、册	●		●	
		国有土地使用证	●			●
		水土保持、环境保护设施验收资料	●		●	●
		劳动、安全、卫生、消防设施验收资料	●		●	●
		竣工决算资料	●		●	●
二十四	验收资料	静态验收资料	●	●	●	●
		动态验收资料	●	●	●	●
		初步验收资料	●	●	●	●
		安全评估报告	●	●	●	●
		正式验收资料	●	●	●	●

注:以上表格中的“●”符号表示保存单位,是指建设项目竣工后对工程资料的归档保存。

第二节　竣工文件组卷方法

一、各种专业竣工文件组卷(即组成保管单位)方法

(一)基本建设工程文件

一个工程项目的基建文件、施工技术文件、竣工图,要遵循先综合、后按专业区分的原则。根据每个工程项目形成档案的多少,按照问题、时间、专业等规律,组成若干个保管单位,即:一卷为一个保管单位,一盒即为一卷。

(二)基建工程竣工文件综合类组卷方法

1. 竣工验收相关报告:静态验收报告、动态验收报告、初步验收报告、正式验收报告;
2. 竣工验收附表:铁验表 1 ~7,铁客专验表 1 ~7。
3. 施工技术总结是指一个建设项目总的施工技术总结。
4. 综合专业规定的内容表格。
5. 施工中来往的文电、协议、合同文本按内容和保管期限分别组成保管单位。
6. 施工中形成的声像档案按铁道部办公厅《声像档案管理暂行办法》或本系统印发的

《声像档案管理办法》要求组成保管单位。

7. 工程质量检验报告。

8. 各单位工程验收报告,可在固定资产移交后按专业组卷,并集中装订成册。

（三）施工技术文件、竣工图按专业、按阶段组卷

线路:按线路综合、线上和其他三个部分组成保管单位,其中:

（1）线路综合:分别按1. 线路平、纵断面缩图,2. 线路平面图,3. 线路纵断面图,4. 详细工程地质图、纵断面图,5. 施工资料（包括施工小结、工程日志）等五个部分组卷。

（2）线上:将施工资料装订成册,组成若干卷。

（注:线上如统一由一个单位铺设时,由铺设单位将施工资料装订成册,直接交接收单位归档。）

（3）其他:将有关施工资料集中装订成册,组成若干卷。

2. 路基:按路基及路基附属两个部分组成保管单位

（1）路基:按施工资料及有关检查证、横断面图、路基个别设计竣工图等三个部分组卷。路基夯实度试验记录,单独组成保管单位。

（2）路基附属:工程数量小的可将施工管段内的若干项单项工程组在一起,工程数量大的可按路基排水、路基加固、防护和路基环境保护工程分别组卷,然后按施工资料和图纸两个部分组卷。

3. 桥梁:

（1）特大、大、中桥按座组卷,将施工资料、图纸分别组成保管单位（施工资料、图纸少的也可合并组卷）。施工资料按墩台顺序集中组卷。钻孔桩施工资料按根、墩台顺序集中组卷。复线桥错位时,如基础分开,资料也应分左右线分开组卷,图纸可合在一起绘制。

（2）小桥比照上述大、中桥按座组卷,也可按区间组卷（一个区间以甲、乙两站中心里程为界）,各自按里程先后排列,并将施工资料与图纸分开组卷。

（注:如梁由铺架单位统一架设时,铺架单位应及时将架梁记录及梁的出厂合格证移交桥下施工单位合并组成保管单位。）

4. 涵洞:按区间组卷（一个区间以甲、乙两站中心里程为界）,各自按里程先后排列,并将施工资料与图纸分开组卷。

5. 隧道:按座组卷,将施工资料与图纸分开组成保管单位。

6. 站场:按站组卷,将站场平、横断面图、站场设备分别组卷,如小站将站内道路、栅栏、站台、风雨棚等组在一起,如大站按站场设备分别组卷,然后按施工资料、图纸组成保管单位。

7. 机务、车辆:按土建和动力机械设备分别组成保管单位。

8. 给水、排水:先区分给水、排水,再按每个给水站包括水源井、泵房、水塔,给水管路等按文件材料、图纸分别组成保管单位,排水系统单独组成保管单位。

9. 通信:按干线通信线路、通信站、地区及站场通信、无线通信、车站客运管理信息系统五个部分组成保管单位,电缆径路按设计区段组卷。

10. 信号:按电锁器联锁、电气集中联锁、驼峰信号、区间信号、调度集中或调度监督、其他信号六个部分分别组成保管单位,站场与区间分开组卷（区间为甲站出站信号机至乙站进站信号机为界,以下同）,所有区间信号可集中组卷。

11. 电力:首先按区间和站场分别组成保管单位,然后按发、变、配电所,站内电力线路,供电线路,动力配线,室内外照明、自动控制六个部分分别组卷。

12. 电气化:按接触网、变配电所等部分组成保管单位。接触网应将站场接触网应和区间

分开组卷。

13. 房建:按小站和地区房屋两种情况分别组卷。

(1)小站房屋不分归属单位,将机、车、工、电、辆房屋组在一起,将施工资料和图纸分开组成保管单位。

(2)地区房屋按站、段、厂、院分别组卷,大单位再按生产、生活、办公、福利等用途分开组卷。

(3)房地产档案按以下内容收集组卷:

① 地亩资料:a. 土地使用证;b. 本单位征用土地请示及上级有关部门和地方政府的批准文件、契约文书等;c. 征地、拆迁、青苗补助协议书、合同、付款清单及收据;d. 征用土地地界表;e. 标有四至地界平面图。

② 基本综合资料:a. 房屋使用权证;b. 房地产座落总平面布置图;c. 房区管道、线路平面图;d. 房屋分栋、分层平面图;e. 房屋分栋片(正、侧面各一张)照片及录音、录像等;f. 年度房屋统计报表;g. 年度附属建筑物及设备统计表;h. 房地产变更报告表(附变更图)。

③ 工程项目确定阶段形成的文件、资料:a. 开工报告及批复或审批表;b. 建设用地规划许可证;c. 施工批准文件(建筑执照);d. 工程招标文件,与施工单位签定的施工协议、合同;e. 房屋建筑设计任务书、审批文件;f. 工程施工组织设计说明书;g. 工程概预算书;h. 工程开竣工时上级领导剪彩照片、讲话录音、录像等。

④ 工程竣工阶段形成积累的文件、资料:a. 工程竣工验收报告,单位工程竣工交接单;b. 工程质量核定书;c. 单位工程质量评定表;d. 分项、分部工程质量评定表;e. 竣工决算报告;f. 优质工程证书;g. 质量事故报告及处理结果;h. 施工总结;i. 新技术、新工艺、新材料专题技术总结。附属建筑物及设备分项登记表;j. 房地产座落数量表;k. 工程照片。

14. 专用线、客运专线:10 公里以内按线路其他组卷,10 公里以上按专业组卷。

15. 铁路用地:按站、区间、零置地分别组成保管单位,征地资料如车站与区间不能分开时,可将资料集中组在车站内。

16. 环境保护与水土保持:文件材料单独组卷,图纸组入各专业内。

(注:凡施工资料与图纸分开组成保管单位的,如施工资料与图纸数量都有不多时,可以合并组成一个保管单位。)

二、竣工文件整理排序和案卷质量要求

竣工文件及图纸的排序:

(1)竣工验收记录表及报告

(2)开工报告及批复文件

(3)工程施工总结(或小结)

(4)变更设计通知单

(5)竣工工程数量表

(6)建交表

(7)施工质量验收资料(或检查证)

(8)施工技术资料

(9)物质设备管理资料

(10)工程测量资料

(11)工程试验资料

(12)各种原材料、成品、半成品出厂合格证

(13)各种动力机械图纸、出厂合格证、说明书

(14)施工记录资料

(15)其他报表和文字材料

三、铁路工程竣工文件及图表移交内容清单

竣工文件移交的图表和清册的编制应按照接管单位的行政区划分,便于接管单位存档和使用。以下所列竣工文件的内容是一个建设项目的全部竣工文件。(客运专线工程组卷方法应参照铁路工程组卷方法进行)

(一)综合(凡各专业内容不能包括进去的,均可收集纳入综合部分内)

(1)竣工验收相关报告:静态验收报告、动态验收报告、初步验收报告、正式验收报告

(2)竣工验收附表:铁验表1—7

(3)概算及决算支出对照表(决算附表一)

(4)主要材料及人工消耗统计表(决算附表二)

(5)设计与竣工主要工程数量及投资对照表(决算附表三)

(6)剩余工程数量及投资表(决算附表四)

(7)整个项目的施工技术总结

(8)工程技术条件表(建交—1)

(9)车站表(建交—2)

(10)桥梁表(建交—8)

(11)旅客天桥、地道表(建交—10)

(12)涵洞表(建交—11)

(13)隧道及明洞表(建交—12)

(14)房屋总清册(建交—17)

(15)消防、环保、安全、医药卫生空调设备表(建交—26)

(16)工程质量检查报告(由工程建设监理部门提供)

(17)施工中形成的有关文件、电报、协议、合同、会议记录以及工程照片(底片)、录音带、录像带、光盘等

(18)单位工程质量验收记录表。

(二)线路(含综合、轨道、其他)

线路综合

1. 文件资料

(1)水准点表(建交—4—1)

(2)控制桩表(建交—4—2)

(3)统一里程与施工里程对照表(建交—5)

(4)曲线表

(5)坡度表

(6)断链表

(7)断高表

(8)控制测量成果表

(9)双线设计时(增建)第二线左右侧及线间距表
(10)预留二线一次施工地段表
(11)既有线改线地段表
(12)既有线改坡地段表
2. 竣工图
(1)线路竣工平面图(含改建既有线、增建第二线、绕行线)
(2)线路竣工纵断面图(含改建既有线、增建第二线)
(3)线路竣工平面、纵断面缩图
(4)详细工程地质图(根据需要全部或重点编制,可与线路竣工平面图合并编制)
(5)详细工程地质纵断面图(可与线路竣工纵断面合并编制)
(6)改移道路及平(立)交道、人行过道竣工图
注:①建交—5 表的填写仅限于新建铁路;②各种表格除建交表外,竣工图中已有的不另附,以下同。
线路轨道
1. 文件资料
(1)专业工程验收记录表及报告(或竣工验收交接记录表及报告)
(2)开工报告及批复文件
(3)工程施工小结
(4)变更设计通知单
(5)轨道工程数量汇总表
(6)加强地段表
(7)制动地段表
(8)正线线路上部建筑铺设材料汇总表(建交—13)
(9)铺设钢筋混凝土枕、木枕地段表
(10)铺设无缝线路地段表
(11)铺设整体道床、宽枕及其他新型轨下基础地段表
(12)线路标志及信号标志工程数量表
(13)养路机械设备数量表(建交—25)
(14)施工质量验收资料
(15)施工记录资料
注:单位工程质量检验评定表(铁程检—47),根据各铁路局的要求进行填写并办理移交。
线路其它(包括平交道口、栅栏、道口铺砌砖、车挡、线路标志、备品等)
(1)专业工程验收记录表及报告(或竣工验收交接记录表及报告)
(2)开工报告及批复文件
(3)工程施工小结
(4)变更设计通知单
(5)工程数量表
(6)平(立)交道表(建交—15)
(7)施工质量验收资料
(8)施工记录资料
(9)设计单位提供的修改后的竣工图

注:单位工程质量检验评定表(铁程检—47),根据各铁路局的要求进行填写并办理移交。

(三)路基(含路基和路基附属二个部分)

路 基

1. 文件资料

(1)专业工程验收记录表及报告(或竣工验收交接记录表及报告)

(2)开工报告及批复文件

(3)工程施工小结

(4)变更设计通知单

(5)路基土石方数量总表

(6)路基填挖方工程数量表

(7)路基填土夯实检验记录

(8)路基地面排水工程数量表

(9)机械化养路作业平台设置表

(10)施工质量验收资料

(11)施工记录资料

注:检查路基基地(铁程检—05)、检查铺轨前路基完成情况(铁程检—07)、路基高度及宽度实测与设计对照表(铁程检—07 附)、单位工程质量检验评定表(铁程检—47),应根据各铁路局的要求进行填写并办理移交。

2. 竣工图

(1)路基竣工横断面图

(2)路基个别设计竣工图(平面图、纵断面图、横断面图、建筑物结构详图等)

(3)路基排水系统竣工图

(4)路基环境保护工程竣工图

路基附属

(1)排水工程

包括改河和河床加固、护坡、片石垛、渗水沟、盲沟、排水沟、天沟、截水沟、排水沟、排水槽、急流槽、侧沟铺砌、吊沟、挡水埝、地下水处理等。

(2)路基加固及防护工程

包括挡墙、护墙、抗滑桩、桩板墙、锚杆档墙、锚索桩、锚固桩、挤密桩、砂桩、砂井、抛填片石、片石垛、护坡护墙等。

(3)排水及路基加固防护工程均应包含以下内容:

1. 专业工程验收记录表及报告(或竣工验收交接记录表及报告)
2. 开工报告及批复文件
3. 工程施工小结
4. 变更设计通知单
5. 工程数量表
6. 路基加固防护工程数量表(建交—3)
7. 改河改沟(渠)表
8. 路基地面排水工程数量表
9. 混凝土、砂浆试压报告单
10. 石材试验报告单

11. 施工质量验收资料
12. 施工记录资料
13. 路基排水系统竣工图
14. 路基环境保护工程竣工图
15. 各种加固工程设计图修改为竣工图

注:单位工程质量检验评定表(铁程检—47),根据各铁路局的要求进行填写并办理移交。

(四)桥梁(含所有桥梁工程)

1. 文件资料

(1)专业工程验收记录表及报告(或竣工验收交接记录表及报告)
(2)开工报告及批复文件
(3)工程施工小结
(4)变更设计通知单
(5)桥梁工程数量汇总表
(6)检查桩基检测情况表
(7)桥梁表(建交—8)
(8)钢梁挠度及振动试验表(建交—9)
(9)钢材、水泥、砂石料等原材料出厂合格证或复试报告
(10)检验批质量验收记录表
(11)工程用水水质化验情况
(12)混凝土、砂浆试压报告单
(13)钢梁出厂合格证,若设计文件要求作用梁挠度试验,由工程部门组织有关单位共同进行,施工单位将结果填入建交—9 表
(14)钢筋混凝土梁及预应力钢筋混凝土梁出厂合格证
(15)钢筋混凝土人行道板出厂合格证
(16)现场灌注钢筋混凝土梁检验资料及合格证
(17)桥梁围栏、护栏、梁部检查设备、防火设备、河床铺砌检查证及附图等
(18)施工质量验收资料
(19)施工记录资料

注:检查桥梁基坑完成情况(铁程检—09)、检查沉进沉箱封底前完成情况(铁程检—10)、检查桥梁墩台中线、水平、跨度情况(铁程检—11)、检查钢筋混凝土桥梁架设前墩台及梁部尺寸情况(铁程检—12)、检查桥梁加高情况(铁程检—13)、检查钢筋布置(铁程检—14)、检查建筑物防水层及泄水设备(铁程检—16)、特大桥及复杂桥梁工程检查证(可参照铁程检 24—42)、单位工程质量检验评定表(铁程检—47),应根据各建设单位的需要进行填写并办理移交。

2. 竣工图

(1)桥址平面图
(2)桥址工程地质图(地质复杂的桥附)
(3)桥梁墩台及基础竣工图
(4)全桥总布置图
(5)桥梁特殊结构竣工图
(6)桥梁新技术、新结构竣工图
(7)导治建筑物及其他附属工程竣工图
(8)汇水面积图

(9)桥上的照明、通信、信号、电力、电气化等有关竣工图

(五)涵　　洞

文件资料及图

(1)专业工程验收记录表及报告(或竣工验收交接记录表及报告)

(2)开工报告及批复文件

(3)工程施工小结

(4)变更设计通知单

(5)竣工数量表(区间内按类型、孔径分别汇总)

(6)检验批质量验收记录表

(7)钢筋、水泥、砂浆试压报告单

(8)工程质量验收记录表

(9)涵洞顶进记录

(10)施工质量验收资料

(11)施工记录资料

(12)进出口改沟图

注:检查涵洞基坑完成情况铁(程检—09)、检查钢筋布置(铁程检—14)、检查建筑物防水层及泄水设备(铁程检—16)、单位工程质量检验评定表(铁程检—47),应根据各建设单位的需要进行填写并办理移交。

(六)隧道、明洞

1. 文件资料

(1)专业工程验收记录表及报告(或竣工验收交接记录表及报告)

(2)开工报告及批复文件

(3)工程施工小结

(4)变更设计通知单

(5)隧道工程数量汇总表

(6)隧道净空测量记录

(7)钢材、水泥、砂石料等原材料出厂合格证或复试报告

(8)混凝土、砂浆试压报告

(9)压浆记录

(10)特殊隧道处理记录

(11)重大塌方处理记录、

(12)工程质量事故处理记录

(13)通风机械设备数量表(可以用建交—25 表填写)

(14)隧道及明洞表(建交—2)

(15)通风机械设备一览表

(16)施工质量验收资料

(17)施工记录资料

注:检查钢筋布置(铁程检—14)、检查隧道衬砌厚度、防水层及背后填塞(铁程检—15)、检查建筑物防水层及泄水设备(铁程检—16),应根据各建设单位的需要进行填写并办理移交。

2. 竣工图

(1)隧道(含明洞)平面图

(2)隧道纵断面图

(3)隧道洞身横断面图

(4)隧道洞口平面及纵、横断面图

(5)运营通风设施竣工图包括:

① 通风机房、通风机组平面布置图

② 通风机组安装图

③ 通风机组及其他设备基础图

④ 隧道通风门安装图等

(6)特殊设计隧道(如洞门、衬砌、支护、防水、排水和新技术、新结构等)竣工图

(7)改沟、防护等竣工图

(8)既有隧道改建或加固竣工图

(七)站　　场

1. 文件资料

(1)专业工程验收记录表及报告(或竣工验收交接记录表及报告)

(2)开工报告及批复文件

(3)工程施工小结

(4)变更设计通知单

(5)土石方工程数量汇总表

(6)轨道工程数量表

(7)工程数量汇总表

(8)站内平(立)交道表(建交—15)

(9)站场设备表(包括客运、货运、调车及安全设备等)

(10)施工质量验收资料

(11)路基填土夯实检验记录

(12)站线线路上部建筑铺设材料汇总表(建交—14)

(13)站内站台、雨棚、天桥、地道、平过道、检票口、栅栏、围墙、给水台、检查坑、进站道路、进站台阶、货场道路、站名牌等各项工程的施工资料及附图。

(14)施工记录资料

注:检查路基基地(铁程检—05)、路基高度及宽度实测与设计对照表(铁程检—07 附)、单位工程质量检验评定表(铁程检—47),应根据各铁路局的要求进行填写并办理移交。

2. 竣工图

(1)站场平面布置图(包括站房、进站公路)

(2)站场纵、横断面图

(3)站场管线综合布置图

(4)站场排水系统竣工图

(5) 进出站场线路布置和疏解平面布置及纵断面图

(6)较长联络线纵断面图

(7)驼峰线路竣工图

① 驼峰线路平面图

② 驼峰线路纵断面与能高线图

③ 驼峰线路车辆溜放间隔检查图
④ 减速顶布置图
⑤ 驼峰管线综合布置图等
(8)大站车场综合布置图
(9)避难线竣工图
(10)站区绿化竣工图
(11)维修设施总平面布置图
(12)各生产车间设备平面布置图
(13)室内、外生产管路布置图
① 平面图
② 剖面图
③ 复杂管系的原理图及立体图
④ 设备基础图

(八)机　　务

1. 文件资料
(1)专业工程验收记录表及报告(或竣工验收交接记录表及报告)
(2)开工报告及批复文件
(3)工程施工小结
(4)竣工工程数量表
(5)机务设备数量表(建交—18)
(6)燃料设备表(建交—24)
(7)标准、非标准机构设备表(建交—25)
(8)各种机械出厂合格证、图纸、说明书
(9)设备开箱检查证(铁程检—43)
(10)设备安装检查证(铁程检—44)
(11)设备基础隐蔽工程检查证(铁程检—45)
(12)单位工程质量验收记录
(13)施工记录资料

注:单位工程质量检验评定表(铁程检—47),应根据各铁路局的要求进行填写并办理移交。

2. 竣工图
(1)机务段(所)总平面布置图(包括房屋、轨道、道路、建筑物、给水、排水系统等)
(2)整备各车间设备平面布置图
(3)车库及其他车间设备平面布置图
(4)室内、外生产管路竣工图
(5)室外管线综合布置图
(6)专用设备图
(7)机械设备基础竣工图
(8)车站与机务段关系示意图
(9)油库及管路平面布置图

(九)车　　辆

1. 文件资料

(1)专业工程验收记录表及报告(或竣工验收交接记录表及报告)

(2)开工报告及批复文件

(3)工程施工小结

(4)车辆机械设备数量表

(5)检验批质量验收记录表

(6)设备开箱检查证(铁程检—43)

(7)设备安装检查证(铁程检—44)

(8)设备基础隐蔽工程检查证(铁程检—45)

(9)标准、非标准机构设备表(建交—25)

(10)燃料设备表(建交—24)

(11)施工质量验收资料

(12)施工记录资料

注:单位工程质量检验评定表(铁程检—47),应根据各铁路局的要求进行填写并办理移交。

2. 竣工图

(1)车辆设备总平面布置图

(2)主要检修生产车间及各生产分车间设备平面布置图

(3)其他生产辅助房屋及办公室平面布置图

(4)列检所位置及室外列检设备平面布置图

(5)列检所房屋及室内设备平面布置图

(6)室内、外生产管路布置图

(7)室外管线综合布置图

(8)机械设备基础图

(9)红外线轴温探测系统探测网网络传输示意图

(10)红外线轴温探测站位置图

(11)红外线监测中心、复示站室内设备平面布置图

(十)给水排水

1. 文件资料

(1)专业工程验收记录表及报告(或竣工验收交接记录表及报告)

(2)开工报告及批复文件

(3)工程施工小结

(4)变更设计通知单

(5)给水排水设备数量汇总表(建交—19)

(6)水源水质化验单

(7)既有污水水质化验单

(8)水资源开采许可证及与证地方有关部门签订的协议

(9)混凝土、砂浆试压报告

(10)管路成品出厂合格证

(11)设备开箱检查证(铁程检—43)

(12)设备安装检查证(铁程检—44)
(13)设备基础隐蔽工程检查证(铁程检—45)
(14)各种机械设备出厂合格证、图纸、说明书(交使用单位)
(15)准许污水排放的有关资料
(16)检验批质量验收记录表
(17)施工质量验收资料
(18)施工记录资料

注:检查水源井(铁程验—06)、检查水管路安装及水压试验情况(铁程验—08)、检查钢筋布置(铁程验—14)、检查房屋或其他建筑物工程地基(铁程检—17)、单位工程质量检验评定表(铁程检—47),应根据各铁路局的要求进行填写并办理移交。

2. 竣工图

(1)给水站给水、排水总平面图
(2)给水站给水、排水管网系统图
(3)扬水、导水、排水管道的平面图、纵断面图
(4)水源地平面布置图
(5)地表水取水设备纵断面图
(6)管井结构图
(7)山上给水池平面图、剖面图
(8)给水所、给水处理、污水处理、污水抽升泵站、油库、消防等平、剖面图及机械、设备安装图
(9)沿线生活供水站、点给水排水竣工图

(十一)通　　信

1. 文件资料

(1)专业工程验收记录表及报告(或竣工验收交接记录表及报告)
(2)开工报告及批复文件
(3)工程施工小结
(4)变更设计通知单
(5)通信工程竣工数量表(建交—16)
(6)通信设备、仪器、仪表配备表
(7)利用原有设备、器材一览表
(8)各种电话装设一览表
(9)长途电线路(含电缆)规划批准图及文件
(10)各种电气、设备测试记录(交接管单位的维修部门)
(11)施工质量验收资料
(12)施工记录资料

注:检查地下电缆埋设情况(铁程检—18)、检查通信电线路回线测定(铁程检—19)、检查地线埋设情况(铁程检—20)、检查通信电缆电气特征(铁程检—21)、单位工程质量检验评定表(铁程检—47),应根据各铁路局的要求进行填写并办理移交。

2. 竣工图

(1)通信网图
(2)电话交换网图
(3)铁路专用通信系统图

(4)数据通信网图
(5)各种管理信息系统图
(6)同步网图
(7)电信管理网图
(8)SIM 系统 2A4b/Sj 以上通道分配图
(9)时隙分配图
(10)干线通信线路竣工图包括：
a. 电缆回线运用图
b. 光、电缆线路竣工图
c. 光、电缆基本形式及分歧接续图
d. 光再生中继段划分、充气维护及监测系统图
(11)通信站竣工图包括：
a. 通信设备运用图、平面布置图
b. 沟、槽、管、洞平面布置图
c. 走线架、槽道平面布置图
d. 引入架塞孔、试验架塞孔分配图
e. 中间配线柜(架)端子板分配图
f. 音频配线架端子分配图
g. 通信、各种管理信息回线径路图
h. 备用话路径路图
i. 传输室配线图
j. 数字配线架端子板分配图
k. 电话交换机中继方式图
l. 总配线架端子板分配图
m. 电话交换室配线竣工图
n. 光、电缆引入室引入装置结构安装图
o. 光、电缆成端及气路分配图
p. 电源系统图
q. 电源配线竣工图
r. 接地装置总布置图
s. 接地系统及配线竣工图
t. 备用发电机房设备平面布置及沟、槽、管、洞竣工图等
(12)地区及站场(区段站及以上大站)通信竣工图
a. 通信网图
b. 通信线路径路图
c. 电缆芯线分配图
d. 光、电缆系统图
e. 光、电缆管道平纵断面图
f. 电缆充气维护系统图
g. 重要房屋(调度所、通信及会议机械室、站调楼、信号楼、运转室等)通信竣工图：

平面布置图;回线径路图;引入架、试验架塞孔分配图;中间配线柜(架)端子板分配图;配线(含电源)图

h. 电话集中机盘面布置图

i. 扩音设备系统图

j. 共用天线电视、闭路电视监视系统图

k. 大型房屋室内通信系统图

l. 大型房屋室内通信设备布置、配线及携槽、管、洞图

m. 各种管理信息系统设备平面布置及配线图

n. 铁路专用通信回线径路图

o. 光、电数字系统回线径路图

p. 音频配线架端子板分配图

(13)无线通信竣工图

a. 无线列调组织系统图

b. 无线列调车站设备平面布置图

c. 无线列调车站设备配线图

d. 无线列调车站设备安装图

e. 无线列调机车设备平面布置图

f. 无线列调机车设备配线图

g. 无线列调机车设备安装图

h. 无线列调中继器、区间设备平面布置图

i. 无线列调车站电台场强覆盖示意图

j. 漏泄电缆、中继器、功分器接续及安装隆

k. 站场无线通信组织系统图

l. 站场无线通信设备平面布置及安装图

m. 站场无线通信固定天线安装图

n. 无线检修所设备平面布置及沟、槽、管、洞图

o. 重要房屋、无线设备安装及配线图

p. 集群通信组织系统图

q. 集群通信设备平面布置及配线图

r. 微波传输系统图

s. 微波传输径路平、纵断面图

t. 微波通信设备平面布置及配线图

u. 微波铁塔位置图

v. 卫星通信系统图

w. 卫生通信设备平面布置及配线图

x. 各天线布置、安装、防雷及接地装置图

(14)车站客运管理信息系统竣工图

a. 列车到发通告系统图

b. 客运广播系统图

c. 旅客引导显示系统图

d. 旅客问闻讯系统图
e. 综合显示屏系统图
f. 电视监测系统图
g. 电子客票(软票)售票及预订系统图
h. 自动识别检票系统图
i. 发送行包检斤、制票系统图
j. 到达行包查询管理系统图
k. 中转行包管理系统图
l. 计划、统计信息系统图
m. 人事、劳资信息系统图
n. 财务管理信息系统图
o. 车站综合管理信息系统图
p. 其他业务管理信息系统图
q. N 区 N 层客运管理信息系统沟、槽、管、洞图
r. N 区 N 层客运管理信息系统平面布置图
s. N 区 N 层通信管线图
t. N 区 N 层火灾自动报警监视系统
u. 通信设备管线图
v. 高架候车厅客运管理信息沟、槽、管、洞图
w. 高架候车厅客运管理信息系统平面布置图
x. 高架候车通信管线图
y. 高架火灾自动报警监视系统及通信设备管线图
z. 车站配合工程通信管线图,以及各系统配线图;

(15)各种机械、电缆、设备出厂合格证、图纸、说明书(交使用单位)

(十二)信　　号

1. 文件资料

(1)专业工程验收记录表及报告(或竣工验收交接记录表及报告)
(2)开工报告及批复文件
(3)工程施工小结
(4)变更设计通知单
(5)信号工程竣工数量表(建交—16)
(6)信号设备数量表
(7)联锁表
(8)继电集中联锁组合排列表和零散组合类型表
(9)计算机联锁接口电路组合排列表及零散组合类型表
(10)各种电气、设备测试记录(只交接管单位的设备维修部门)
(12)施工质量验收资料
(13)各种机械设备图纸出厂合格证、说明书(中文、外文一起归档)
(14)施工记录资料

注:检查地下电缆埋设情况(铁程检—18)、检查地线埋设情况(铁程检—20)、信集闭设备基础检查证(铁程检—46)、单

位工程质量检验评定表(铁程检—47),应根据各铁路局的要求进行填写并办理移交。

2. 竣工图

(1)电锁器联锁竣工图

① 信号设备平面布置图及联锁图

② 信号室内设备布置示意图

③ 控制台盘面示意图

④ 电路图

⑤ 室内配线图

⑥ 室外配线图

⑦ 非标准设备安装图

(2)电气集中联锁竣工图

a. 信号设备平面布置图

b. 室内信号设备布置示意图

c. 双线轨道电路图

d. 电缆网络图

e. 室外电缆布置及防护示意图

f. 室内配线图

g. 室外配线图

h. 信号显示关系图

i. 非标准设备安装图

j. 继电集中联锁还应附加:控制台、表示盘及其他盘面布置图;组合连结图;电路图;继电集中与各种设备结合电路图

k. 计算机联锁竣工图还应附加:控制台、表示盘(或CRT)及其他盘面布置图;计算机联锁系统结构图;计算机联锁系统设备配置示意图;输入、输出接口电路图;计算机联锁系统防雷设备示意图;计算机联锁电源系统配置示意图

(3)驼峰信号竣工图

a. 驼峰信号设备(含调速设备)平面布置图

b. 室内信号设备布置示意图

c. 驼峰控制台盘面布置示意图

d. 进路控制、溜放速度控制等系统结构图

e. 动力设备、风(油)管路等设备布置示意图

f. 接口电路及联系电路图

g. 电缆网络图

h. 室外电缆布置及防护示意图

i. 室内、室外配线图

j. 非标准设备安装图

k. 驼峰信号电源系统配置示意图

(4)区间信号竣工图

① 区间信号平面布置图(含道口信号)

② 区间电缆径路及防护示意图

③ 电路图;配线图
④ 非标准设备安装图
(5)调度集中或调度监督竣工图
① 调度集中或调度监督系统结构图
② 调度所室内设备布置示意图
③ 调度区段按序列排列站形图
④ 调度所表示盘面与操纵箱盘面布置图
⑤ 编码图
⑥ 分机与电气集中(或计算机联锁)结合电路图
⑦ 自动闭塞检测系统图
⑧ 非标准电路图
⑨ 配线图
⑩ 非标准设备安装图
(6)其他信号设备竣工图
① 道口信号设备布置图
② 隧道防护信号设备布置图
③ 信号检修、测试设备室内布置示意图
④ 机车信号检修、测试设备室内布置示意图
⑤ 电路图;配线图
⑥ 非标准设备安装图

(十三) 电　　力

1. 文件资料

(1)专业工程验收记录表及报告(或竣工验收交接记录表及报告)
(2)开工报告及批复文件
(3)工程施工小结
(4)通信、信号、电力工程竣工数量表(建交—16)
(5)送电线路数量表(建交—22)
(6)配电线路数量表(建交—23)
(7)电力设备数量表
(8)导线安装曲线或安装表
(9)变更设计通知单
(10)各种电气、设备测试记录(只交接收单位的维修部门)
(12)设备开箱检查证(铁程检—43)
(13)设备安装检查证(铁程检—44)
(14)设备基础隐蔽工程检查证(铁程检—45)
(15)施工质量验收资料
(16)各种机械设备图纸、出厂合格证、(中、外文一起归档)
(17)供电协议
(18)施工记录资料

注:检查地下电缆埋设情况(铁程检—18)、检查地线埋设情况(铁程检—20)、主变压器安装技术检查证(铁程检—22)、

牵引变压器安装技术检查证㈠、㈡(铁程检—23)、单位工程质量检验评定表(铁程检—47),应根据各铁路局的要求进行填写并办理移交。

2. 竣工图

(1)发、变、配电所竣工图

a. 总平面布置图

b. 电气主接线图

c. 室内设备平面布置图

d. 室内设备布置断面图

e. 室外变、配电设备平面布置图

f. 室外变、配电设备布置断面图

g. 设备基础平面布置图

h. 架构组装图及零部件图

i. 二次接线图

j. 端子排接线图

k. 屏面布置图

l. 自动化装置配置图

m. 所用电交直流系统图

n. 电缆布置及电缆清册图

o. 照明及动力配线图

p. 防雷保护、接地图

q. 电力调度中心平面布置图

r. 远动系统图

s. 远动装置外部接线图

t. 远动装置端子排接线图

u. 远动装置接地图

v. 电力调度中心用电系统图

(2)站内电力线路竣工图

① 线路平面图

② 线路供电系统图

③ 复杂地段电缆敷设图

④ 非标准杆塔、灯塔、灯桥图

⑤ 室外开关箱图

⑥ 站场照明控制系统图

(3)供电线路(电源、贯通线路及区间其他高压电力线路)

① 线路平面图

② 复杂地段断面图

③ 复杂地段电缆敷设图

④ 非标准杆塔图

⑤ 设备安装图

⑥ 防雷保护、接地图

(4)动力配线竣工图

① 平面布置图

② 配电系统图

③ 复杂动力设备电气主接线及控制接线图

④ 设备安装图

⑤ 防雷保护、接地图

(5)室内、外照明(不含超高层建筑)

① 平面布置图

② 配电系统图及控制接线图

③ 防雷保护、接地图

(6) 自动控制竣工图

① 控制室平面布置图

② 配电系统图

③ 控制系统图或框图

④ 控制设备外部接线图

⑤ 控制系统接地图

(十四)电 气 化

1. 文件资料

(1)专业工程验收记录表及报告(或竣工验收交接记录表及报告)

(2)开工报告及批复文件

(3)工程施工小结

(4)电气化设备表(建交—20)

(5)接触网工程数量表(建—21)

(6)送电线路数量表(建交—22)

(7)配电线路数量表(建交—23)

(8)电缆清册

(9)设备开箱检查证(铁程检—43)

(10)设备安装检查证(铁程检—44)

(11)设备基础隐蔽工程检查证(铁程检—45)

(12)锚板接线,接地极埋设检查记录

(13)少油断路器、真空断路器安置记录

(14)变压电力电缆安装记录

(15)各种电气、设备测试记录

(16)施工质量验收资料

(17)各种设备、电力、钢筋混凝土线杆出厂合格证、说明书

(18)施工记录资料

注:牵引变压器安装技术检查证㈠、㈡(铁程检—23)、单位工程质量检验评定表(铁程检—47),应根据各铁路局的要求进行填写并办理移交。

2. 竣工图

(1)牵引变电所、开闭所、分区亭、电力调度所竣工图

a. 主接线图

b. 总平面布置图(含绿化)

c. 生产房屋平面布置图

d. 生产房屋设备及网栅布置图

e. 生产房屋母线布置图

f. 间隔断面图

g. 设备安装图

h. 防雷与接地平面布置图

i. 生产房屋预埋件位置图

j. 交直流自用电系统图

k. 二次回路接线图

l. 盘面布置图及控制盘盘面布置图

m. 主控制室配电盘布置及小母线配置图

n. 端子排接线图

o. 断路器机构箱安装接线图

p. 动力照明图

q. 电力敷设图

r. 基础平面布置图

s. 架构组装图及零部件图

t. 调度所平面布置及远动装置接地系统图

u. 远动范围图

v. 调度所所用电系统图

w. 远动装置系统图

x. 远动装置外部接线图

y. 调度盘、台面布置图

z. 电源盘盘面布置图;远动装置安装图及房屋预埋件位置图;远动装置、调度盘、台端子排接线图

(2)接触网竣工图

a. 站场接触网平面布置图

b. 区间接触网平面布置图

c. 隧道内悬挂平面布置图

d. 供电线、回流线、捷接线、正馈线、保护线平面布置图

e. 导线安装曲线

f. 设备安装图

g. 各类支柱安装图

h. 隧道内及下承式桁梁桥内悬挂安装图

i. 桥梁等大型建筑物上支柱安装图

j. 大型建筑物防护网栅图

k. 供电分段示意图

l. 非标准零件及基础图

m. 其他个别设计的竣工图

(3)供电段竣工图

① 供电段平面布置图(含绿化)

② 生产房屋设备平面布置图

③ 办公及辅助房屋平面布置图

④ 设备基础图

⑤ 房屋预埋件位置图

⑥ 段内管线综合图

⑦ 设备安装图

⑧ 专用设备图

(4)电力线路影响电气化铁路处理有关竣工图

(十五)房建工程

1. 文件资料

(1)专业工程验收记录表及报告(或竣工验收交接记录表及报告)

(2)开工执照、报告及批复文件

(3)工程施工小结(一个站的房屋不多,可按站做)

(4)房屋总清册(建交—17)

(5)站场暖通空调卫生消防设备表(建交—26)

(6)房屋工点表

(7)站场设备构筑物表

(8)站场设备数量表

(9)站场暖通空调卫生消防设备工点表

(10)变更设计通知单及施工变更洽商记录

(11)施工图会审记录

(12)混凝土、砂浆试压报告单

(13)钢材、水泥、砂石料、砖等重要原材料出厂合格证或复试报告

(14)成品、半成品混凝土构件出厂合格证(如工地灌注的应附钢筋检查证及混凝土试压报告)

(15)新工艺、新材料、新技术、新设备的试验、验收和鉴定记录或证明文件

(16)电气工程线路系统的全负荷试验记录

(17)结构工程的检查记录和历次中间检查记录。

(18)工程施工过程中发生的质量事故记录

(19)建筑防火审批资料(按公安部颁布发的《建筑工程消防监督审核管理规定》附件确定的消防监督送审各种申报表、审批表)

(20)钻孔桩基础各种检查证及位置平面图

(21)爆扩桩平面布置图及记录

(22)设备开箱检查证(铁程检—43)

(23)设备安装检查证(铁程检—44)

(24)设备基础隐蔽工程检查证(铁程检—45)

(25)施工质量验收资料

(26)施工记录资料

注:检查房屋或其他建筑物工程地基(铁程检—17)、检查钢筋布置(铁程检—14)、检查建筑物防水层及泄水设备(铁程检—16)、检查给水管路安装及水压试验情况(铁程检—8)、单位工程质量检验评定表(铁程检—47),应根据各铁路局的要求进行填写并办理移交。

2. 竣工图

(1)房屋总平面布置图

① 各站房屋布置图

② 生活区房屋布置图

③ 管线综合图(范围较大、房屋数量较多的生活区附)

(2)房屋、站场设备构筑物竣工图

① 建筑平面图

② 建筑立面图、剖面图

③ 建筑详图

④ 结构布置图

⑤ 构件详图,节点构造详图,基础详图

(3)暖通空调卫生消防设备竣工图

① 室外热网布置图

② 采暖锅炉房竣工图

③ 室内采暖、通风、空调、制冷、给水、排水、热水供应、消防、燃气等竣工图

(十六)环境保护与水土保持

1. 环境保护与水土保持工程明细表

2. 消防、环保、安全、医药卫生、空调设备表(建交—26)

3. 环境保护与水土保持工程竣工图(分别编人各专业工程竣工图册内)

(十七)铁路征用土地

1. 建设工程批准文件

2. 铁路建设用地(含征用、划拨、回收等)、青苗(补、偿)及拆迁建筑物、构筑物补偿费清册(建交—6)

3. 铁路建设用地界桩表(应与用地平面图上的地界、数量一致)(建交—7),表中计算所得面积应与地界图计算面积相符,该表要加盖县(或区)土地管理局及乡、村公章。

4. 铁路建设项目用地、拆迁及各项补偿全部完结结案表(建交—27)

5. 铁路建设补充耕地及交纳开垦费清册(建交—28)及有关协议证件。

6. 铁路用地的耕地占用税证明或免税通知单

7. 收(付)款凭证

8. 铁路用地申请报告和各级地方政府历年批准征用土地文件,装订成册,并编印清单

9. 铁路用地总平面图(包括线路、住宅、站场房屋、给排水管道、水塔、工厂、采石厂等用地范围及地界标桩位置)及底图,竣工图上必须盖有地方政府图章。

(1)车站、区间地界图应分别绘制,两者以出站信号机为界,交界处须多绘出不少于50米的地形和地界。

(2)图中要显示被征地村界,村、乡、县交界处加盖公章。

(3)图纸应用大地座标方格网。

(4)新征土地应自起点,将不同类地块编顺号,图纸末尾绘制"征用土地数量明细表"表下加盖征地村公章。

(5)图纸封面加盖县(或区)土地管理局公章。

(6)建设项目改、扩建征地应绘出既有地界和新征地界。

10. 县以上土地管理局发给的地籍图。

11. 国有土地使用证。

12. 建设工程用地小结。

13. 施工单位在征用土地涉及到旧路界时,要对原路界的图纸进行核实,防止重征或开关天窗。

14. 各单位零小基建、自建、战备工程发生征用土地时,也应按有关规定立卷归档,将地亩资料交有关单位的档案部门。

(十八)各单位应归档的内容和份数

1. 施工单位需移交一份的资料内容

(1)各专业的工程日志,交接收单位归档。

(2)原材料、成品、半成品出厂合格证及各种原材料复试报告,零小配件抽样检查合格证等交接收单位归档。

(3)混凝土、砂将试压报告,混凝土灌注记录,隧道压浆记录,路基填土夯实度试验报告,电气、设备测试报告,施工单位只做一份,交接收单位归档。

(4)各项设备出厂合格证、使用说明书、图纸,交设备使用维修部门归档。

(5)站前工程项目分部、分项工程质量有关资料交接收单位。

2. 房建专业具体规定

(1)机车车辆检修车间、工厂厂房、通信站、信号楼、站调楼、继电室、行车室、给水所、电气化铁路牵引变配电所,特一、二等客站房、客专资料、局机关办公楼、局直属职工宿舍等整套竣工文件及图纸交归口的各铁路集团档案馆归档。

(2)建设单位站段需收集全部生产、办公、福利、生活等各类房屋资料。

3. 各铁路、集团公司、合资铁路公司、地方铁路公司档案部门收集项目前期施工的文件,包括项目立项、调研、可行性研究评估、决策,各阶段设计及项目安装、调试、涉外、科研、生产准备、试生产等工作活动中形成的文件。

4. 通信设备属铁通公司管理,通信专业的竣工文件交各铁路集团公司和设备使用单位各一份,其他随固定资产移交接管单位。

四、竣工文件装盒程序和表格式样

(一)装盒程序

施工资料和图纸一般应分开装盒,如果施工资料内容较少可采取下列第二种方法组卷。

第一种装盒方法:施工资料内容较多的情况下,施工资料和图纸分开装盒,并按内容先后顺序排序,一盒装不完续第2盒,如第1、2、3、……n盒

竣工文件装盒步骤:卷内目录(在盒内散放,页数多也可用不锈钢订单独装订)→案卷软封面(皮)→竣工文件(装订在案卷软封面内)→备考表(若在盒内第三封印好,无需另放,只需按盒上内容填写)

竣工图装盒步骤:卷内目录→竣工图纸→备考表

第二种装盒方法:施工资料与图纸数量不多,可以合并组成一个保管单位(盒)

竣工文件及图纸的装盒步骤:卷内目录→案卷软封面(皮)→竣工文件→竣工图纸→备考表

(二)表格式样

(1)卷内目录式样:

卷 内 目 录

档案号:____________

顺序号	图号或文件编号	名　　称	张　次	备　注

(2)竣工文件软封面样式

单位代号______________

种类代号______________

档 案 号______________

中华人民共和国铁道部

(立档单位全称)

科学技术档案

案卷标题______________________

施工里程______________________

竣工里程______________________

形成单位______________________

形成日期______________________

保管期限______________________

密　　级______________________

(3)工程日志软封面式样：

档案号：＿＿＿＿＿＿

线
段

工 程 日 志 簿

工程名称：＿＿＿＿＿＿＿＿＿＿＿＿＿＿＿＿

形成单位：＿＿＿＿＿＿＿＿＿＿＿＿＿＿＿＿

形成日期：＿＿＿＿＿＿＿＿＿＿＿＿＿＿＿＿

保管期限：＿＿＿＿＿＿＿＿＿＿＿＿＿＿＿＿

密　　级：＿＿＿＿＿＿＿＿＿＿＿＿＿＿＿＿

第1册　　共1册

---

(4)科技档案卷内备考表：

档案号：＿＿＿＿＿＿

备　考　表

本案卷内共　　张，其中文字材料　　张，图纸　　张，照片　　张，其他　　张。

说明：

组卷单位负责人：＿＿＿＿＿＿

组　　卷　　人：＿＿＿＿＿＿

职　　　　　务：＿＿＿＿＿＿

日　　　　　期：＿＿＿＿＿＿

(5)科技档案盒封面 单位:毫米

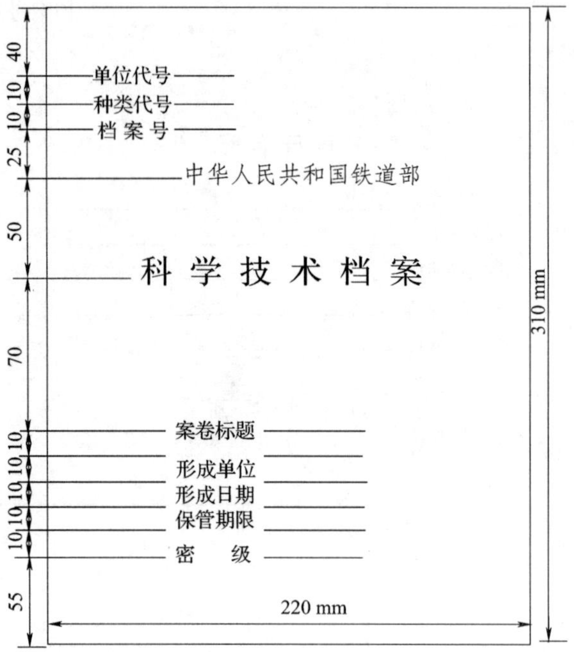

注:①“单位代号、种类代号、档案号”用三号仿宋体,“中华人民共和国铁道部”用一号宋体,“科学技术档案”用30×25毫米长牟体,“案卷标题”等用三号黑体。②文字和符号全部用红色印刷。

(6)科技档案盒脊背式样与档案盒规格尺寸:单位:毫米

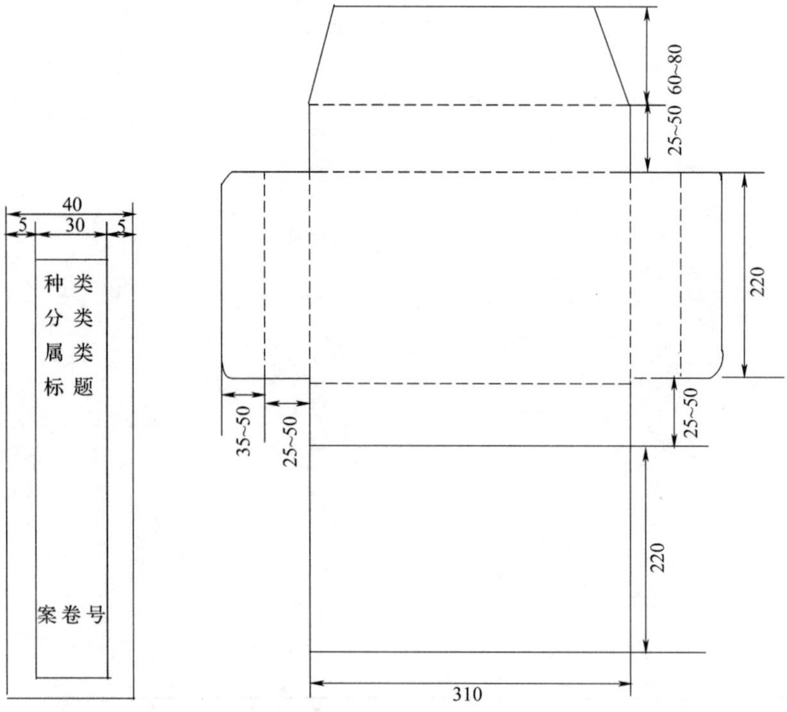

注:1. 种类、分类、属类用三号仿宋体,标题用三号黑体,案卷号用四号仿宋体,文字和边框全部用红色印刷。

2. 盒的厚度可分别为25、40、50毫米。

（7）科技档案移交清册

档案（文件）移交清册

项　　目：

共　　计：　　　　　卷　　　　　册　　　　　件　　　　　张

本册共计：　　　　　页

移交单位：　　　　　移交人：　　　　　接收单位：　　　　　接收人：

交接日期：　　　年　　月　　日

（8）科技档案（文件）移交目录

科技档案（文件）移交目录

形成单位	形成时间	标题或文件内容	移交单位编号	卷（盒、张）	数量	接收单位	备考

第三节　铁路工程竣工文件附表与实例

一、建交表样式及实例

1. 工程技术条件表

建设项目名称＿＿＿＿＿＿＿＿自＿＿＿＿＿＿＿＿至＿＿＿＿＿＿＿＿

工程技术条件表

建交—1

一、建设规模及地址：	
二、线路技术条件	
1. 铁路等级	2. 最小曲线半径
3. 限制坡度	4. 线路最高最低海拔
5. 股道有效长度	6. 路基宽度（路堑路基土石分写）
7. 正线钢轨类型	8. 站线钢轨类型
9. 道床种类及尺寸	10. 轨枕种类及布置
三、桥隧技术条件	
1. 地震等级	2. 桥涵荷载等级
3. 桥梁净空限界	4. 隧道净空限界
5. 最大设计洪水周期	6. 最低冻结线
四、运行技术条件	
1. 牵引种类	2. 机车类型
3. 牵引定数	4. 最高行车速度
5. 通过能力	6. 最大最小区间
7. 困难区间行车时分	8. 限制速度
五、其他建筑技术条件	
1. 天桥限界净空	2. 最短旅客站台长度
3. 房屋最高层数	4. 房屋最大跨度
5. 水塔最大容量	

填报单位：　　　　　　制表：　　　　　　复核：　　　　　　主管：　　　　年　月　　日

注：该表由建设单位填报

2. 车站表

建设项目名称____________自____________至____________

车　站　表

建交—2

第　页　共　页

中心里程		站名	距离	股道		线路情况		最大通过能力	列车往返时间	附属设备	备注
施工	统一			数量	有效长度	曲线半径	坡度‰				

填报单位：×××××　制表：　×××　复核：×××　主管：×××　　2005 年 8 月 2 日

附注：1. 线路情况如系直线在曲线半径栏内写“直”字。

2. 本表应根据坡度表算出二站间之列车往返时间根据运行图注明最大通过能力。

3. 站台、围墙、栅栏等填在附属设备栏内。

4. 煤台、三角线等设备应在备注栏内注明。

5. 表中计量单位：距离为“公里”；有效长度及曲线径为“米”；最大通过能力为“对/日”；列车往返时间为“分”。

车站表实例：（部分数据）

建设项目名称<u>新建重庆至怀化铁路</u>自<u>九龙洞</u>至<u>漾头段</u>

车　站　表

建交—2

第 1 页　共 1 页

中心里程		站名	距离	股道		线路情况		最大通过能力	列车往返时间	附属设备	备注
施工	统一			数量	有效长度	曲线半径	坡度‰				
DK563 +980	K554 +947.52	漾头车站	/	3	930 880 920	805.1 1 800 794.62	0	/	/	站台、站名牌、道路、平过道、排水沟、电缆沟	

填报单位：×××××　制表：　×××　复核：×××　主管：×××　　2005 年 8 月 2 日

3. 路基加固及防护工程数量表

建设项目名称____________自____________至____________

路基加固及防护工程数量表

建交—3

第 页 共 页

起讫里程		位置	长度	最高高度	最大顶宽	最大底宽	体积	基础情况	建筑材料	式样	备注
施工	统一										

填报单位：××××× 制表： ××× 复核：××× 主管：××× 2005 年 8 月 2 日

附注：1. 位置栏按其在线路的“上”、“下”、“左”“右”填写。

2. 表中计量单位：长度、最大顶宽、最大底宽为“米”；体积为“立方”。

3. 新结构、新材料及试验项目在备注栏内注明。

路基加固及防护工程数量表实例：（部分数据）

建设项目名称 <u>新建重庆至怀化铁路</u> 自 <u>九龙洞至漾头段</u>

路基加固及防护工程数量表

建交—3

第 1 页 共 8 页

起讫里程		位置	长度	最高高度	最大顶宽	最大底宽	体积	基础情况	建筑材料	式样	备注
施工	统一										
一、挡土墙											
DK554 +393.4 – +433.4	K545 +372.53 – +412.53	左	40	11	0.62	2.56	1 068.5	/	浆砌片石	衡重式	
DK554 +575 – +650	K545 +554.13 – +629.13	右	75	40	0.92	0.92	172.09	/	浆砌片石	重力式	

填报单位：××××× 制表： ××× 复核：××× 主管：××× 2005 年 8 月 2 日

4. 基点表

建设项目名称__________自__________至__________

水 准 基 点 表

建交—4—1

第 页 共 页

基点编号		标高(米)	位置				备注
			里程		距离		
旧有	移交		施工	统一	左	右	

填报单位:×××××　制表:　×××　复核:×××　主管:×××　2005 年 8 月 2 日

附注:备注栏内应注明何种基点,基点的构造材料,具体位置。

基点表实例(恶滩中桥 0#台台尾右侧道碴槽顶部分数据)

建设项目名称　新建重庆至怀化铁路　自　九龙洞至漾头段

水 准 基 点 表

建交—4—1

第 1 页　共 1 页

基点编号		标高(米)	位置				备注
			里程		距离		
旧有	移交		施工	统一	左	右	
	BM33 - 1	253.607	DIK554 + 393.4	K545 + 234.79	2.7	/	铜鼓滩大桥 8#台台尾台阶栏杆处左侧
	BM33 - 2	251.071	DK556 + 948.85	K547 + 927.98	/	2.7	龙门大桥 7#台尾线路右侧台尾连接墙
	BM33 - 3	255.826	DK557 + 921.59	K548 + 900.72	/	1.6	恶滩中桥 0#台台尾右侧道碴槽顶

填报单位:×××××制表:　×××复核:×××主管:×××　2005 年 8 月 2 日

控制桩表

建设项目名称__________自__________至__________

控　　制　　桩　　表

建交—4—2

第　页　共　页

编号	基桩种类	位置				构造材料	备注
		里程		距离(米)			
		施工	统一	左	右		

填报单位:　　　　制表:　　　　复核:　　　　主管:　　　　年　　月　　日

附注:构造材料栏注明基桩材料种类,临时桩尺寸,永久桩草图或其根据图号等。

控制桩表实例(部分数据)

建设项目名称　新建重庆至怀化铁路　自　九龙洞至漾头段

控　　制　　桩　　表

建交—4—2

第1页　共2页

编号	基桩种类	位置				构造材料	备注
		里程		距离(米)			
		施工	统一	左	右		
1	*HY*	+514.37	+493.5	/	/	木桩	
2	*QZ*	+600.89	+580.02	/	/	木桩	
3	*YH*	+687.41	+666.54	/	/	木桩	

填报单位:××××　　制表:×××　　复核:×××　　主管:×××2005年8月2日

5. 统一里程与施工里程对照表

建设项目名称____________自____________至____________

统一里程与施工里程对照表

建交—5

第　页　共　页

统一里程	施工里程	断链(米)		断链增减累计(米)		实际长度计(公里)	备注
		增长	减短	增长	减短		

填报单位:　　　　制表:　　　　复核:　　　　主管:　　　　年　月　日

附注:1. 断链处所其施工里程栏应填入相对应的两个里程,其余者仅填上半栏按统一里程每整公里列入。

2. 统一里程即竣工连续里程。

3. 本表仅限新建铁路填列。

统一里程与施工里程对照表实例(部分数据)

建设项目名称　新建重庆至怀化铁路　自　九龙洞至漾头段

统一里程与施工里程对照表

建交—5

第1页　共1页

统一里程	施工里程	断链(米)		断链增减累计(米)		实际长度计(公里)	备注
		增长	减短	增长	减短		
K544 +961.26	DIK554 +119.87	/	/	/	/	0	
K545 +000	DIK +158.61	/	/	/	/	0.038 74	
K545 +279.13	DIK554 +437.74 = DIK554 +300	137.74	/	137.74	/	0.317 87	
K546 +000	DIK555 +020.87	/	/	/	/	1.038 74	
K547 +000	DK556 +020.87	/	/	/	/	2.038 74	
K548 +000	DK557 +020.87	/	/	/	/	3.038 74	
K549 +000	DK558 +020.87	/	/	/	/	4.038 74	

填报单位:×××××　制表:×××　复核:×××　主管:××　2005年8月2日

6. 铁路建设用地、青苗及拆迁建筑物补偿费用清册示例：（部分数据）

建设项目名称____________自____________至____________

铁路建设用地、青苗及拆迁建筑物补偿费用清册

建交—6

省　　县　　市　　　　　　　　　　　　　　　　第　页　共　页

村名	里程及位置	类别	单位	数 量	单 价（元）	金额（元）	领款人签字盖章	备注

土地管理局：（章）　　经办单位：（章）　　负责人：　　经办人：　　年　月　日

铁路建设用地、青苗及拆迁建筑物补偿费用清册实例（部分数据）

建设项目名称　新建重庆至怀化铁路　自　九龙洞至漾头段

铁路建设用地、青苗及拆迁建筑物补偿费用清册

建交—6

贵州省（市区）铜仁县（市区）漾头村乡（镇）毛坡村　　第 4 页　共 14 页

村名	里程及位置	类别	单位	数 量	单 价（元）	金额（元）	领款人签字盖章	备注
毛坡村	DK554 + 119. 87 – DK556 + 655	砖木房	m^2	12. 58	140. 00	1761. 2	谢永光	
	DK554 + 119. 87 – DK556 + 655	木质房	m^2	82. 45	110. 00	9069. 5	谢永光	
	DK554 + 119. 87 – DK556 + 655	简易房	m^2	27. 6	50. 00	1380	谢永光	
	DK554 + 119. 87 – DK556 + 655	围　墙	m^2	5. 62	40. 00	224. 8	谢永光	
	DK554 + 119. 87 – DK556 + 655	堡　坎	m^2	3. 8	40. 00	152	谢永光	
	DK554 + 119. 87 – DK556 + 655	召　坑	个	1	150	150	谢永光	
		过渡费	/	/	/	855. 27	谢永光	
		小　计				13592. 77		

土地管理局：（或政府部门印章）　经办单位：（施工单位印章）　负责人：（签字）　经办人：（签字）　村委会：（印章）
村长：（签字）　　复核人：（签字）　　2003 年 5 月 25 日

7. 铁路用地界桩表

建设项目名称__________自__________至__________

铁路用地界桩表

建交—7

省　　县　　乡　　　　　　　　　　　　　　　　　　　　　　第　页　共　页

原产权单位		起讫里程		宽度(米)				长度(米)	平均宽度(米)	面积(米)市亩	备注
				左		右					
乡	村	统一里程	施工里程	外	内	内	外				

土地管理局：　　（章）经办单位：（章）　负责人：　　经办人：　2005 年 7 月 28 日

铁路用地界桩表实例，具体项目和内容可以增加。（部分内容）

建设项目名称　新建重庆至怀化铁路　自　九龙洞至漾头段

铁路用地界桩表

建交—7

贵州省(直辖市)铜仁县(市、区)漾头镇乡省　　　　第 10 页　共 19 页

原产权单位		起讫里程		宽度(米)				长度(米)	平均宽度(米)	面积(米)市亩	备注
				左		右					
乡	村	统一里程	施工里程	外	内	内	外				
漾头镇乡	漾头村	/	DK560 +450	30	/	/	12.3	20	38.05	761.0	
		/	+470	208	/	/	13	15	30.9	163.5	
		/	+485	18	/	/	10	5	28.5	142.5	
		/	+49	20	/	/	9	10	38.15	381.5	
		/	+500	24	/	/	23.3	4	48.85	195.4	
		/	+504	21.4	/	/	29	21	44.8	940.8	

土地管理局：　（或政府部门印章）　经办单位：（施工单位印章）　负责人：　经办人：（签字）

村委会：（印章）　村长：（签字）　复核人：（签字）　　2005 年 7 月 28 日

8. 桥梁表

建设项目名称____________自____________至____________

桥　　梁　　表

建交—8

第　页　共　页

编号	中心里程		桥梁名称	孔跨及式样	全长(米)	桥跨控制因素	基础情况	备注
	施工	统一						

填报单位：　　　　　　制表：　　　　　　复核：　　　　　　主管：　　　　　　年　月　日

附注：1. 本表特大桥、大桥、小桥通用，分别在表明前加填"特大"、"大"、"中"、"小"。

2. 桥跨控制因素填写"梁底至最高洪水位(或路面)的高度(米)"等。

3. 基础情况填写墩、台基础结构情况。

4. 调节河流建筑物、通航者、公路立交桥在备注栏内注明。

桥梁表实例(部分数据)

建设项目名称　新建重庆至怀化铁路　自　九龙洞至漾头段

桥　　梁　　表

建交—8

第 1 页　共 2 页

编号	中心里程		桥梁名称	孔跨及式样	全长(米)	桥跨控制因素	基础情况	备注
	施工	统一						
310	DIK556 +597	K547 +576. 13	龙门 1# 中桥	1 ×32(曲) +1 ×24(曲)	67. 86	/	明挖	
311	DIK556 +794	K547 +773. 13	龙门大桥	3 ×32(曲) +4 ×24(曲)	210. 49	/	明挖，桩基	
312	DIK557 +032	K548 +011. 13	龙门 2# 中桥	1 ×32(曲)	49. 63	/	明挖	
313	DK557 +693	K548 +672. 13	下岩岭大桥	3 ×24(直) +1 ×32(直) +1 ×32(曲) +1 ×24(曲)	175. 42	/	明挖，桩基	
314	DK557 +986	K548 +965. 13	恶滩中桥	1 ×24(曲) +2 ×32(曲)	100. 44	/	明挖，桩基	
315	DK558 +856	K549 +835. 13	拜幺坡 1# 中桥	3 ×32(直)	109. 3	/	明挖	
316	DK558 +998	K549 +977. 13	拜幺坡 2# 中桥	1 ×24(直)	35. 9	/	明挖	

填报单位：×××××　　制表：×××　　复核：×××　　主管：×××　　2005 年 8 月 2 日

9. 钢梁挠度及振动试验表

建设项目名称__________自__________至__________

钢梁挠度及振动试验表

建交—9

第　页　共　页

中心里程或桥名	钢梁式样	试验日期	机车类型及号码	钢梁位置	行车速度	最大挠度	为跨度之(%)	振动情况	制造工厂	备注

填报单位：　　　　制表　　　　复核　　　　主管　　　　年　月　日

附注：表中计量单位：行车速度为“公里/小时”，最大挠度为“毫米”。

10. 旅客天桥、地道表

建设项目名称__________自__________至__________

旅客天桥、地道表

建交—10

第　页　共　页

站名或地名	式样	中心里程		交叉道(米)		交叉角(度分秒)	长度(米)	备注
		施工	统一	高度	宽度			

填报单位：　　　　制表：　　　　复核：　　　　主管：　　　　年　月　日

附注：1. 交叉道高度系指轨顶至上层交叉道净空。

2. 长度系指横跨轨道上之桥梁净跨。

3. 天桥、地道应分开各自填表，并应表名的其他相应名称删去。

11. 涵洞表

建设项目名称______________自______________至______________

涵　洞　表

建交—11

第　页共　页

编号	中心里程		式样或种类	孔数	跨度或直径	填土高	涵长	基础情况	备注
	施工	统一							

填报单位：　　　　　制表：　　　　复核：　　　　主管：　　　　　年　　月　　日

附注:1. 包括泄水洞在备注栏内说明衬砌情况及涵管曲线和坡度情况。

2. 表中计量单位:跨度或直径、填土高及涵长均为“米”。

涵洞表实例

建设项目名称　<u>新建重庆至怀化铁路</u>　自　<u>九龙洞</u>　至　<u>漾头段</u>

涵　洞　表

建交—11

第1页共2页

编号	中心里程		式样或种类	孔数	跨度或直径	填土高	涵长	基础情况	备注
	施工	统一							
1	DIK554 +320	K545 +299. 13	钢筋混凝土盖板箱涵	1	1. 5	13. 42	58. 45	刚性联合基础	
2	DIK554 +480	K545 +459. 13	钢筋混凝土盖板箱涵	1	2	4. 84	16. 62	刚性联合基础	
3	DIK554 +650	K545 +629. 13	钢筋混凝土盖板箱涵	1	2	0. 6	12. 65	刚性联合基础	

填报单位:×××××制表:×××　复核:×××　主管:×××　　2005年8月2日

12. 隧道及明洞表

建设项目名称__________自__________至______________

隧　道　及　明　洞　表

建交—12

第　页　共　页

编号	中心里程		隧道或明洞名称	长度(米)	地质情况	线路情况		备注
	施工	统一				R(米)	i(‰)	

填报单位：　　　　　制表：　　　　复核：　　　　主管：　　　　　年　　月　　日

附注:线别(单、双、三线)、明洞、辅助导洞及道床类型在备注栏内注明。R为曲线半径,i为线路坡度。

隧道及明洞表实例(部分数据)

建设项目名称 新建重庆至怀化铁路 自 九龙洞 至 漾头段

隧 道 及 明 洞 表

建交—12

第 1 页共 1 页

编号	中心里程		隧道或明洞名称	长度(米)	地质情况	线路情况		备注
	施工	统一				R(米)	i(‰)	
151	DIK555 +054.5	K546 +033.63	老渡口1#隧道	661	Ⅲ、Ⅳ、Ⅴ级	800	3.9/3.0	
152	DIK555 +844.5	K546 +823.63	老渡口2#隧道	547	Ⅲ、Ⅳ级	800	3	
153	DIK556 +393	K547 +372.13	冷水溪隧道	354	Ⅲ、Ⅳ级	800	3	
154	DK558 +167.5	K549 +146.63	拜幺坡1#隧道	271	Ⅳ级	800	3	

填报单位:××××××制表:××× 复核:××× 主管: 2005 年 8 月 2 日

13. 正线线路上部建筑铺设材料汇总表

建设项目名称____________自____________至____________

正线线路上部建筑铺设材料汇总表

建交—13

第 页共 页

编号	铺设标准	单位(公里)	数量	防爬器(个)		道砟(立方)		轨距杆(根)	备注
				木	钢筋混凝土	碎石	天然级配		
1	60 kg/m 钢轨 YⅡ-F 型混凝土枕 1 760 根/km	公里	2.929						
2	60 kg/m 钢轨 YⅡ-F 型混凝土枕 1 840 根/km	公里	4.056						
3	60 kg/m 钢轨ⅡZQ-C 型混凝土枕 1 760 根/km	公里	1.868						
4	60 kg/m 钢轨ⅡZQ-C 型混凝土枕 1 840 根/km	公里	1.907						
5	60 kg/m 钢轨无枕区	公里	0.044						
合 计		公里	10.804						

填报单位:渝怀铁路工程指挥部 制表:××× 复核: ××× 主管: ××× 2003 年 5 月 8 日

14. 站线线路上部建筑铺设材料汇总表实例(部分数据)

建设项目名称 <u>新建重庆至怀化铁路</u> 自 <u>九龙洞</u> 至 <u>溸头段</u>

站线线路上部建筑铺设材料汇总表

建交—14

第 1 页共 1 页

序号	铺设标准	单位	数量	防爬器(个)	防爬支撑(根)		轨距杆(根)	道岔种类	异型鱼尾板(块)	道碴(立方)	
					木制	钢筋混凝土		P-60		碎石	天然级配
								1/12			
1	50 kg/m 钢轨 Ⅰ 型混凝土枕 1 520 根/km	公里	1.294								
2	50 kg/m 钢轨 Ⅱ ZQ-C 型混凝土桥枕 1 520 根/km	公里	0.639								
3	异型轨 P60-50(m) YⅡ-F 型混凝土枕 1 760 根/km	公里	0.006								
4	异型轨 P60-50(m)无枕区	公里	0.044								
5	道岔	组									
合　计			1.983								

填报单位:××××渝怀铁路工程指挥部　制表:×××　复核:×××　主管:×××　2003 年 5 月 8 日

15. 平(立)交道表

建设项目名称__________自__________至__________

平(立)交 道 表

建交—15

第　页共　页

中心里程		路基中心高		线路情况		平交道长(米)	道路宽度(米)	交叉角(度分秒)	道口设备	备注
施工	统一	填(米)	挖(米)	R(米)	i(‰)					

填报单位:　　　　制表:　　　　主管:　　　　　　年　月　日

附注:1. 路基中心高及线路情况均指铁路。

2. 道口设备栏填写护轮轨道口枕木、栏杆、栅门、警标、看守房、照明、信号等设备名称及有、无人看守。

3. 备注栏注明公路、人行道、立交桥的孔跨等。

平(立)交道表实例(部分数据)

建设项目名称　新建重庆至怀化铁路　自　九龙洞　至　漾头段

平(立)交　道　表

建交—15

第1页共1页

中心里程		路基中心高		线路情况		平交道长（米）	道路宽度（米）	交叉角（度分秒）	道口设备	备注
施工	统一	填(米)	挖(米)	R(米)	I(‰)					
DIK554 +480	K545 +459.13	4.7	/	800	0	/	2	90 -00 -00	/	立交下穿1 -2.0 m涵洞
DK56 +643.5	K554 +611.02	11.44	/	直线	0	/	2	90 -00 -00	/	立交下穿1 -2.0 m涵洞
DK564 +205	DK564 +205	8.17	/	800	/	/	6	90 -00 -00	/	立交下穿1 -6.0 m涵洞

填报单位:×××××制表:×××复核:×××主管:×××　　2005年8月2日

16. 平(立)交道表

建设项目名称__________自__________至__________

通信、信号、电力工程竣工数量表

建交—16

第　页共　页

编号	设备项目名称	材料设备类型、规格、型号	单位	竣　工　数　量					
				站	区间	变电所			
1	2	3	4	5	6	7	8	9	10
1									
2									
3									
4									
5									

填报单位:　　　　制表:　　　　复核:　　　　主管:　　　　年　月　日

附注:1. 编号按设计文件工程数量表所列顺序填写。

2. 通讯、信号、电力分开各自填表,并将表中的其他相应名称删去。

平(立)交道表实例(部分数据)

建设项目名称　娄底地区电力改造

通信、信号、电力工程竣工数量表

建交—16

第　页共　页

编号	设备项目名称	材料设备类型、规格、型号	单位	竣　工　数　量					
				配电所	站	区间	变电所		
1	2	3	4	5	6	7	8	9	10
1	高压柜	XGN -10 -072	面	13	/	/	/	/	/
2	高压柜	XGN -10 -072(改)	面	6	/	/	/	/	/
3	高压柜	XGN -10 -272	面	2	/	/	/	/	/
4	高压柜	XGN -10 -44	面	2	/	/	/	/	/
5	高压柜	XGN -10 -64	面	4	/	/	/	/	/

填报单位:×××××××制表:×××复核:×××主管:××　　2003年1月9日

17. 房屋总清册

建设项目名称 ____________ **自** ____________ **至** ____________

房　屋　总　清　册

建交—17

第　页共　页

序号	部门	房屋名称	里程或地点	建筑面积(m^2)	层数	跨度(M)	吊车吨位(T)	建筑结构特征								备注
								基础类型	结构类型	吊车梁	屋顶结构	屋面构造	围护结构	地面	室内装修	

填报单位：　　制表：　　复核：　　主管：　　年　月　日

附注：1. 本表按生产、生活房屋分类填写。

2. 备注栏内填写地下室、暖通空调、给排水、消防等情况。

房屋总清册实例，根据实际情况填写。

建设项目名称 **新建重庆至怀化铁路** **自** **九龙洞** **至** **漾头段**

房　屋　总　清　册

建交—17

第　页共　页

序号	部门	房屋名称	里程或地点	建筑面积(m^2)	层数	跨度(M)	吊车吨位(T)	建筑结构特征								备注
								基础类型	结构类型	吊车梁	屋顶结构	屋面构造	围护结构	地面	室内装修	
1	车务	行车室	漾头站	228	1	/	/	条形基础	砖混	/	空心板	防水卷材	/	水磨石	喷涂	
2	工务	工务综合工区	漾头站	397	2	/	/	条形基础	砖混	/	空心板	防水卷材	/	水泥砂浆	喷涂	

填报单位：×××××制表：×××复核：×××主管：×××　　2005 年 8 月 2 日

18. 机务运转整备设备表

建设项目名称＿＿＿＿＿＿＿自＿＿＿＿＿＿＿至＿＿＿＿＿＿＿

机务运转整备设备表

建交—18

第　页共　页

编号	设置地点	设备类别	设备名称	规格型号	单位	数量	备注

填报单位：　　　　制表　　　　复核　　　　主管　　　　年　　月　　日

附注：1. 本表按设置地点和设备类别顺序排列。

2. 设备类别按上煤、上水、清灰、给沙、转头、给油、机车清刷、灰坑、检查坑等填写。

19. 给水排水设备数量汇总表实例（部分数据）

建设项目名称　新建重庆至怀化铁路　自　九龙洞　至　漾头段

给水排水设备数量汇总表

建交—19

第1页共1页

给水站名	给水站间距离	水源							给水机械								水塔或山上水槽				水鹤				吸导水管		送配水管		给水栓			备注
									原动力				扬水机																			
		种类	构造	口径	深度	涌水量	水质硬度	其他	种类	尺寸	马力	台数	种类	尺寸	扬水能力	台数	种类	构造	容量	有效水头	位置	型式	口径	数量	口径	长度	口径	长度	用途	口径	数量	
漾头站	20/10	集水井	钢筋混凝土	直径3米	11	/	符合饮水标准	/	潜水泵	/	5.5 kW	2	/	/	/	/	蓄水池	圆形钢筋混凝土	20 m^3	1	/	/	/	/	DN100	24	DN80 DN70 DN50 DN25	143 179 46 23	/	/	/	/

填报单位：中铁×××/中铁××　　制表：×××　　复核：×××　　主管：×××　　2005年8月2日

20. 电气化设备表实例（部分数据）

建设项目名称：广州枢纽新广州站及相关工程既有京广线改线郭塘站接触网改造工程

电气化设备表

建交—20

第1页共1页

设备名称	规格型号	台数	备注
隔离开关	GW4－27.5DT/1250	4	
避雷针	YH10WT－42/120LQT	2	

填表单位：武广客专新广州项目部　　制表：×××复核：×××主管　：×××　　2009年8月1日

21. 接触网主要工程数量表实例(部分数据)

建设项目名称:广州枢纽新广州站及相关工程既有京广线改线郭塘站接触网改造工程

接触网主要工程数量表

建交—21

第1页共1页

区间或车站名称	广州北至郭塘					
亘长公里	8.557km					
钢筋混凝土支柱和铁路	支　柱	89	铁　塔	74	合　计	163
拉　线	32处					
绝缘子	棒式	120	悬　式	816	合　计	936
软横跨、硬横跨	软横跨	42	硬横跨	/	合　计	42
腕　臂	120					
隧道悬挂点	/					
承力索	类　别	JTMH95/JTM－70	锚段	4/3	延长公里	4.889/3.658
接触导线	类　别	CTAS－120/CTAH－85	锚段	4/3	延长公里	4.889/3.658
接触网隔离开关	4					
避雷器	2					
地　线	/					
吸流变压器	/					
馈电线	/					

填表单位:武广客专新广州项目部　制表:×××复核:×××主管　:×××2009年8月1日

22. 送电线路数量表实例(部分数据)

建设项目名称:广州枢纽新广州站及相关工程既有京广线改线郭塘站接触网改造工程

送电线路数量表

建交—22

第1页共1页

序　号	干线名称	单位	数　　量
1	明线亘长公里	条/公里	10.51
2	受电点	处	206
3	电柱总数量	根	163
4	拉线总数量	组	62
5	绝缘子总数量	套	936
6	隔离开关总数量	台	4
7	避雷器	台	2
8	电线种类及延长公里	条/公里	JTMH－95　4.889条/公里
9	电线种类及延长公里	条/公里	JTMH－70　3.658条/公里
10	电线种类及延长公里	条/公里	CTAH－120　4.889条/公里
11	电线种类及延长公里	条/公里	CTAH－85　3.658条/公里
12	电线种类及延长公里	条/公里	LBGLJ－70　3.314条/公里
13	电线种类及延长公里	条/公里	LGJ－95　9.549条/公里
14	电线种类及延长公里	条/公里	LGJ－185　1.953条/公里

填表单位:武广客专新广州项目部　制表:×××复核:×××主管　:×××2009年8月1日

23. 配电线路数量表

建设项目名称____________自____________至____________

配电线路数量表

建交—23

第　页共　页

高压电线路长度						公里
亘　长	架　空		电　缆		合计	
延　长	架　空				合计	
低压电线路长度						公里
亘　长	架　空		电　缆		合　计	
延. 长	架　空				合　计	
电杆数量合计						
电　杆	木杆		钢筋混凝土杆		铁　杆	
灯　塔	钢筋混凝土塔		铁　塔		合计	
横　担	高　压		低　压		合计	
绝缘子	高　压		低　压		合计	
开　关	高压油开关及复合开关		高压隔离开关		高压熔断器	
	低压开关箱					
避雷器						
变压器容量及台数						
外　灯	投光灯		其他		合　　计	
用户设备	电灯(kW)	kW	动力(kW)	kW	合　　计	
电　压	高　压		低　压			
电　源						
备　注						

填报单位：　　　制表：　　　复核：　　　主管：　　　　　　年　　月　　日

附注:高压电线路长度中包括与低压线共同架设部分,低压电线路长度中不包括与高压线共同架设部分。

配电线路数量表实例(部分数据)

建设项目名称:广州枢纽新广州站及相关工程既有京广线改线郭塘站接触网改造工程

配电线路数量表

建交—23

第　页共　页

高压电线路长度						公里
亘　长	架　空	8.557 km	电　缆		合计	8.557 km
延　长	架　空				合计	
低压电线路长度						公里
亘　长	架　空		电　缆		合　计	
延　长	架　空				合　计	
电杆数量合计						
电　杆	木杆		钢筋混凝土杆	79	铁　杆	84
灯　塔	钢筋混凝土塔	163	铁　塔		合计	163
横　担	高　压		低　压		合计	
绝缘子	高　压	936	低　压		合计	936
开　　关	高压油开关及复合开关		高压隔离开关	4	高压熔断器	
	低压开关箱					
避雷器						
变压器容量及台数						
外　灯	投光灯		其他		合　　计	
用户设备	电灯(kW)	kW	动力(kW)	kW	合　　计	
电　压	高　压		低　压			
备　注						

填表单位:武广客专新广州项目部　制表:×××复核:×××主管　:×××2009年8月1日

24. 燃料设备表

建设项目名称＿＿＿＿＿＿自＿＿＿＿＿＿至＿＿＿＿＿＿

燃料设备表

建交—24

第　页共　页

设置地点	名　　称	说　明	面积（m^2）	备　　注

填报单位：　　　制表：　　　复核：　　　主管：　　　年　　月　　日

附注：本表填写燃料储煤厂卸煤装置加油站等。

25. 标准、非标准机械设备表

建设项目名称＿＿＿＿＿＿自＿＿＿＿＿＿至＿＿＿＿＿＿

标准、非标准机械设备表

建交—25

第　页共　页

序号	机械设备名称	规格型号	单位	数量	主要附属品	使用处所	备注

填报单位：　　　制表：　　　复核：　　　主管：　　　年　　月　　日

附注：1. 本表按配属站段分别填写，本表包括养路及装卸机械。

2. 国家统一分配标准设备和非标准设备分别填表。

26. 消防、环保、安全、医药卫生、空调设备表（实例部分数据）

建设项目名称　新建重庆至怀化铁路　自　九龙洞　至　漾头段

消防、环保、安全、医药卫生、空调设备表

建交—26

第1页共1页

序号	设备名称	规格型号	单位	数量	备注
1	分体式空调	KFR-45GW	台	5	
2	手提式灭火器	磷酸铵盐2 kg	具	14	5A/具
3	消防器材箱	—	套	1	

填报单位：中铁×××　　制表：×××　　复核：×××　　主管：×××　　2005年8月2日

27. 铁路建设项目用地、拆迁及各项补偿全部完结结案表

铁路建设项目用地、拆迁及各项补偿
全部完结结案表

建交—27

铁路建设项目名称	
建设项目审批文号	
建设项目设计依据文号	
建设单位	
设计单位	
施工单位	
接管单位	
建设项目位置或里程	
土地原所属县(市)名称	
建设、施工单位意见： （章） 年　月　日	
县(市)土地管理部门意见： （章） 年　月　日	
县(市)人民政府意见： （章） 年　月　日	

铁路建设项目用地、拆迁及各项补偿全部完结结案表实例

铁路建设项目用地、拆迁及各项补偿全部完结结案表

建交—27

铁路建设项目名称	新建重庆至怀化铁路(渝怀线)
建设项目审批文号	计投资[2002]2250号
建设项目设计依据文号	铁鉴函[2001]1号
建设单位	铁道部工程管理中心
设计单位	铁道部第二勘测设计院
施工单位	××铁路局渝怀铁路工程指挥部
接管单位	广州铁路(集团)公司
建设项目位置或里程	DK563+862－DK564+950
土地原所属县(市)名称	湖南省麻阳县

建设、施工单位意见:

麻阳县境内永久性征地55.996亩,拆迁房屋面积0.00平方米。经建设、施工单位和麻阳县国土资源局、支铁办核实,数据准确无误。其补偿费已按渝怀铁路征地拆迁协议规定标准结付清楚,无任何遗留问题。

(章)

2005年8月1日

县(市)土地管理部门意见:

渝怀铁路DK564+205处公路改移征地说明:铁路用地红线外地亩产权归麻阳公路管理站,铁路用地红线内地亩产权归广铁集团。征地费用已按渝怀铁路征地拆迁协议规定标准结付清楚,无任何遗留问题。

(章)

2005年8月2日

县(市)人民政府意见:

××××××××××××××××××××××××××××××××× ××××××××。

(章)

××××年××月××日

28. 铁路建设补充耕地及交纳开垦费清册

建设项目名称＿＿＿＿＿＿自＿＿＿＿＿＿至＿＿＿＿＿＿

铁路建设补充耗地及交纳开垦费清册

建交—28

省　　县　　乡　　　　　　　　　　　　　　　　　　　第　页共　页

村名	里程及位置	占用耕地类别	面积（平方米）	补充耕地情况		开垦费(元)		备　注
				平方米	地　点	单价	金额	

土地管理局：　（章）　经办单位：　（章）　负责人：　经办人：　　　年　　月　　日

附录　施工技术资料管理办法

为加强技术资料的管理，确保技术资料的编制、收集与实际施工进度同步，实现项目技术资料管理的标准化，特制定本办法。

一、总　　则

技术资料管理是施工技术管理的一项基础工作，纵向贯穿于施工全过程，横向融入施工管理的各个方面。完整、准确的技术资料是合理组织施工、编制竣工文件和施工技术总结的重要依据。

二、技术资料管理职责与分工

1. 项目经理是技术资料管理的第一责任人。与项目总工程师要共同抓好现场技术资料的管理工作，为技术资料管理提供必要的资源保障。

2. 项目总工程师是技术资料管理的直接责任人。负责组织设计文件审核、竣工文件的编制及图纸复制前的审批；定期督促检查项目施工技术资料的收集、整理、编制等管理情况，对技术资料实施全过程管理。

3. 项目施工技术部负责实施性施工组织设计及特殊过程作业指导的编制工作，参与施工技术交底；负责竣工文件的编制、移交工作；对项目施工技术资料的编制、整理、收集、管理进行严格把关，确保准确无误。

4. 项目施工技术部设专职资料员负责技术资料的收集、分类、整理、编目成册等竣工文件移交前技术资料的管理工作及设计图、施工图、通用图、标准图、参考图的登记、复制、分发、借阅催还、废止标识工作；及时掌握与工程施工有关的技术标准的发布、废止信息；获取适用技术标准、设计/施工/通用图等，建立有效/作废技术标准清单及各类有效/作废图纸清单。

5. 工程队主管工程师负责现场技术资料的编制及与设计院往来资料的收集、整理、归档工作。

6. 工程队主管工程师及项目安质环保部、计划、中心试验、保障部（物资、设备）等部门负责向项目施工技术部及时提供纳入竣工文件的相关资料。

三、技术资料管理范围

1. 外来技术资料

（1）施工设计总说明、总体规划设计、施工图设计、技术设计等资料；

（2）设计图、施工图、标准图、通用图、参考图；

（3）各类设计规范、施工技术指南、工程质量验收标准、规程、规则、办法、规定及条文说明；

（4）适用法律法规及其他要求。

2. 内部资料

(1)实施性施工组织设计、作业指导书、各种措施、专项施工方案、预案、设计变更等;

(2)图纸会审记录、技术交底记录及其他在施工过程中形成的各种施工记录表格;

(3)施工技术总结和专题总结、工程开工报告、竣工验收报告、试验资料、检验批资料、材料合格证、竣工图纸、照片、声像资料、电子文档。

(4)与业主、设计院、监理单位的往来文件,变更设计申请与变更设计通知单等。

(5)其他技术资料:科研课题资料、"四新"技术应用资料、技术论文、工法、技术总结、技术专辑、技术参考资料、书籍等。

3. 资料提供的责任人员和内容要求

(1) 施工技术人员需提供的资料和内容要求

① 开工、竣工报告(含停工报告、复工报告)、竣工验收报告(含静态验收、动态验收报告报告)6份:存档的资料盖章签名齐全;实际开工、竣工日期栏填写清楚。

② 图纸会审记录:设计院、建设单位、监理单位、施工单位四方参加会审的单位要写全称,签名盖章齐全。会审的工程项目的名称填写正确,分阶段会审的要标明所分工程阶段。图号填写正确,问题处理意见填写的文字精炼、表达确切,必要时绘简图。

③ 施工方案(含施工组织设计、作业指导书、专项施工方案、施工技术书面交底):视工程的性质、规模、复杂程度、工期等确定内容和深度,内容完整,满足施工组织和指导施工的需要。符合归档要求的施工组织设计应具备审批、审核签名齐全,并盖有公章。

④ 施工技术总结:涉及采用的施工方法,主要的技术措施和实施效果,采用的先进技术、工艺的经济比较结果,技术性能、关键技术问题,与国内外先进技术相比达到的先进程度,突出的经验教训和体会,易出现的质量问题,技术经济效益对比等,要详细叙述。

⑤ 设计变更通知:变更通知单通常由设计单位填发,如建设单位设计变更、在施工过程中,因施工条件、材料规格、品种和质量不能满足设计要求以及合理化建设等原因,需要进行施工图修改时,必须经设计单位批准,并有签证手续,对存在问题处理的意见填写确切,必要时附图说明。

⑥ 工程施工日志记录的重点现场情况简述;工程施工过程的描述;有无设计变更情况(有——记录,无——不用记录);施工机械情况有无异常,人员有无变化;收到监理工程师通知单,对其内容要有简要描述,整改措施,如果是当天完成的,必须记录整改情况。不是当天进行整改的,必须有闭合的整改记录;重要单位的检查情况要有记录,对检查过程中提出的主要问题必须记录,并在以后的记录中有闭合情况的描述。

(2)物资设备人员需提供的资料和内容要求

① 材料出厂合格证、试验报告资料:凡工程用的材料,不论是国产还是进口,都必须有出厂合格证书,证书必须标有品种、牌名、规格、数量、力学性能、化学成份、厂名、出厂日期等。材料出厂合格证,尽可能要原件,如果是复印件,提供单位要加盖公章,并注明原件存放单位。对进口材料商检证上,则应在背面注明此次购买的规格数量、日期,注明使用部位,收料人签名以备查阅。

② 焊接(剂)合格证资料:用于焊接的焊条、焊丝、焊剂,都要有出厂合格证,不能用抄件代替。

③ 防水材料合格证、试验报告:防水工程用的各种型号和品种的防水材料都要有相应的合格证和试验报告。

④ 设备、构件合格证:需有出厂合格证,及企业出厂合格证或质量检查评定。

(3)质检员需提供的资料和内容要求

① 检验批质量验收记录表,按表中所列项目填写齐全,无漏项、缺项,内容符合有关规范和规定的要求。

(4)试验员需提供的资料和内容要求

① 有关试验资料,按试验标准、规范要求填写,无漏项、缺项,内容符合有关规范和规定的要求。

(5)提供资料的部门及责任人必须按施工程序及时向资料员提供工程一切资料,每月底将分包工程所有资料收集整理齐全、移交给资料员,办理交接签字手续。同时向总工程师汇报。凡部门及责任人提供的资料未按要求填写,手续不齐全等,资料员有权拒收,有关部门和人员不得推诿,不得刁难,凡提供的资料有缺、漏项和不合要求的,通知部门及责任人限期整改。

4. 技术资料管理要求

(1)技术资料管理必须纳入项目管理的程序中,所有技术资料管理人员应及时掌握施工管理信息,便于对技术资料的管理监控。

(2) 施工技术资料的收集、编制必须与实际施工进度同步。

(3)对分包单位必须提供的施工技术资料,从项目经理、总工程师到资料员应严格把关。提供的资料若不符合规定要求,则不予结算工程款。

(4)施工过程中填写的各种施工记录表格应以工程合同、设计文件、施工技术指南、工程质量验收标准等规定的表格为准;项目自行设定的记录表格,须进行唯一性标识,经项目总工程师批准后方可使用。

(5)竣工资料应随工程进度认真填写,要求字迹清楚、内容齐全、准确、真实。严禁擅自修改、伪造和事后补做。

(6)对所获取的设计图、施工图、标准图、通用图、参考图及各类设计规范、施工技术指南、工程质量验收标准、规程、规则、办法、规定及条文说明等资料进行收/发文登记,分类存放。建立项目有效/作废图纸目录、有效/作废技术标准目录,经项目总工程师批准后上报公司(含工程公司)机关。原图部分变更后,项目经理部资料员应及时对原图册进行换页处理或在原图中进行标注,并将变更内容及时告知原图持有者;若原图整册变更,项目经理部资料员应及时将变更后的图纸发放到原图持有者手中,同时收回废图,并进行废止标识,以防误用。

(7)对获取的其他技术资料应及时进行分类、登记、上架。

(8)复制标准图、通用图、设计图、施工图、参考图等技术资料前,必须得到项目总工程师的批准。

(9)获取项目适用的各类法律法规及其他要求,建立适用法律法规目录。组织适用法律法规学习,保留学习记录。与设计院、业主、监理单位的设计往来文件,应分类进行登记,妥善保管。

(10)施工过程中形成的施工技术资料应及时收集、整理、分类保管。

(11)凡需要编入竣工文件的施工技术资料,必须严格管理,不得遗失、损坏。技术资料管理人员调动前必须办理移交手续。

(12)工程竣工后,资料员和施工技术部部长、项目总工程师一同,将整个施工过程中收集、形成、分类整理、保管的技术资料按科技档案管理规定进行整理、组卷、移交。

(13)项目总工程师应组织有关人员对项目技术资料的编制、管理情况进行定期或不定期的专项检查、指导,以确保内业资料的规范管理。

5. 奖罚办法

(1)为施工资料收集的及时性、准确性、真实性、规范性、合法性、可追塑性,调动项目部提供内业资料有关人员的积极性、增强责任心,特制定内业管理奖罚措施;

(2)项目部工程技术人员、材料员、试验员应每星期负责向项目部资料员移交有关内业资料;

(3)资料员每星期负责将收集到的内业资料进行分类归档;

(4)项目部总工程师负责组织相关部门的部长,对项目部内业资料每星期进行一次检查和考核。

(5)项目部资料员针对每次内业资料考核的结果进行统计报项目部,由项目部在月底的考核中进行奖罚评比。

(6)考核细则由项目部根据各项目部不同情况制定。

6. 附则

(1)各专业检验批质量验收记录表格(见《铁路工程施工质量验收标准应用指南》、《客运专线铁路工程施工质量验收标准应用指南》及《客运专线铁路路基工程施工质量验收暂行标准》等有效标准中规定的记录表格);

(2)本办法适用于各施工单位。

后　记

近几年来,铁路加大了建设项目管理力度,不断出台铁路工程施工质量验收标准和竣工文件验收管理办法的文件,但是真正从事该项工作人员更希望有一本具体操作的铁路工程资料管理手册作为参考,从而进一步将工程质量与工程资料的管理结合进来,运用到实际工作中,更好的为铁路建设项目提供有力的资源服务,从而进一步规范好项目档案和做好项目档案工作。因此,参加本手册的编写人员有多年在一线项目部和指挥部工作的同志,也有多年从事工程资料管理和档案管理工作人员。大家的心愿就是进一步规范竣工文件的管理,为铁路建设的开发利用提供最佳服务。因此,本书的出版得到中国铁道出版社的大力支持和帮助,在此一并表示谢意。由于水平所限,加上编写时间较为仓促,书中不足之处在所难免,敬请读者批评指正。

编　者

2010 年元月